"十一五"国家重点图书出版规划项目

陕西科学技术厅资助出版

21世纪

科技与社会发展丛书

（第六辑）

丛书主编　徐冠华

# 街区经济研究

洪增林　/著

科学出版社

北京

## 内 容 简 介

街区经济是城市经济发展的主要载体，也是空间要素在城市经济发展中作用愈加重要的体现。本书把街区经济作为一种大跨度的历史现象和客观存在来考察，从经济学、城市学、系统学等不同视角，创新性地对街区经济、商业街等主要概念及内涵进行界定，构建了街区经济的系统模型；重点分析了建设、管理及融资三个子系统；系统评价了街区经济的运行情况和土地集约利用程度；实例研究了发展街区经济中的探索和实践。本书对推动城市经济的发展具有重要的理论与实践指导意义及广泛的应用价值。

本书适合区域经济、城市管理领域工作者阅读，也可作为高等学校相关专业的教学参考书。

**图书在版编目(CIP)数据**

街区经济研究/洪增林著．—北京：科学出版社，2013
(21世纪科技与社会发展丛书)
ISBN 978-7-03-036498-2

Ⅰ.①街… Ⅱ.①洪… Ⅲ.①城市空间-空间结构-研究-中国 Ⅳ.①TU984.2

中国版本图书馆CIP数据核字（2013）第012719号

丛书策划：胡升华　侯俊琳
责任编辑：石　卉/责任校对：韩　杨
责任印制：李　彤/封面设计：黄华斌　陈　敬
编辑部电话：010－64035853
E-mail：houjunlin@mail.sciencep.com

科学出版社出版
北京东黄城根北街16号
邮政编码：100717
http://www.sciencep.com
北京中石油彩色印刷有限责任公司 印刷
科学出版社发行　各地新华书店经销
*
2013年5月第　一　版　开本：B5（720×1000）
2022年12月第五次印刷　印张：15
字数：271 000
**定价：98.00元**
（如有印装质量问题，我社负责调换）

# 总　　序

进入21世纪，经济全球化的浪潮风起云涌，世界科技进步突飞猛进，国际政治、军事形势变幻莫测，文化间的冲突与交融日渐凸显，生态、环境危机更加严峻，所有这些构成了新世纪最鲜明的时代特征。在这种形势下，一个国家和地区的经济社会发展问题也随之超越了地域、时间、领域的局限，国际的、国内的、当前的、未来的、经济的、科技的、环境的等各类相关因素之间的冲突与吸纳、融合与排斥、重叠与挤压，构成了一幅错综复杂的图景。软科学为从根本上解决经济社会发展问题提供了良方。

软科学一词最早源于英国出版的《科学的科学》一书。日本则是最早使用“软科学”名称的国家。尽管目前国内外专家学者对软科学有着不同的称谓，但其基本指向都是通过综合性的知识体系、思维工具和分析方法，研究人类面临的复杂经济社会系统，为各种类型及各个层次的决策提供科学依据。它注重从政治、经济、科技、文化、环境等各个社会环节的内在联系中发现客观规律，寻求解决问题的途径和方案。世界各国，特别是西方发达国家，都高度重视软科学研究和决策咨询。软科学的广泛应用，在相当程度上改善和提升了发达国家的战略决策水平、公共管理水平，促进了其经济社会的发展。

在我国，自十一届三中全会以来，面对改革开放的新形势和新科技革命的机遇与挑战，党中央大力号召全党和全国人民解放思想、实事求是，提倡尊重知识、尊重人才，积极推进决策民主化、科学化。1986年，国家科委在北京召开全国软科学研究工作座谈会，时任国务院副总理的万里代表党中央、国务院到会讲话，第一次把软科学研究提到为我国政治体制改革服务的高度。1988年、1990年，党中央、国务院进一步发出“大力发展软科学”、“加强软科学研究”的号召。此后，我国软科学研究工作体系逐步完善，理论和方法不断创新，软科学事业有了蓬勃发展。2003～2005年的国家中长期科学和技术发展规划战略研究，是新世纪我国规模最大的一次软科学研究，也是最为成功的软科学研究之一，集中体现了党中央、国务院坚持决策科学化、民主化的执政理念。规划领导小组组长温家宝总理反复强调，必须坚持科学化、民主化的原则，最广泛地听取和吸收科学家的意见和建议。在国务院领导下，科技部会同有关部门实现跨部门、跨行业、跨学科联合研究，广泛吸纳各方意见和建议，提出我国中长期科技发展总体思路、目标、任务和重点领域，为规划未来15年科技发展蓝图做出了突出贡献。

在党的正确方针政策指引下，我国地方软科学管理和研究机构如雨后春笋般大量涌现。大多数省、自治区、直辖市政府，已将机关职能部门的政策研究室等机构扩展成独立的软科学研究机构，使地方政府所属的软科学研究机构达到一定程度的专业化和规模化，并从组织上确立了软科学研究在地方政府管理、决策程序和体制中的地位。与此同时，大批咨询机构相继成立，由自然科学和社会科学工作者及管理工作者等组成的省市科技顾问团，成为地方政府的最高咨询机构。以科技专业学会为基础组成的咨询机构也非常活跃，它们不仅承担国家、部门和地区重大决策问题研究，还面向企业提供工程咨询、技术咨询、管理咨询、市场预测及各种培训等。这些研究机构的迅速壮大，为我国地方软科学事业的发展铺设了道路。

软科学研究成果是具有潜在经济社会效益的宝贵财富。希望“21世纪科技与社会发展丛书”的出版发行，能够带动软科学的深入研究，为新世纪我国经济社会的发展做出积极贡献。

徐冠华

2009年2月21日

# 第六辑序

近年来，软科学作为一门立足实践、面向决策的新兴学科，在科学技术飞速发展和经济全球化的今天，越来越受到社会各界的广泛关注，已经成为中国公共管理学科乃至整个社会科学研究领域一个极为重要且富有活力的部分。当前，面对国际政治经济形势的急剧变化和复杂局面，我国各级政府将面临诸多改革与发展的种种问题，需要分析研究、需要正确决策，这就需要软科学研究的有力支撑。

陕西科教实力位居全国前列，拥有丰富的知识和科技资源。利用好这一知识资源优势发展陕西经济，构建和谐社会，并将一个经济欠发达的省份建设成西部强省，一直是历届陕西省委、省政府关注的重要工作。在全省上下深入学习科学发展观之际，面对当前国际金融危机，如何更好地集成科技资源，提升创新能力，通过建立产、学、研、用合作互动机制，促进结构调整和产业升级，推动经济社会发展，是全省科技工作者需要为之努力奋斗的目标。软科学研究者更是要发挥科学决策的参谋助手作用，为实现科技强省献计献策。

陕西省的软科学研究工作始于 1990 年，在国内第一批建立了软科学研究计划管理体系，成立了陕西省软科学研究机构。多年来，通过理论与实践的结合，政府决策和专家学者咨询的融合，陕西省软科学研究以加快陕西改革与发展为导向，从全省经济社会发展的重大问题出发，组织、引导专家学者综合运用自然科学、社会科学和工程技术等多门类、多学科知识，开展战略研究、规划研究、政策研究、科学决策研究、重大项目可行性论证等，取得了一批高水平的研究成果，为各级政府和管理部门提供了决策支撑和参考。

为了更好地展示这些研究成果，近年来，陕西省科技厅先后编辑出版了《陕西软科学研究 2006》、《陕西软科学研究 2008》，受到了省内广大软科学研究工作者的广泛关注和一致好评。为了进一步扩大我省软科学研究成果的交流，促进应用，自2009年起，陕西省科技厅资助出版“21世纪科技与社会发展丛书”。该丛书第六辑汇集了我省近一年来优秀软科学成果专著10部，对于该丛书的出版，我感到非常高兴，相信丛书的出版发行，对于扩大软科学研究成果的影响，凝聚软科学研究人才，多出有价值、高质量的软科学研究成果，有效发挥软科学研究在区域科技、经济、社会发展中的咨询和参谋作用，不断提升我省软科学研究水平具有重要意义。

感谢各位专家学者对丛书的贡献，感谢科学出版社的大力支持。衷心希望陕西涌现出更多的在全国有影响的软科学研究专家和研究成果。祝愿丛书得到更为广泛的关注，越办越好。

朱静芝

2012年9月

# 序

中国经济发展正处于重要的机遇期，特别是我国正处在城市化的加速期。根据《中国城市发展报告（2012）》，预计到2020年，我国城市化率将达到60%左右，城市人口增加、城市规模扩大，对城市经济发展将提出更高要求。城市经济发展也是区域经济增长、结构升级、技术创新、社会进步的过程。城市已经成为转变经济发展方式、调整优化产业结构的主战场。

街区经济是在城市经济发展过程中形成的，是城市经济的重要支撑，是在城市和特定区域集聚而形成的区域经济现象。街区经济在发展过程中还存在诸多问题，面临街区经济发展与城市交通功能优化、街区经济发展与土地资源紧缺、街区经济发展与传统街区保护等矛盾，这些都需要运用新的理论和方法进行引导，使街区经济能够更好地服务于城市经济的发展。

街区经济研究涉及区域经济学、城市经济学、管理科学、系统科学等多个学科领域，研究者不仅要具备一定的学术研究能力和创新意识，而且要有丰富的实践经验。增林同志在从事地方政府政务管理工作的同时，不遗余力地开展城市经济、系统科学领域的教学与科研工作。他勤于思考、视野开阔，具有深厚的理论功底和丰富的实践管理经验，在《街区经济研究》一书中把街区经济建设与区域经济、社会发展有机融合，吸纳了多个学科领域的新知识，深入、系统地研究街区经济发展问题。该书具有以下特点。

第一，立意新颖。把街区经济作为一种经济形态来研究大家并不陌生，但把街区经济作为一种大跨度的历史现象和客观存在来考察，并提出其概念、分类，以及研究对象、内容、方法等一套较为完整的研究体系，这在学术界是一次新的尝试，该书的意义由此凸显。具体来说，区域经济学中区位理论的发展，大体经历了农业区位、工业区位、城市区位、商业区位等阶段。街区经济的提出及阐发，是在商业区位论之后对区位理论的丰富和推进，同时表明街区经济的研究并不是无源之水，而是在已有区位理论基础上的新发展。

第二，系统性强。该书运用系统学的理论与方法，在回顾总结国外商业街、中国历代商业街发展历程的基础上，系统分析了街区经济的环境、要素、结构、功能，构建了街区经济的系统模型，重点分析了街区经济系统的建设、管理、融资三个子系统，并对街区经济的运行情况进行了系统评价及土地集约利用评价。从该书所强调的系统思维、系统方法来看，该书实质上提出了“街区经济系统工程”这一研究命题及其理论框架，这是在经济学特别是区位理论之外，对系统工程学科和复杂社会经济系统领域的大胆探索。

第三，方法科学。该书既突出论点、升华理论，又注重科学方法的运用，体现了多种研究方法综合运用的研究特色。例如，应用辩证唯物主义历史分析方法对国内外商业街发展的历史过程及特征进行了梳理和归纳；运用综合效用理论与方法建立了街区经济运行评价体系；基于调研数据，运用地理信息系统方法评价街区土地集约利用水平；运用实例研究方法列举了发展街区经济的工作措施和典型案例。

第四，指导性强。全书的研究立足当前街区经济发展实践中面临的突出问题，透过各种表象，追踪、把握进而分析现象背后的深层问题及规律性问题，并以系统性、科学性为宗旨，其他学科皆为“我”所用，大胆综合，积极创新。例如，该书从历史演进、空间形态、经营类型、辐射范围四个维度，提出了商业街的36种类型；借鉴中国古代商业街管理经验，提出当今要加强行业自律管理及中介组织管理等；街区经济运行的系统评价体系及土地集约利用评价体系，都可以直接服务于街区经济的现实运行管理。

探索街区经济发展的路径，实现区域经济可持续发展，是一个永无止境的研究和实践课题。对此书的出版，我感到由衷的高兴，相信其对各地经济发展具有一定的指导性，对丰富区域经济理论也具有贡献。希望增林同志发挥自己在城市经济、系统科学领域的专业优势，在政务管理和教学科研中不断取得新成绩！也希望该书能为相关研究领域的学者和管理者提供有益的参考，共同推动我国区域经济又好又快发展。

中国社会科学院经济研究所所长

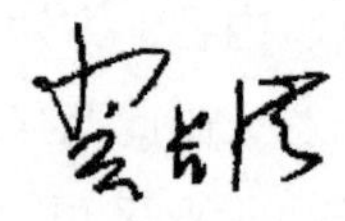

2012年7月25日

# 前　　言

街区是城市的肌理和主干。街区经济作为城市经济的重要部分，具有规模性、聚集性等特征。街区经济的兴起、发展与所在城市的自然条件、经济基础及发展潜力密切相关；城市经济发展水平的高低及区域专业化的程度，又往往取决于街区经济的发展程度。

从历史上来看，街区作为承载城市商品和服务生产交易的重要空间载体，在推动城市经济发展过程中发挥了非常重要的作用。西方国家的城市商业街，经历了从最初古希腊的 Agora、古罗马的 Forum、中世纪的 Plaza，到近代的大型购物场所、现代商业街，直至新兴的购物中心、城市综合体等发展阶段。中国的城市商业空间，从《周礼》所载的古典“市”制，隋唐时期的“坊市”制，北宋时期的临街设店、行业街市和庙会集市等多种形态，发展到现代商业街、购物中心、城市综合体等新的形态。在漫长的城市经济发展历程中，街区经济已经成为城市经济发展的重要载体，引起了人们的广泛关注。

20 世纪 50 年代以来，西方发达国家的中心城区由于经济结构调整和郊区化发展加快，一批商业街如雨后春笋般出现。改革开放以来，中国的城市化快速推进，很多城市中心城区的土地利用已经到了见缝插针的程度，商业街的发展空间受到一定限制，对原有商业街的整体改造提升成为一种常态。无论是新建还是改建的商业街，都面临着街区定位、规划建设、经营管理、融资等问题。如何系统地解决这些问题，使街区经济更好地服务于城市经济的发展，成为一个备受关注的研究命题。

国内外以“街区经济”为主题或对象的研究文章很少且不成体系，主要集中在与街区经济有紧密关系的商业街和历史街区两个方面。对国内外文献进行梳理发现，目前研究取得的成就主要有五个层面。一是在概念层面，Stansfield、Stephen、Burten shaw、Getz、保继刚等学者提出了“城市 RBD”、“城市 CTD”、“城市 TBD”等新颖的概念，并对这些概念之间的关系进行了讨论（Stansfield et al.，1970；Stephen，1990；Burtenshaw et al.，1991；Getz，1993；保继刚，1995）。二是在规划设计层面，国外研究主要集中在时代发展所引起的规划设计变化，国内则以案例研究为主。于洁等学者注意到了文化软实力在街区规划设计中的独特作用，文化元素越来越多地被应用其中（于洁，2010）。三是在评价层面，多以定量的实证研究为主，评价内容较为完善，模糊评价与层次分析是比较常用的两种方法（马小琴，2007；沈燕峰，2007）。四是在发展策略层面，国外学者主要针对街区旅游业的发展进行研究，国内学者大都围绕某一特定方向阐述其对街区发展的作用，或者是针对某一特定街区来讨论其发展策略（Judd，1995；周媛媛，2007）。五是在历史街区研究层面，国外学者们的研究思路已从政府主导转移到鼓励公众参与，而国内仍以实证研究为主，同时将有机更新、和谐社会及其他一些人文理念融入历史街区保护之中（Pendlebury，1996；Tiesdell，1995；王骏和王林，1997；潘俊，2011）。

目前国内外研究在三个方面亟待加强。一是富有解释和预测能力的理论研究亟待加强。一些基本概念还没有统一界定，解释性较好的理论及规律性总结还比较欠缺。如何将适用先进的理论（如复杂性理论等）纳入街区经济研究，也需要找到合适的切入点。二是研究方法有待优化。目前相关研究仍以定性为主，定量研究相对缺乏，但定量研究的成果显然更具说服力，另外也需注重规范分析与实证分析相结合。三是对街区经济形成与发展的动因、机制与规律等，也需要进行专门研究。

在街区经济研究中，本书把马克思主义历史唯物主义的分析方法贯穿始终。笔者在2008年发表的《浅议街区经济》一文中，首次系统界定了街区经济的概念，并得到社会的认同。经过几年的探索与实践，逐步完善了街区经济的内涵和外延。在本书中所论述的主要是指城市中心区及城区的街区经济，位于城市郊区的购物中心、综合商贸体等形态则不作为本书的研究重点。本书研究街区经济及相关问题运用了产业经济学、区域经济学和经济地理学等经济学理论与方法，运用了城市规划理论、土地集约利用理论、城市有机更新理论、新城市主义理论等城市科学理论与方法，运用了复杂系统理论、协同论、控制与管理理论、共生理论、系统分析与评价等系统理论与方法。

本书组织结构分为基础分析、系统研究和管理应用三个部分，共十二章。基础分析部分包括第一至第四章。系统研究部分包括第五至第八章。管理应用部分包括第九至第十二章。各章内容具体如下。

第一章，重要概念辨析：重点对街区经济、商业街等概念进行界定，研究分析商业街的发展阶段，提出商业街的详细分类。

第二章，国外商业街区的发展状况：研究分析国外商业街的发展历程和每一阶段的表现形态、功能、管理方式等，重点介绍几种重要商业街的发展状况。

第三章，中国古代商业街及街区经济发展过程：重点介绍中国历代商业街的形成和发展，研究分析中国商业街发展的若干典型特征、中国传统商业街的空间形态及其功能演进历程。

第四章，街区经济的特征、发展条件与效应效益分析：重点对街区经济的特征、发展条件、经济效应、综合效益等进行分析。

第五章，街区经济的系统分析：重点提出了街区经济系统界定并进行系统分析，给出街区经济系统的 MAS 框架模型，对街区经济系统的驱动力组成、运行与发展等相关问题进行深入剖析。

第六章，街区经济建设系统：重点对街区经济建设系统的整体构成及主客体要素进行分析，梳理街区经济建设全过程，研究分析传统街区的有机更新改造。

第七章，街区经济管理系统：系统分析街区经济管理系统，提出街区经济科学管理模式，理清街区经济科学管理的模式、体制、运行机制。

第八章，街区经济融资系统：系统分析街区经济融资系统，总结融资方式，进行案例分析，提出街区改造中的融资问题。

第九章，街区经济运行评价：重点提出较为完整的商业街评价体系设计思路和指标构成，给出综合型商业街的评价指标体系，并简要介绍商业街效用评价的一般过程。

第十章，街区经济发展中的土地集约利用评价：建立基于地理信息系统的土地集约利用评价技术路线，理清土地集约利用评价思路和程序，并进行了实证研究。

第十一章，街区经济发展的典型案例介绍：重点对国内具有一定代表性的街区经济典型案例进行较为详细的介绍。

第十二章，西安市莲湖区发展街区经济的探索与实践：重点阐述莲湖区在发展街区经济中积累的规划、建设与管理方面的经验。

目前，对街区经济的研究还处于动态发展阶段，许多问题仍需要探讨，书中疏漏和不妥之处在所难免。恳请各位专家、学者和广大读者批评指正。

# 目　　录

# 第一章　重要概念辨析

## 第一节　街区经济与商业街

理论界对街区经济的研究正处于探索阶段。街区经济是指在城市经济发展过程中所产生的，以城区为主要空间区域，以商业街为载体，遵循市场规律，发挥政府调控作用，形成具有一定规模或特色的各类产品和服务的生产交易区域，辐射范围和影响力较大，能持续产生经济和社会效益，带动地区发展的一种经济形态。

街区经济具有以下内涵。

（1）属于区域经济、城市经济的范畴。

（2）产生于特定的地理空间，具有显著的地域特色。

（3）遵循市场规律和法则，发挥政府在管理中的主导作用。

（4）具有聚集性、规模性、差异性、开放性、综合性。

（5）具体表现为产品和服务的生产与交易。其中，生产过程主要表现为以都市型工业为代表，以半成品为原料主体的加工与生产；交易过程主要表现为以商业街为载体的产品交换与价值实现。

都市型工业是指为适应大都市可持续发展的要求，以都市现有工业为依托，以工业园区、商用楼宇等为载体，利用都市特有的人才流、现代物流、资金流、信息流和技术流等社会资源，进行产品设计、技术开发、加工制造、营销管理和技术服务等，是无污染或低污染、低能耗、低物耗、高产出、高税收、高就业的现代工业。

学术界对商业街概念的研究也不尽一致。中国城市商业网点建设管理联合会步行商业街工作委员会认为，商业街是指能够满足人们对商业的综合性、专业性和社会性需要，由多数量的商业及服务设施按规律组成，以带状街道建筑形态为主体呈网状辐射，统一管理并具有一定规模的区域性商业集群（中华人民共和国商务部，2009）。戴志中认为，由众多商店、餐饮店、服务店共同组成，按一定结构比例排列的街道，称为商业街（戴志中，2006）。李飞认为，步行商业街一般是指只允许步行者通行的商业街区，它由步行通道和通道两旁林立的商店组成

（李飞，1997）。卢文平认为，步行商业街是指限定机动车辆通过，以步行为主要交通方式，以商业经营为主要功能的城市街道，它是城市公共活动空间的重要组成部分（卢文平，2004）。

笔者认为，商业街是指能够满足人们对生产、生活的综合性、专业性和社会性需要，以具有商贸功能和一定规模的街道建筑物为载体，由相应数量的商业及服务设施按照街道空间结构进行商业业态布局，以生产、经营商家为主体，实行专门管理，形成一定的经营和销售规模，在一定区域内具有较强影响力的开放式商业群体。

## 第二节　商业街的发展阶段

商业街作为街区经济的载体，其主要发展阶段包括商业街、商业街区、商业街群和商业圈。

商业街区是指一条主干商业街带动与其相连通的其他附属性支干商业街，所形成的“丰”字、“非”字或鱼骨等形状的商业群带，如北京前门大街。

商业街群是指在一定地域范围内，为了满足消费者多家选择的需求，通过产业适度集中、业态错位或专业经营，由若干个具有一定规模的商业街（区）组成的具有较强区域竞争力和辐射力的商业功能区，如云南丽江四方街。

商业圈是指由两个以上的商业街群组成，以其中最为主要的商业街（区）或标志性建筑为核心，沿一定的半径向周边扩展形成的圈状、带状等形体的商业功能区，如西安市的钟楼商圈。

## 第三节　商业街的分类

商业街是街区经济的基础载体，对商业街进行合理分类，是分析研究商业街、街区经济的基本前提。结合已有研究，特别是根据实地调研后的归纳分析，笔者提出从历史演进、空间形态、经营类型、影响力范围等方面对商业街进行分类（洪增林，2011）。

### 一、按商业街的历史演进划分

按历史演进划分，商业街可分为历史延续型商业街、改建扩建型商业街、旧址恢复重建型商业街和新建商业街。

（1）历史延续型商业街：一般存在于历史积淀深厚的古城中，是古代商业街的延续，基本保留着原有历史风貌，是人们感受历史的重要场所。例如，重庆市的瓷器口，其历经沧桑的浓郁古风，成为重庆市江州古城的缩影和象征；位于开罗伊斯兰老城区中的哈利利商业街，它在14世纪就已经是繁荣的商业街，现被誉为世界上最古老的商业街。

（2）改建扩建型商业街：一般具有较为悠久的历史，但由于沿街建筑经年失修、原有基础设施不能满足城市功能需求及商业业态不合理等，由当地政府主导，对其在原有基础上进行改建、扩建，以适应消费者需求。例如，天津市的和平路，其两侧的建筑立面，以及路面、路灯等经过整修，沿街建筑及景观整体规划为欧式风格，商业布局也日益合理；又如，1992年，巴黎市政府开始对香榭丽舍大街进行综合改造，重点是增加步行空间、恢复建筑立面、调整土地利用规划等，从而恢复了其“世界最美的散步场所”的盛名。

（3）旧址恢复重建型商业街：历史上曾经存在但没有保留至今，由政府主导在其旧址上进行保护性恢复重建，具有浓郁复古气息的商业街。例如，西安市的大唐西市，在唐朝时曾经是国际贸易中心，复建后以新唐风为整体建筑风格，具有购物、餐饮、娱乐、旅游等功能，使市民和游客在游憩、休闲的同时，也能感受到浓郁的唐文化气息。

（4）新建商业街：一般由政府在挖掘、整合、利用当地特定资源的基础上，按照城市规划整体要求新建而成，具有明显的时代气息。例如，青岛市啤酒街，该街是青岛啤酒的诞生地，当地政府依托青岛啤酒这个名牌，建成了尽显百年啤酒文化的商业名街；又如，位于中国香港核心地带的太古广场购物中心，建成于1990年，集百货、餐饮、娱乐、休闲、文化于一体，已成为深受中国香港居民及国内外游客信赖的生活、消费场所。

## 二、按商业街的空间形态划分

从平面分布、垂直分布、立体空间封闭状态、交通组织方式及建筑风格等方面来进行细分。

### （一）按平面分布划分

按平面分布划分，商业街可分为单线型商业街、并列型商业街、合院型商业街、发散型商业街和围合型商业街（夏志伟，2010）。

（1）单线型商业街：主要因为街道空间受限而无法向两侧扩展，所以两侧商铺沿着一字形、折线形等单一线形街道顺次展开，如天津市古文化街、大连市天津街等。

（2）并列型商业街：由两条及以上并行排布的街道组成，且相邻两条街道之间的两排商铺背向而连。在有限的范围内，并行排布的方式可增加空间利用率，扩大商业面积，如西安市大明宫建材市场等。

（3）合院型[①]商业街：沿街建筑以合院形式为主，空间特色较为明显，但占地面积较大，空间利用率低，合院之间通过街道组织串联起来，串联的方式有一字形、并列形等，如成都市宽窄巷子，其沿街建筑为四合院。

（4）发散型商业街：常常以主干道、中心广场或标志性建筑等为中心，向四周发散而成，有较强的引导性。例如，重庆市的解放碑商业街，就是以解放碑为中心，向四周延伸而成的商业街；法国巴黎市星形广场以凯旋门为中心，向四周发散形成12条街道。

（5）围合型商业街：一般以建筑围合形成空间广场，有较强的聚合感，如西安市的大雁塔南、北广场等。

### （二）按垂直分布划分

按垂直分布划分，商业街可分为地上（空中）商业街、地面商业街和地下商业街。

（1）地上（空中）商业街：在借鉴地面商业街的基础上，采用高架式街道，形成既有街有市，又无车马之忧的购物环境，如美国明尼亚波利斯市的空中步行系统等。

（2）地面商业街：建在地面上，因为对地域、规模、承载内容、工程技术等要求较低，易于建成，所以最为常见。

（3）地下商业街：建在地面以下，并且多依托地下轨道交通，既能充分利用地下空间、缓解地面交通压力，也降低了地下交通客流人群的购物成本。例如，西安市钟鼓楼广场下的世纪金花购物广场、西安市雁塔新天地购物广场都是在城市绿地之下修建的商业街；加拿大蒙特利尔市地下城是依托地铁线路或地铁站而建立的商业街；青岛市地景大道是利用废弃的防空洞改建而成的商业街。

### （三）按立体空间封闭状态划分

按立体空间封闭状态划分，商业街可分为开敞型商业街、遮盖型商业街和封闭型商业街。

（1）开敞型商业街：街道空间开敞，没有顶部遮盖，路面设施齐全、尺度宜人，雨雪天气较为不便，但天气好时可欣赏蓝天白云等室外景观，如伦敦市牛

---

① 合院有很多种形式，如三合院、四合院，甚至还有七合院。

津街、上海市南京路、北京市王府井步行商业街等。

（2）遮盖型商业街：街道两侧建筑采用骑楼、柱廊、联拱廊等形式连成一体，行人走在有顶盖的廊道内，以防日晒雨淋，如广州市的上下九商业街、西安市的化觉巷等。

（3）封闭型商业街：或是街道上部有屋顶覆盖，或是建在地下形成全封闭的步行商业空间，可以防风雨、避严寒、抗日晒。例如，青岛市天幕城以“天幕下的漫步”为特征，采用大跨度、穹形天顶全封闭建筑方式，在室内空间营造出了蓝天白云、璀璨星空等室外感觉；又如，美国拉斯维加斯市佛蒙特大街等。

### （四）按交通组织方式划分

按交通组织方式划分，商业街可分为全步行商业街、步行为主商业街和非步行商业街。

（1）全步行商业街：设置障碍将人车分离，除消防车、急救车等特殊车辆外，仅供步行者通行，为消费者营造了浓厚的商业氛围，且安全性高。例如，重庆市的解放碑中心商业街禁止车辆通行，车辆闯入其中会受到处罚；又如，北京市王府井步行商业街，步行街的两端不但设有障碍，而且专门安排有保安拦截闯入车辆。

（2）步行为主商业街：在商业街内，除人力车、电瓶游览车等慢速车辆可以通行外，不允许其他车辆进入，如天津市和平路商业街就有供消费者乘坐的电瓶车。

（3）非步行商业街：不限制机动车辆通行，但一般都禁止载重车辆通行，如法国香榭丽舍大街、青岛市中山路等。

### （五）按照建筑风格划分

按照建筑风格划分，商业街可分为古建筑风格商业街、仿古建筑风格商业街、国外建筑风格商业街、仿国外建筑风格商业街和地域建筑风格商业街。

（1）古建筑风格商业街：沿街建筑是古代遗留下来的，保留了原汁原味的古代建筑风格，一般存在于古城中，如山西省平遥古城商业街。

（2）仿古建筑风格商业街：仿照古代建筑风格修建沿街建筑，以营造出富有文化氛围的购物环境。例如，西安市的西大街、大唐不夜城等都是按照唐代建筑风格建（改）造而成的；北京市前门大街、天津市古文化街则是按照清代建筑风格建（改）造而成的。

（3）国外建筑风格商业街：由当地政府主导，把外国商贸或政府组织在殖民地时期建成的商业街，在不改变原有建筑骨架和风格的基础上，经过维修或改扩建而成；也有因外国人聚集而形成的具有国外建筑风格的商业街。例如，天津市的意式风情区、美国旧金山唐人街等。

（4）仿国外建筑风格商业街：为体验异地风情而仿建。例如，兰州市天庆·莱茵小镇风情商业街，格调沉稳的欧式灯、欧式雕花的外立面、复古的遮阳棚等，演绎了一种全新的异域风情。

（5）地域建筑风格商业街：沿街建筑浓缩了地域文化和民族风情，具有浓郁的地方特色及明显的建筑派别风格。例如，南京市夫子庙商业街的建筑，以硬山①为主，采用灰瓦白墙、马头墙的形式，具有典型的徽派建筑风格。

## 三、按商业街的经营类型划分

从经营类型的维度，商业街可分为综合型商业街、混合型商业街、单一型商业街、专业型商业街、特许经营型商业街。其中，前三类商业街主要满足人们的日常购物与服务需求，专业型商业街主要满足人们一些特殊的购物与服务需求，特许经营型商业街则是在特定条件下存在的商业街。

（1）综合型商业街：通常集“吃、住、行、游、购、娱”六大功能于一体，业态丰富、规模较大、综合性强，典型形式为商业综合体（有些商业综合体也称为城市商业综合体或城市综合体）和大型购物中心，能够较好地满足人们的各种需求。例如，日本东京银座能满足人们购物、餐饮、休闲、娱乐等一系列需求；又如，万达广场是由国内著名房地产企业大连万达集团在各地投资兴建的商业综合体，功能齐全，设施一流，能够满足人们的各种需求。

（2）混合型商业街：往往具备“购物、餐饮、娱乐”等功能，业态丰富，但规模有限，综合性不强，如西安市的骡马市商业步行街等。

（3）单一型商业街：业态单一，差异化小，一般走特色化路线，有利于产生集聚效应，为消费者提供单一化服务，多提供餐饮、购物类服务，如服装一条街、餐饮一条街、婚纱一条街、啤酒一条街、茶叶一条街等。

（4）专业型商业街：业态专一，典型形式为专业的购物广场和市场，往往提供“一站式”主题购物，突出满足人们的特殊需求，如西安市大明宫建材市场、红星美凯龙全球生活家居广场、西安市方欣酒店用品市场等。

（5）特许经营型商业街：政府部门或相关组织对沿街商家的经营范围或类

① 硬山是一种房屋屋顶的样式，此外还有单坡、双坡、平顶、歇山、悬山等多种样式。

型有一定的限制或特批权限，如设在一些国际机场内的免税购物区。

## 四、按商业街的影响力范围划分

按照影响力范围（辐射或服务范围）来划分，商业街可分为超大影响力商业街、较大影响力商业街、中等影响力商业街、较小影响力商业街四种类型。

（1）超大影响力商业街：影响力能够辐射全球或者两个及两个以上国家的商业街，规模很大，商品档次很高，通常位于经济和社会相对发达的国家或地区的核心城市或边境口岸城市，如法国香榭丽舍大街、美国第五大道、香港铜锣湾等世界著名商业街。

（2）较大影响力商业街：影响力能够辐射某一国家或该国某一区域或某城市群的商业街，规模较大，商品档次较高，通常位于该国的首都或发达城市中，如北京市王府井步行商业街、上海市南京路、西安市西大街、重庆市解放碑中心商业街等国家著名商业街。

（3）中等影响力商业街：影响力能够辐射某一省或该省的某些城市的商业街，规模中等，商品档次一般，通常位于该省的省会城市或经济中心城市，如天津市塘沽洋货市场等。

（4）较小影响力商业街：影响力仅辐射某一区、县或者更小范围的商业街，规模较小，商品档次低，通常位于该区、县商业较为发达的地段或社区附近。

除历史演进、空间形态、经营类型、影响力范围等维度外，还可以从以下方面对商业街进行分类：按消费层次，可分为高端消费、中端消费和低端消费商业街；按商业规模，可分为大型、中型和小型商业街；按投资主体，可分为政府主导型、企业主导型和政企共建型商业街；按交通地位，可分为枢纽型、次枢纽型和非枢纽型商业街；按功能主题，可分为一产主导型、二产主导型和三产主导型商业街，三产主导型商业街又可细分为购物型、餐饮型、文化体验型和休闲娱乐型商业街等；按开放时段，可分为常年开放商业街（主要指城市商业街）与固定日期开放商业街（主要指农村集市），其中前者又可分为早市、夜市，法定时间营业的商业街，全天候营业的商业街。图 1-1 为商业街的分类示意图。

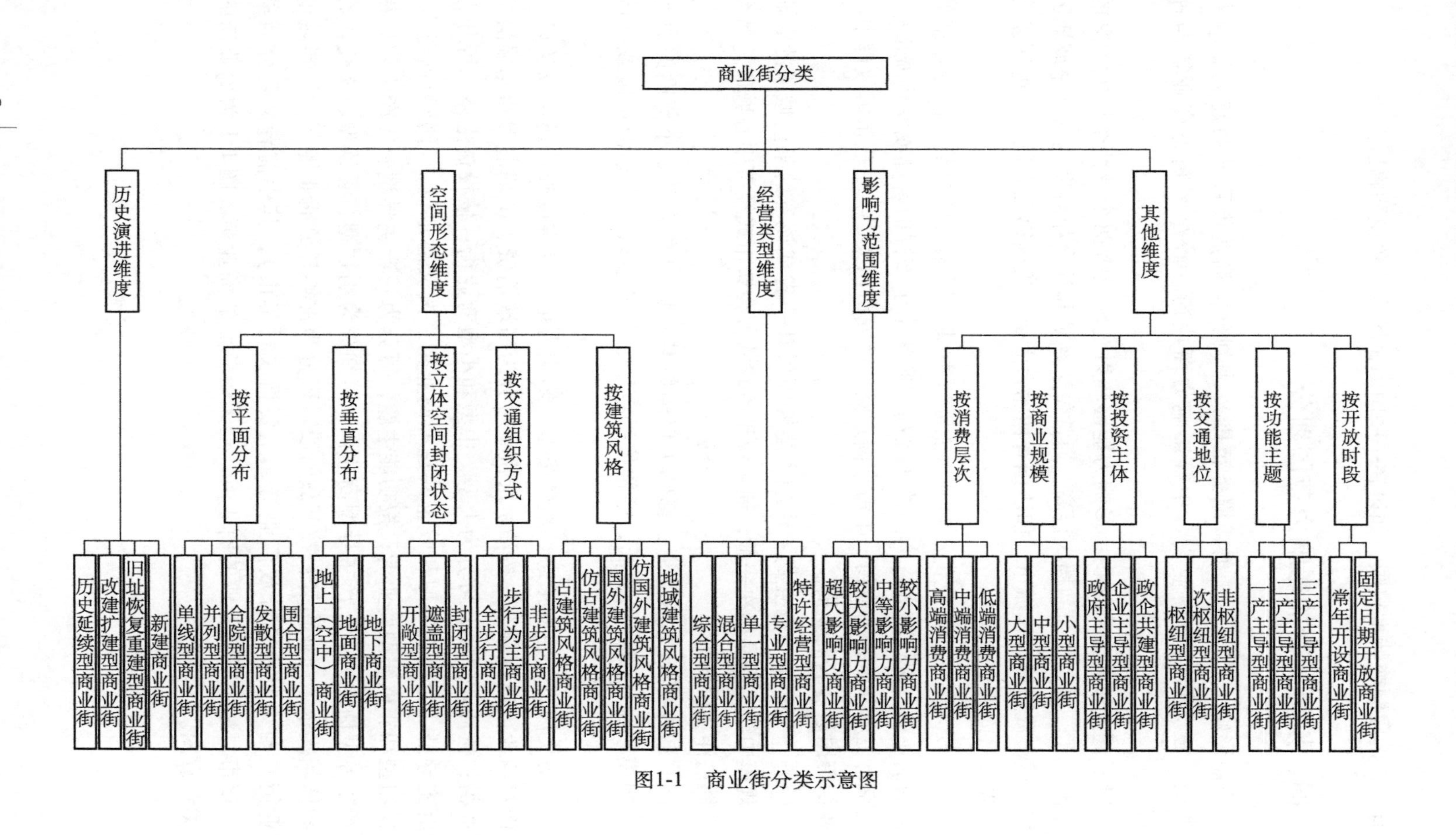


图1-1 商业街分类示意图

# 第二章　国外商业街区的发展状况

商业街区在城市商业发展中起着重要作用。国外商业街区在其发展的历史长河中，积累了很多具有借鉴意义的经验。鉴于在商业街区的发展过程中，西方发达国家无论是在商品经济发展还是市场规范形成方面，均具有历史典型性，所以，本章主要从西方商业街区的发展历程入手，概括阐述古代、中世纪、近代及现代国外商业街区的发展状况；重点分析当前国外城市核心商业街、步行商业街、地下商业街、大型购物中心及城市综合体等五种重要商业街区的形态及其成功做法；总结国外商业街区的发展趋势和先进经验，以期为中国街区经济的建设发展提供借鉴。

## 第一节　国外商业街区的发展历程

商业活动是人类社会发展到一定阶段的产物。第二次社会化大分工后，农业、手工业迅速发展，一部分人从单纯的手工业中分离，成为专门的商人，商品交易场所也逐步从早期流动性、季节性较强的农作物交易地点发展为固定化的城市商业空间。纵览世界各城市的发展历史可以发现，商业街区的建设与商业发展程度密切相关，均经历了“孕育—萌芽—发展—兴盛—衰落—复兴”的历史发展过程。

对国外商业街区的发展阶段，目前还没有统一的划分标准。本书通过梳理和归纳目前学术界对世界商业发展历程的研究成果，将世界商业发展历程分为四个阶段：古代商业，又称上古时代商业，指公元前4000年左右古埃及奴隶制国家出现，至公元476年西罗马灭亡这一阶段的商业发展；中世纪商业，又称中古时期商业，指公元476年西罗马灭亡至1640年英国资产阶级革命爆发的封建社会阶段的商业发展；近代商业，指1640年英国资产阶级革命爆发至1917年俄国十月革命这一时期的商业发展；现代商业，指1917年俄国十月革命以来的商业发展。本书结合世界商业的发展过程，将国外商业街区的发展过程分为古代商业街区、中世纪商业街区、近代商业街区和现代商业街区四个阶段。

### 一、古代商业街区的发展

古代商业街区阶段主要以古希腊和古罗马的商业经济发展最为显著。

## （一）古希腊的商业街区发展

### 1. 古希腊商业及街区形态

古希腊文明的源头可以追溯到公元前3000～前1200年的克里特文明和迈锡尼文明。经考古发现，这一时期克里特人的海外商业活动发达，与埃及、西班牙、地中海东部的塞浦路斯贸易往来频繁。当时的克里特岛是古希腊的文化贸易中心，而伊拉克里翁是克里特岛的首府及主要港口，是克里特岛上生活节奏最快的城市，也是交通中枢及信息发达之处。当时，克里特岛的海上交易主要包括石雕、金银制品、珠宝、陶器等体积小、价值高、耐久不坏的商品。

公元前11～前8世纪，即历史上的“荷马时代”，古希腊最早的跨地区间商品交换开始出现，此时有了马车匠、刀剑匠、金匠、陶工等劳动分工。公元前8～前6世纪，古希腊城邦经济开始兴盛，在城邦内，政治的独立性与经济的自由性使得城市经济发展迅速，尤以雅典城邦的繁荣最为典型。

公元前594年，梭伦在执政雅典之后，为促进经济的发展，缓解人民的生产生活压力，实施了宪政改革，即“梭伦改革”，改革的一个重要方面就是制定新法典，奖励公民从事手工业和商业，禁止输出谷物，改革度量衡，铸造雅典新币（高德步和王珏，2001）。梭伦的改革在很大程度上解放了当时的生产力，确定了雅典经济的发展方向，推动了工商业的发展。恩格斯曾这样高度评价梭伦的改革：“在梭伦改革后的80年间，雅典社会就逐渐采取了一个它在以后数百年中都遵循着的发展方向。”（中共中央马克思恩格斯列宁斯大林著作编译局，1972a）

到公元前5世纪，古希腊城邦经济达到繁荣时期。这一时期的雅典，在冶金、造船、武器、制陶、皮革还有建筑业等方面相当著名。城邦手工业的发展促进了交换的发展，使商业经济成为古希腊经济的重要组成部分。城邦内有固定的商品交换场所，各种商品在专门地点出售，商业交往活动非常频繁。商品交换主要是在城市广场内进行的，广场通常位于几条主要大街的交汇处，广场上建有长长的列柱敞廊，供商业贸易及多种活动使用。人们围绕着广场、街道建立起摊点、作坊，四里八乡的人们都定期来此交易，交易的商品主要有蔬菜、水果、干酪、鱼、肉、腊肠、家禽、酒、木柴、陶器、书籍等。中心广场还会举行一些重大的节日庆典、竞技等活动，为商业发展提供了良机。例如，古希腊的阿索斯广场（图2-1），平面为梯形，两侧有尺度宏大、高两层的敞廊，敞廊与相连接的街旁柱廊形成了气势壮阔的长距离柱廊透视景象。小生产者和零售商人定期在敞廊内进行交易，调剂余缺，互通有无。

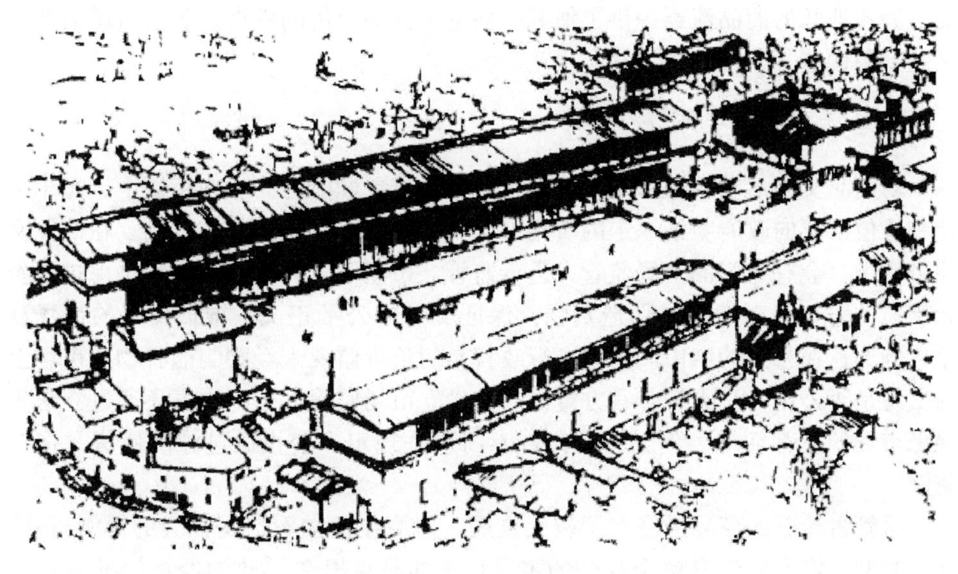

图 2-1 阿索斯广场
图片来源：罗小未，蔡琬英. 1986. 外国建筑历史图说. 上海：同济大学出版社.

随着交易活动的进一步频繁，原有的广场已不能满足商品交换所需的巨大空间，进而出现了以广场为中心，向四周延伸的有屋顶的柱廊，人们在这种门廊式市场里进行商品交换。这种直线形的商店建筑后来成为市场的主要形式而延续至今。

古希腊商品经济的发展与其货币和早期存贷业的发展具有重要关系。古希腊高度发达的货币业，为商业的发展与货物的流通提供了便利。公元前 7 世纪，在科林斯、雅典等工商业领先的城邦已有铸币出现。雅典最初的货币是不规则的，如叉子或签子的形状，称为“奥波尔”，之后慢慢过渡为圆形（吉罗拉·罗切特尔，1994）。古希腊由于缺乏金矿，其货币主要为铜币和银币。古希腊货币的出现，打破了原有的农业经济格局，促进了商品经济的繁荣。此外，古希腊时期已经开始兴起类似于银行进行的货币存贷业务。最初，神庙由于其稳定性和不可侵犯性而成为相对安全的钱币存储地，充当了早期银行的角色。苏联社会科学院出版的《世界通史》中写道：“这些神庙都积极参加集市活动，它们存款和进行有息放贷。”（苏联社会科学院，1959）这深刻体现了古希腊神庙在商业发展中的作用。除了庙宇具有货币存贷功能外，还有很多私人从事货币兑换及存贷业务。古希腊由于城邦各自铸造货币，市场上币种繁多、币制混杂，影响了货币的正常流通，于是有一部分人专门从事钱币兑换，这些钱币兑换商便是后来私人银行的开设者。钱币兑换商一方面以低息接受别人的存款，一方面又以较高利息发放贷款，从而赚取差价。货币及早期存贷业务的发展，为跨地区商品交易提供了可能，为各地间的商品流通提供了便利，促进了商品经济的发展，为古希腊商业街区的繁荣创造了条件。

### 2. 古希腊市场管理

对商品交易活动的监管是古代城市政府的重要职能之一。在街区上，每个店铺和摊位都要向政府缴纳一定的费用以购买自已在此销售商品的权利。在商业交往过程中，会有专门的市场监管人进行监管。市场监管人的主要职责是保护消费者利益，防止售卖掺假或伪造货物，保证交易的公平正义，维护良好的市场秩序。例如，在雅典的城市广场，有行政官专门负责监视未经磨制的谷物在市场上的交易是否公正，是否符合官方定价。除设立市场监管人外，国家还通过立法来保障市场的正常活动。例如，雅典曾专门立法规定，禁止通过漂洗使货品保持新鲜。

尽管古希腊的商品经济有了较大发展，但商业仍被看作是社会的低级行业。这一时期，农业依然是整个社会的主导，正如马克思在《政治经济学批判》里所说："古典古代的历史是城市的历史，不过这是以土地财产和农业为基础的城市。"（中共中央马克思恩格斯列宁斯大林著作编译局，1972b）农业在古希腊城市中占有重要地位，古希腊人普遍存在以农为本、重农轻商的思想，商业被视为低贱的行业。公元前 218 年颁布的《克劳狄乌斯法》规定：禁止本国元老经商（科瓦略夫，1957）。雅典的商业，主要在毫无公民权和政治权的外邦人中进行，人们往往是在不得已的情况下才弃农经商。

## （二）古罗马的商业街区发展

### 1. 古罗马商业及街区形态

古罗马帝国疆域辽阔，社会安定，经济活动频繁。帝国城市设计注重街道布局，引进了"主要干道"和"次要干道"的概念，公共建筑作为街道内的附属因素而存在，城市广场呈现轴线对称、多层纵深的布局方式（图 2-2）。这种布局方式在一定程度上方便了商品交换，促进了城市贸易发展。罗马城市设计注重对道路的铺设和基础设施的改进。在罗马城，主要街道都用石子铺就，避免了阴雨天气道路状况差的影响。同时，罗马城引水道工程也是相当著名的，为了满足市民用水需求，罗马政府大量修建引水渠，将水引至市内，极大方便了城市居民生活。

庞贝城就是在这一时期发展起来的著名商业城市。庞贝城是亚平宁半岛一座历史悠久的古城，距罗马约 240 千米。庞贝城建立之初只是一个小集镇，主要从事农业和渔业生产。后来，它演变成一座繁华的城市，城内约有 20 000 名居民，

图 2-2 古罗马营寨城城市布局图

图片来源：杨珂珂.2009. 浅析古罗马营寨城的规划模式. 小城镇建设，(1)：51~56.

环绕有4800多米长的石砌城墙。城内街道两旁，鳞次栉比的房屋几乎全是商业用房，包括各种零售店铺、商行、小饭馆和小酒店、面包房、手工作坊。在城内还有剧场、体育场、公共神庙、公共浴场等很多公共性建筑。四条笔直平坦的大街将全城分成9个城区，大街两旁有人行道，街宽达10米，路面用碎石铺成。城市中最宽阔的大街叫丰裕街，街的两边是酒馆、商店和住宅。丰裕街直通大广场，大广场三面围墙，呈长方形，广场四周建有许多宏伟的建筑。

古罗马发达的铸币及货币兑换业，在很大程度上促进了商业街区的发展。大约从公元前4世纪起，罗马开始铸造钱币。钱币包括铜币和银币，1银币可兑换10铜币。铸币的出现大大方便了商品流通，促进了罗马商业的发展和经济的繁荣。罗马城商业的繁荣吸引了大量外商来此进行商品交换，这些商贩带来自己国家的货币，使得市场上币种繁多，因而在商业活动中出现了货币兑换这一重要行业分工。兑换人早期从事的活动包括鉴定钱币成色和币种兑换，随后逐渐演变出一些银行业务，如贷款、存款、货币支付、货币汇兑等（史仲文和胡晓林，1996）。兑换业的产生与发展为罗马世界商品市场的发展奠定了基础。

### 2. 古罗马市场管理

罗马早期，为了进一步促进城市商品经济发展，政府采取了一系列鼓励措施，如公元前451~前450年制定的《十二铜表法》，就已经对高利贷和债务奴役做出了明确限制，抑制商业活动中的投机行为。之后，陆续在货币业、海上借贷契约等方面做出了相应的规范，形成了借贷、租赁、抵押、买卖、合伙、委任等一系列商事规则（何勤华和魏琼，2007）。这些规则首先确定了人与人之间的关系，认为一切人生来就是平等的，这就确定了所有交换主体的平等性。同时，还确定了私有财产关系，认为私有财产神圣不可侵犯，有极为明确的所有权概念，包括占有权、使用权、收益权、处分权、返还权等。

在罗马的各个城市中还存在大量商人行会。商人自治组织是单纯由商人组成的纯商人行会，如水果商、药铺商、酒店商等行会；也有商人和手工业者共同组成的行会，如面包师、陶匠、金匠等组成的行会。这些行会，在罗马帝国前期全部由私人组成，成为组织商业活动的主体，但到后期，逐渐演变为国家管控商业活动的机关。

### （三）古代商业街区发展总结

通过以上分析，可见古代商业活动主要以城市广场为载体，与周边街道共同组成交易场所，街区上出售的商品主要是剩余的农副产品、陶器、铁器等简单手工业品，在街道两边还有少量的剧院、酒馆等活动场所供市民休闲娱乐。这一时期，商业活动在空间上出现区域聚集现象。为了保证商贸交易的公平正义，当时政府成立了专门的监督检查机构，并对街道上出售的商品进行了详细的合格标准划分，以保证街区经济的发展。另外，货币的广泛流通和兑换业的出现，对古代商业的发展也产生了较大的促进作用。虽然古代市场有了较大发展，但此时是以农业为主的社会，街区的主要功能仍是为宗教和集会提供场所，只配以简单的商业功能，商业仅作为城市经济的从属而存在，商人还处于整个社会的底层位置。

## 二、中世纪商业街区的发展

### （一）中世纪前期商业街区的衰败

从公元5世纪西罗马帝国灭亡到公元10世纪，欧洲文明总体上处于衰败时期。这一时期的欧洲，以庄园经济为代表的自然经济占主导地位，商业贸易基本上处于凋零状态。那时并不存在真正意义上的“城市”，城市仅仅是作为教会政治的中心而发挥作用。

庄园经济作为中世纪前期的主要经济形态，对中世纪的经济和社会产生了重大影响，正如汤姆逊所说：“庄园制度的性质与范围，是理解中世纪经济社会史的关键。”（汤姆逊，1984）庄园作为自给自足的经济单元，可以生产诸如铁器、食物、酒品、服装等一系列日常生活品，具有相当高的生产生活自给率，从而割断了与庄园外部的经济联系，在很大程度上压缩了商业生存空间。

教会对中世纪前期经济的影响也相当大。中世纪仍然以农业为经济基础，基督教教义将农业活动作为生存的需要。为了保持农业经济的主导地位，防止商业投机行为对子民意识观念造成影响，教会禁止放贷取息和高利贷行为，“各阶层公众舆论都误解了贸易的作用，继续把商人看做是寄生虫、投机者、盘剥重利者，把商业利润看做是欺骗和掠夺的成果，而不是劳动的成果。”（布瓦松纳·P，1985）商业所具有的自由特征，注定了其与教会主导的农业经济所要求的依附与秩序相背离，因此教会对商业的态度，“不只是消极，而是积极的仇视”（亨利·皮朗，2001）。受教会的影响，社会公民商业意识受到抑制，商业交往活动不为人们所接受，商品经济受到很大影响。此外，外界环境，如道路系统的破坏、交通工具的落后、强盗时常抢劫过路商旅等，严重影响了商业的发展。同时，封建割据的范围日益扩大，各封建领主对商人进行无限制的压榨，征收各种税收，如货物通行税、关税、河流税、过桥税、护送过境税等，沉重的税务负担使得商人的生存条件十分艰难，严重影响了商人从事商业活动的积极性。

在这种社会环境的严重压抑下，商业活动迅速衰落。但为了满足封建庄园主的需求，仍有一小部分商品交易存在。这一时期的商人以行商为主，商业场所以市场和集市为主，层次较低。市场上交易的商品主要是盐、金属器具等庄园内部不能生产的物品，以及国外运来的大理石、橄榄油、纸草、香料、丝绸等奢侈品。

### （二）中世纪中后期商业街区的复苏

中世纪中后期（10~16世纪），随着生产力水平的提高，庄园内生产的产品逐渐增多，庄园之间的商品交换成为可能。农奴制度的衰退、人口的增加、群众商业意识的提高、商业手工业的兴起、货币经济的增长、道路桥梁的建造及公共秩序的加强，使得封建庄园逐步衰落，城市逐渐复兴，市民阶级迅速发展，商业重新开始兴起（亨利·皮雷纳，1985）。

#### 1. 中世纪商业及街区形态

随着商品经济的复苏，市场上的商业活动日益增多，商品交换逐步普及，促进了市场和集市的发展（齐思和，1964）。市场属于地方性的交易场所，在城市和乡村都有建立，市场交易定期举行，一般在每周六或周日下午。城市市场一般位于城市广场周围、道路交汇点及主要道路上。市场上的交易者主要以小生产者和小商贩为主，他们既是市场上的买方，又是商品生产者。小生产者的前店后场式的小作坊，成为当时城市市场的主要单元。这一时期，已经出现了专业化的市场分工，按照不同的商品，分为不同的专业市场，如比尤德利的帽子市场、莫尔顿的农具市场、兰波特的鳗鱼市场、伊夫舍姆的袜子市场等。

13世纪，集市贸易逐渐发展起来，成为区域间甚至是国际商业贸易的主要形式，开市时间间隔较长，一般按季或按年开放，开市后持续的时间较长，一般达一周、几周或一月以上。集市是商品交易的中心，特别是批发贸易中心，一般位于位置适中、交通便利的地方，用以联系主要城市和发达地区，并把商人和商品凝结在一起。这一时期典型的集市是法国香槟集市。香槟是中世纪西欧最著名的国际性大集市，也是欧洲中部最大的商业区。香槟处于地中海和北海、伦巴第和佛兰德之间，共有6个集市，每年在各个地区轮流开市，每个集市连续开放6~8周，所以整个香槟集市可以说是永久性的集市。香槟集市是欧洲商品的主要荟萃地，来自欧洲各地的商人云集于此，交易的商品主要包括丝绸、毛皮、亚麻、毛织品、香料、马匹、钢铁等各类手工业品。香槟集市对推动西欧的商品货币经济的发展起到了重要作用。

这一时期，随着商业的不断壮大，封建领主及教会出于自身利益考虑，对商业的态度发生了改变，商人在社会中的地位不断提升。同时，商人交易地点由最初的不确定区域逐步演变为在某一区域的聚集与固定。为了适应商品多样化的需要，商人之间的合作逐渐加强，并由此衍生出了一种新的商业组织——合伙公司。

中世纪前期的几百年中，各个国家各自铸造货币，市场上货币种类繁多，币值不等，给商品交换带来不便。自13世纪起，以佛罗伦萨为首，开始大量铸造金币，这大大促进了商品经济的发展。为了便于货币流通及支付，银行及信贷业迅速发展。12世纪，在威尼斯和热那亚建立起了欧洲最早的储蓄银行，之后在欧洲其他商业城市迅速发展，其业务涵盖了储蓄、信贷、支付、透支、汇兑等各方面（龙多·卡梅伦，1993）。货币的统一及银行业的迅速发展，促进了各地区间的商品交流，为中世纪商业街区的发展与繁荣提供了便利。

#### 2. 中世纪市场管理

在中世纪，对市场的管理，除了政府机构外，还包括商业行会。政府在市场的设立、日常运营监督等方面作了严格规定。市场设立必须要取得政府的授权，获取“特许状”，特许状包括授予时间、地点、授予人、被授予人、设立市场的时间等内容（徐浩，2005）。在市场监管方面，对摊位分配、集市开闭的时间作了明确规定，并设有集市警卫和市场监管人员，负责监管结算。此外政府还通过增加供应、监督市价及法令规定价格等方式，对市场上的商品价格进行管控。行会在中世纪的市场上也起到了重要的监管作用。商业行会实际上就是城市的管理机构，他们同封建领主和统治者一起发挥城市的经济管理功能。行会内部有专门的规章制度，用以处理商业纠纷，同时，由行会首领和会员组成的商事法院，成为市场上处理纠纷的机构（朱慈蕴和毛健铭，2003）。

### （三）中世纪商业街区发展总结

由以上分析可以发现，中世纪的商业首先经历了中世纪前期的大萧条时期，经济贸易几乎停滞不前。到了中世纪中后期，商业才逐渐复苏并得以发展。这一时期，街区经济形态主要为市场和集市贸易。街区经济形成的地点已经突破了古代的广场范围，向街道纵深方向延伸，并逐步形成了以某一点或街道为中心、向周围辐射的商业街区。专业化市场的出现，体现了社会化分工的发展。货币制度及早期储蓄银行的建立，方便了城市商品交换，促进了商业的繁荣与复兴。商业行会和统治阶层的共同监管，保证了中世纪市场交易的顺利进行。由于市场的进一步发展，街区功能已由传统的以宗教、集会功能为主转变为商业、宗教和集会功能的综合。

## 三、近代商业街区的发展

### （一）近代商业及街区的发展

1640年，英国爆发了资产阶级革命，标志着欧洲步入资本主义发展时期。欧洲社会逐步摆脱了中世纪封建社会的束缚，生产力大大提高，手工业从狭窄的范围中摆脱出来，商业得到较快发展。18世纪60年代起爆发的工业革命使得商品生产、流通和消费领域发生了巨大变化，城市爆炸式的扩张、城市人口的剧增，使原本尺度宜人的步行街人满为患。19世纪中叶以来，近现代交通工具的出现，使得原有的以步行活动为主的城市格局被打破，转而以车行活动为主，商业街从主要供行人通行的街道变为了被车辆挤占的车道。

近代以来，大量城市人口聚集在新兴的城市交通干道周围，店铺逐步向着这些区域迁移。商店和人流互相促进、互为因果，新兴街道日渐繁华，此时，新型零售商业建筑类型迅速出现与发展，城市中出现了大量的百货商店和带拱廊的商店街等现代大型购物场所（图2-3），它们充分占据了街道转角处的最优经营位置，迫使其他小商店向着专业商品交易点和交通便捷点转移，因而逐步形成了在城市主要干道路口、街道转角处等布置大型综合商店，而在街道两旁布局专业商店和服务行业店铺的现代典型商业街区布局（陶石，2002）。现代商业街区的雏形就此产生。

近代的商业交往活动摆脱了定期贸易的局限，形成了固定的永久市场。市场除了出售满足日常消费的基本物品外，还出现了洗浴设施、音乐厅、剧场、画廊、会场和各种俱乐部等满足居民精神需求的公共设施。在街区上，除了传统的商贸服务业之外，还出现了以消费文化为特色的新型商业活动。

随着商业交易量的增加和交易范围的扩大，商人对银行及信贷业务的需求迅速增加，商业银行得到快速发展。银行业的发展也促进了信用工具的发展，包括汇票和支票的使用。汇票和支票的使用方便了银行与银行之间的资金流通，为商业交易大量化、商业活动常态化、商业交往活动范围广泛化提供了条件。

图 2-3 意大利米兰埃马努埃莱二世长廊

图片来源：http：//bestfoto. blog. 163. com/blog/static/1726420352011881375861 4/.

### （二）近代市场管理

从近代开始，形成了较为完善的市场制度，政府为了保障制度的顺利运行，配套了较为完备的法律体系。到 18 世纪后期，汇票、保险、合伙协议、销售合同、专利及其他商业交易等方面都已经有了比较完善的法律保障，如《期票法》《合伙契约法》《货物买卖法》等。同时，这一时期的市场，已经开始意识到商业道德的重要性，逐步形成了以公平、诚信、忠诚等为核心内容的商业道德体系（赵煦，2008）。

### （三）近代商业街区发展总结

由以上分析可以看出，商业街区发展到了近代，交通条件的改善大大促进了商品的流通，加速了向现代商业街区的转变，出现了固定的永久市场，街区经济得到快速发展；商业活动不再单纯是传统的商贸服务活动，出现了以消费文化为特征的新型商业活动。汇票和支票等支付方式的使用为大批量、大范围的商品交换提供了便利。在市场管理上，市场法律体系已较为健全，涉及市场销售、商业金融等方面。由于对利益的追逐，这一时期街区的主要功能以商业为主，同时，由于人们逐渐注重对精神层次的追求，街区开始考虑休闲功能的配置。

## 四、现代商业街区的发展

### （一）现代商业及街区的发展

现代商业街区的发展经历了一个由衰落到复兴的历程。20 世纪 30 年代的大萧条时期，美国、英国、法国等资本主义国家的经济发展受到严重制约，城市商业发展缓慢。在两次世界大战时期，欧洲各国忙于战事，经济发展受到严重影响。20 世纪 50 年代初，随着第二次世界大战后经济的恢复与发展，欧美各国市区的传统商业街区，无论是环境质量、功能结构，还是开发潜力，都不能满足时代的要求。工业革命以来形成的人车混杂局面愈演愈烈，已有的基础设施不能满足人们的出行需求，城市生存环境遭到严重破坏，严重影响了城市商业的发展。大多数富裕阶层迁居郊外，市区商业街区的顾客日渐稀少，经营困难，不少中小商店相继倒闭，城市中心区的发展出现了严重危机。商人为了寻求新的发展环境，纷纷把商业活动中心移到郊区，在郊区建立了众多的超级市场、购物中心（李飞，2003a）。城市郊区商业贸易迅速繁荣发展。

20 世纪 60 年代，欧美的一些社会学家、历史保护主义者，针对城市中心的紧迫问题，提出通过鼓励市区改建更新，如通过开辟商业步行街的方式，来推动市区商业中心的发展，试图将购物者吸引回衰败的市中心。20 世纪 70 年代初，西方爆发了严重的能源危机，油价上涨，迫使人们节约能源、减少外出交通工具的汽油消耗，加上人们的“寻根”意识，更加促进了传统城市商业中心的复兴。这一时期，商业街区在平面布局上既考虑人车分离，还注重宜人环境的营造，因而创造了具有较强的公共娱乐性和良好文化氛围的多功能商业活动空间。有的城市还对主体商店进行多层处理，并结合立体交通、连接天桥等形成三维空间交通网络。

20 世纪 80 年代以来，步行商业街区的建设既注重对传统商业街区热闹环境的保留，又迎合时代风貌，注重对游客的身心关怀。商业街区不仅是购物场所，而且还集城市景观、娱乐文化、街道表演于一体，可满足各阶层人士交往、休憩、游赏等社会活动需求，成为分享快乐、获得信息的“城市步行者天堂”。

现代街区经济在表现形式上出现了多元组合的局面，除了步行商业街区外，还存在着超级市场、地下商业街区、大型购物中心、城市综合体等。街区功能由工业化大生产时期的以商业功能为主，转变为集购物、休闲、旅游、住宿、餐饮等于一体的综合性功能，不仅强调街区人文及自然景观的塑造，还注重满足人对精神层面的追求。

### （二）现代市场管理

国外对市场的管理方式包括法制管理和社会管理。当前，各国政府都很重视市场的法律配置，以保障市场参与各方权利和责任的实现。例如，美国在20世纪60~80年代，在已有的法律体系基础上，先后对信贷、债权债务、经营过程、经营行为等法案，以及各类商品质量特征、销售条件等法案进行修订，逐步形成了配套齐全的市场法律法规体系。在社会管理方面，除了传统的商会管理外，还引入了公众监督和企业自治机制，完善了市场管理体制。市场管理机构的分工更加精细，管理职能更加健全。例如，英国市场管理机构有公平交易事务所、价格和消费者保护机构、食品卫生机构、保护消费者顾问委员会等，所有参与市场管理的机构分工精细、责任明确、相互配合，共同管理市场（沈乐，1996）。

### （三）现代商业街区发展总结

由以上分析可见，现代街区经济得到了迅速发展，出现了步行商业街区、超级市场、地下商业街区等多样化空间形态。市场管理体系更加完善，法制体系更为健全；突出了公众监督和企业自治的重要性；管理机构更加健全，管理功能更为完备，强调各管理部门的分工与协作。现代街区以商业、休闲、娱乐、旅游、餐饮、住宿等多种功能为主，并注重对街区环境的塑造，以满足人的精神需求。

## 第二节　国外商业街区的发展特点

### 一、总体上呈波动性发展

国外商业街区自产生后，并不是持续稳定发展，而是在各种因素的影响下，呈现波动性的发展态势。古代商业街区产生之后，商业作为一种新型的业态，得以迅速发展。古希腊时期，以城邦经济为代表的商品经济迅速发展，尤其是梭伦改革之后，生产关系得以调整，商业交换成为城邦经济的重要支撑，出现了以广场为中心的商业街区。罗马帝国时期，随着政治日趋稳定和对外扩张的不断深化，商品经济出现了早期繁荣，商业街区在这一阶段达到第一个发展波峰。从公元476年西罗马灭亡到公元9世纪中后期，庄园经济作为欧洲社会的主要经济形态而存在，封建庄园的自给自足性使得其自我封闭，与外界隔离，商品经济由于失去了赖以生存的市场而逐渐衰落，商业街区迅速萎缩，出现了发展过程中的第一次萧条期。自10世纪起，生产力水平的提高使得庄园内生产的产品出现剩余，庄园与外界的交换逐渐增多，商品经济迅速恢复，封建庄园逐渐瓦解，在城市内部，出现了专业的商业市场和集市，并得以快速发展。到了近代，随着大工业时代的到来，农业与手工业分离，商品生产迅速发展，出现了诸如大型购物场所等多元化的商业街区，商业街区发展到达了第二次高潮期。现代社会早期，社会的动荡和近代工业带来的一系列问题制约了商业的进一步发展，商品经济出现了短期的低迷，使得商业街区发展再次衰落。随着第二次世界大战战后重建和人们商业意识的复苏，加之现代稳定的社会环境，现代商业街区呈现蓬勃发展之势。

纵观商业街区的发展历程，其经历了“孕育—萌芽—发展—兴盛—衰落—复兴”的过程，复兴之后的商业街区都是在衰落前的商业街区的基础上发展起来的，其发展水平明显高于前一阶段，呈现出螺旋式上升的过程。

## 二、形态上由点向外逐步发散

从远古时代农产品剩余而产生的简单商品交换（物物交换）起，商品经济逐渐萌芽，逐步产生了早期的商业活动。早期的商业活动是一种随机的、物与物之间的简单交换，即马克思所说的“一头羊换一把斧头”的交换。这一时期，交换具有随机性，因此并不存在所谓的“商业街区”，商业交往活动只是在不确定的时间、不确定的地点进行。随着生产力的进一步发展，在一些交通便利、人口集中的地区，商品交换迅速发展，这些地方也就逐步演变为古代的广场。人们围绕广场进行商业交往、宗教集会等各种活动，并以中心广场等为核心，将商业活动逐步扩散，向外辐射，形成直线状的商业建筑集群。市场和集市的进一步发展，扩展了商业交往空间，使得商业交往逐渐向城市及周边发展。随着近代交通业的发展，人们在主要道路两边逐渐兴建了很多百货大楼、商场等购物场所，商品交易地点更为广泛。同时，交通的发展也使各个地区的商品交换有机联系，形成一个完整的商业街区。此外，汽车业的发展，缩短了人们出行的时间，出现了郊区购物中心等购物场所，将商品交易的场所向着郊区引导。现代商业街区在原有的平面扩张受限的情况下，向着地下、空中扩展，并以电梯、天桥、地下通道等相连，形成了地面、空中、地下三维的商业街区形态。

国外商业街区的形态演化过程是从古代广场到中世纪的市场、集市，再到近代以公路为依托的大型购物场所、郊区购物中心，最后到现代地下商业街、城市综合体，即经历了由点到线、由线到面、由面到体的演化过程。

## 三、由单一功能逐步演化为多功能的综合

古代的广场最初并非是商品交换场所，而是宗教、政治集会的地点。在广场中心，一般都是高大的神庙殿堂，以及与之相互联系的公共建筑。在祭祀日，人们围绕着广场举行大规模的祭祀活动；在其他时间，广场则作为人们谈论政治、

交换情报、参加辩论的场所。之后，在广场的周边，逐渐有附近的农民将剩余的农产品及手工艺品拿到这里出售，广场周边逐渐发展起了各式商品交易的摊位，广场的商业功能才逐步出现。中世纪，随着商业的普及与发展，街区在保留宗教、集会功能的同时，也将商品贸易活动作为其主要功能之一。宗教祭祀日一般也是逢集日，在集日，各地商人纷纷聚集于此出售商品。近代，商业活动摆脱了传统宗教和政治的束缚而迅速发展，同时资本主义的发展和人们对利益的追逐，促使商业活动日益繁荣，街区的宗教、集会功能逐渐淡化，街区主要作为商业交往活动的场所而存在。到了现代，人们在追求商业消费的同时，更加注重精神层面的享受，对街区的功能提出了更多的要求，如休闲、旅游、餐饮、住宿等，因而现代商业街区在保留了传统商业氛围的同时，还更加注重对人们多层次需求的满足，实现多种功能的综合。

国外商业街区的功能经历了这样一个演化过程：古代以宗教集会功能为主、商品交换功能为辅，到中世纪综合宗教集会和商品交换功能，再到近代主要实现购物功能，直至现代满足人们吃、住、行、游、购、娱等多层次需求。

## 四、由单一管理向多元管理演进

对商业街区的管理，是保证街区商业活动正常进行的主要措施。在古代，商业活动主要由政府来监管，政府对商业活动有着极为严格的限制，包括从业人员设置、交易商品的种类、商品质量、支付方式等。例如，在古希腊和古罗马的商业街区，都会有政府派驻的市场监管人，对摊位设立、商品价格等进行监管，以保证商业活动的公平和有序。在中世纪，政府和商业行会负责商业街区日常管理。政府对市场的设立、开闭市时间、商品价格等进行统一规定，同时，政府还会对市场上的商品供应进行适当调整，以稳定物价；商人行会作为商人的自治组织，负责处理日常的商业纠纷，与政府部门共同负责市场管理。在近代，市场制度逐渐完善，市场法制逐步健全，商业街区的管理也更为全面具体；商业道德的形成，也为商业活动的正常进行创造了条件。在现代，形成了完善的法制体系、完备的社会管理体系和市场管理机构，街区管理朝着科学化、精细化方向发展，各方管理机构分工协作，共同维护着商业街区的正常运营。

国外商业街区的管理经历了由古代统治阶级的单一监管，到中世纪统治阶层和商业行会共同监管，再到近代较为健全的市场法制体系和商业道德体系的确立，直到现代完善的法制体系和完备的社会管理体系多元管理的演进过程。

## 五、对社会经济发展状况具有较强的依赖性

古代的社会生产力水平较低，可供出售的商品种类较少，交易频率较低，商

业活动只能在部分经济水平较高的地区进行。在当时以农业为主的社会，受传统观念的制约，统治者认为商业活动属于投机取巧行为，限制其发展，商业街区发展水平整体较低。在中世纪前期，以庄园经济为代表的自然经济占统治地位，商业失去了其发展所需的自由环境，商品交换行为较少，商业街区的发展停滞不前，并出现倒退现象；中世纪中后期，庄园经济逐步瓦解，社会经济迅速发展，同时统治者开始意识到商业交往对城市发展的重要性，因此鼓励发展商业，建成了一大批商业街区。近代，工业革命实现了社会大生产和劳动的进一步分工，生产力水平迅速提升，社会经济快速发展。随着资本主义的发展，商业活动开始渗透到各个领域，商业街区蓬勃发展。现代，经济的发展、政治的稳定、社会环境的优化，使得街区经济成为城市经济的一种常态，商业街区出现了多形态、多功能并存的局面，并获得了快速发展。

## 六、社会对商业的认可度对商业街区的兴衰有重要影响

在古代，农业被看做高尚的行业，商业被看做低贱的行业，从事商业的都是一些没有土地的无业者，迫于生计，他们不得不从事具有冒险性质的商业活动，属于被动型的从商行为。中世纪前期，虽然商业得到了较大发展，但商人在社会的地位仍然很低，商业仍被看做“罪恶的勾当”，商人被当做“无法无天难以对付的人”，加上庄园对经济的严格掌控，不允许商品对外流通，商业逐渐衰落。自中世纪后期起，商业逐步被世俗社会接受，商人的自豪感不断提升，商人在社会中的地位渐渐凸显，一部分商人成为城市新的贵族阶级，商业活动迅速繁荣。在近代，尤其是在15～18世纪兴起的重商主义思潮的影响下，商业被看做城市经济发展的主要动力，强调货币的作用，商业发展被推向了一个新的高度。在现代，随着第二次世界大战后的恢复与重建，各国从人文角度重新审视商业，认为商业活动应当为满足人的物质和精神需要而存在，应当为人们提供多种服务，因而现代商业逐渐朝着多元化、人本化方向发展。

## 七、宗教对商业街区的发展具有较大影响

古代的广场是宗教活动的中心，在宗教日，人们从各地前来朝拜祭祀，并带来了各地的剩余产品来此交换，形成了早期的商业活动。之后逐渐在寺庙、广场周围形成商业聚集的商业街区形态。同时，由于人们对寺庙的信任与依赖，早期的寺庙在商业交往活动中还充当了银行的作用，促进了商业发展。中世纪前期，人们排斥在宗教活动场所内进行商业活动，认为商业活动属于投机取巧行为，使得商品交换行为较少，商业街区的发展停滞不前，并出现倒退现象。到中世纪中

后期，宗教对商业的约束逐渐减弱，并逐步参与到商业活动中来，商业得以快速发展，在一些宗教活动频繁的地区建成了一大批商业街区。近代以来，尤其是宗教改革之后，人们逐步意识到商业活动对城市发展的巨大促进作用，以及商业带来的巨大利润，于是开始采取各种积极措施，使得商业活动渗透到各个领域，商业街区得以蓬勃发展。在现代，很多商人慢慢回归宗教，从宗教教义中吸取部分内容，如公平、信义等，作为商业活动的道德准则，宗教与商业完美结合，在一定程度上促进了现代商业街区的发展与繁荣。

## 第三节　现代国外商业街区的重要形态

现代国外商业街区由于发展理念不同、功能定位各异，出现了各具特色的形态，目前较为典型的主要有城市核心商业街、步行商业街、地下商业街、大型购物中心和城市综合体五种。

### 一、城市核心商业街

城市核心商业街是指位于城市主城区的主要商贸区域，体现城市的历史风貌、经济水平与活力，具有独特的商业建筑和格局，可为人们提供多元化服务的商业区域。城市核心商业街是城市商业之源，代表一个城市商业发展的主流方向。核心商业街的服务范围为整个城市及城市所能影响到的区域，它是整个城市商业的核心。核心商业街一般具有以下特征。

第一，独一无二的商业区位。核心商业街一般占据着城市的核心区位，是城市商业发展的重点区域，具有独一无二的区位优势。第二，独具特色的建筑和商业格局。核心商业街上一般会有标志性建筑，有着独特的商业格局，汇集各种商业业态。第三，多元化的商业功能。一般来说，核心商业街可满足消费者购物、餐饮、住宿、休闲、娱乐等多种消费需求。第四，知名的主力商户。核心商业街的成功运营要依赖知名主力店铺或核心店铺，以吸引客流、聚集人气。第五，便捷的公共设施和舒适的购物环境。商业街交通便利并配备足够的停车位，有绿地、休闲椅和花园广场等街头景观小品，营造出舒适宜人的消费环境。第六，专业化的运营管理机构。核心商业街拥有自己的商户组织，有相关的建设管理机构，为商业街提供优质服务。

世界上很多城市都存在核心商业街，其典型代表是日本东京银座（图2-4）。银座是东京最繁华的核心区域，是东京的商业文化中心。银座大道全长1500米，大道两旁为销售各类高级商品的购物场所。银座汇集了近200家高级商店和名牌老铺，集中了世界许多著名品牌。此外，随处可见的舞厅、剧院、画廊等文化场所，为银座增添了文化氛围。

图 2-4　日本东京银座

图片来源：http：//www. japan-tour. cn/japan_ attractions_ info_ 9. html.

银座的成功运营主要包括以下几点原因。第一，购物、餐饮、休闲、娱乐等行业的综合发展，为银座的繁荣发展注入了活力。第二，世界各国文化的交流与融合，为银座成为世界著名商业街奠定了基础。第三，古朴与华丽、传统与现代的有机结合给予了银座持久不衰的魅力。银座是城市核心商业街的典型代表，其成功经验为各国商业街区的运营提供借鉴。

## 二、步行商业街

步行商业街是指城市区域内，将同类或异类的多家独立的零售、餐饮、娱乐等场所集中在一起，禁止车辆通行，只允许步行的商业集中区域。步行商业街是现代化的产物。早期，步行街的产生是为了改善城市交通，通过禁止车辆通行、开放整条马路以供购物者步行来吸引顾客，从而繁荣城市中心商业，复兴城市中心商业街区。随着社会的发展和人们消费水平的提高，人们渐渐对购物环境提出了更高的要求，步行街因可以满足人们购物、餐饮、休闲、观光、娱乐、健身等多种需要，而逐渐成为商业街区的重要形式。

俄国阿尔巴特大街是步行商业街的典型代表。阿尔巴特大街位于莫斯科市中心，全长约2000米，不允许任何车辆驶入，街道两旁排满了各种店铺，大多是出售各类艺术品的商店，也有冷热饮店、小吃店和咖啡店等。

阿尔巴特大街的成功经验在于保留了俄罗斯的历史传统，并与现代完美结合。阿尔巴特街区由新阿尔巴特街和老阿尔巴特街两条主街构成。在新阿尔巴特街上，布局着数量庞大的大型超市、娱乐中心、饭馆及游乐市场；在老阿尔巴特街上，几乎全部是书店、古玩店、珠宝店等记载着阿尔巴特文化历史的店铺。新老阿尔巴特大街的同时存在，为保存街区历史文化风貌并与现代商业共同发展提供了宝贵经验。

## 三、地下商业街

地下商业街，是指设置于地表以下并设有供游客通行的通道的商业街。除此之外，有的地下商业街也会设有停车场。城市经济的迅速发展，城市人口的不断增加，导致城市内部土地资源稀缺。为了使城市能够持续快速发展，进行城市规划与建设时不得不考虑向地下延伸。地下商业街的建设，一方面扩展了城市空间，使得城市土地得以集约、高效利用；另一方面也避免了天气因素对商业活动的影响。地下商业街还满足了城市的战时防空需要。因此地下商业街近几年在各大城市如雨后春笋般迅速发展。

地下商业街采用了现代先进的光电技术及规划建造思想，光源充足、空气流通、温度适宜，又无车尘噪声污染，因而成为众多商家和消费者的重要活动区域。在地下大范围建设宽阔的街道，街道两旁商店林立，并合理布局各类配套设施，可以建成集城市交通、商业、休闲、娱乐等功能为一体的地下综合体。

加拿大蒙特利尔地下城是地下商业街的典范（图2-5）。蒙特利尔每年有4～5个月为冬季，其商业活动场所主要位于地下。蒙特利尔地下城长度为32千米，面积约为12平方千米，有120个出口。蒙特利尔的地下之城实际上就是另外一个蒙特利尔，其商业面积占据了整个城市商业面积的35%。地下城内设有购物中心、旅馆、办公楼、银行、博物馆等各类活动场所。地下城最热闹、最繁华的区域位于麦吉尔/玛丽广场区，广场包括地上和地下两部分空间，地上以“十字塔楼”为标志，地下分为四层，最上一层为商业中心，第二、三层为停车场，最下层为地铁站。由于有了地下城，商业活动在一年四季均可进行，而不必考虑自然环境的影响。蒙特利尔以其地下通道而闻名，地下一、二层空间用来作为过道或者行人自由活动的区域。区域内地铁系统十分完善，有10个地铁站和两条地铁线将地下通道与室内公共广场、大型商业中心相连接。

蒙特利尔地下城的成功经验在于其能够充分利用地下空间，在地下布局商场、旅馆、剧院、办公楼等，为市民提供了休闲购物的场所。同时，地铁与地下通道将整个地下城连为一体，促进了人与物的流通，对地下城的发展起到了重要作用。

图 2-5 蒙特利尔地下城

图片来源：http：//tupian. hudong. com/a0_ 04_ 69_ 01300000425741198126981834 50_ jpg. html.

## 四、大型购物中心

大型购物中心（shopping mall）起源于欧美，伴随着住宅郊区化和家庭汽车的普及而诞生，是现代工业文明和商业文明的产物，是一种新型的复合型商业业态。现在的大型购物中心特指规模巨大，在一个建筑群或一个大型建筑物中，以大型零售业为主、众多专业店为辅，会聚多功能商业服务设施形成的聚合体。

一个真正意义上的大型购物中心应当满足人们“一站式消费”的需求，其有效辐射区域可达200～300千米，能有效带动人流、物流、信息流、资金流全面汇集，对区域经济发展产生巨大的促进作用。在业态布局上，大型购物中心应包括主力商场、大型超市、专卖店、美食街、快餐店、高档餐厅、电影院、影视精品廊、茶馆、酒吧、游泳馆、主题公园等，此外还需配有停车场等公共设施。

大型购物中心发展的必要因素。第一，统一管理。对于一个成功运营的大型购物中心，要统一管理、统一协调，充分整合各种资源，积极调控各方利益，使得商业活动能够有序进行。第二，主题突出。一个大型购物中心，一定要有鲜明的主题，定位要明确。第三，作好客源重叠分析与规划。大型购物中心一般布局在客源丰富的区域，以满足其收回巨大成本的要求，在布局建设时，一定要做好客源重叠分析及前期规划。第四，先进的招商、经营理念。大型购物中心的成功运营，要有先进的招商理念，成功引进符合该购物中心主题的店铺企业；要有先进的经营理念，促进购物中心的商业发展。

大型购物中心的典型代表是英国曼彻斯特的特拉夫德中心（图2-6）。特拉夫德中心位于曼彻斯特市西部9000米以外的郊区，占地面积17.5万平方米，建筑面积15万平方米。特拉夫德中心采用哑铃式设计，将主力商店设置在两端，中间部分主题化，遵循哑铃式购物中心业态业种组合的准则。特拉夫德中心设计了四个主题空间，其中三个规划成不同风格的购物主题区，另一个为美食广场。

图2-6　特拉夫德中心

图片来源：http：//www. gaoloumi. com/viewthread. php？ tid = 552390&extra = &page = 1.

特拉夫德中心的成功经验有四条。第一，良好的交通条件。特拉夫德中心位于高速公路的交汇处，良好的交通条件，是其发展与繁荣的重要外部因素，同时，大型停车场的设计与布局，也为消费者提供了便利。第二，采用哑铃式设计，使业态、业种组合主题化。标准的哑铃式设计，既突出了购物中心商品交换的功能，又能够利用中部空间体现中心主题，显示了购物中心的人性化设计。第三，超大规模与合理的规划布局。特拉夫德中心的超大规模，充分体现了街区经济的规模化与聚集化特征，合理的规划布局，使特拉夫德中心“大而不乱”，便于管理。第四，多种商业业态的结合。特拉夫德中心可为消费者提供购物、休闲、餐饮、娱乐等多种消费形式，人们在这里不仅可以体验到购物的乐趣，还可充分体验生活的情调。

## 五、城市综合体

城市综合体是指城市中将居住、办公、商务、出行、购物、文化娱乐、社交、游憩等多种功能复合而形成的高度集约的街区建筑群体。城市综合体通过街区的作用，实现了与城市外部空间的有机结合、交通体系的有效联系，延伸了城市的空间价值。

城市综合体是随着城市政治、经济和文化的不断发展，以及城市规模不断扩大、城市化水平不断提高、城市居民生活不断改善而产生的一种集约、可持续性的城市空间形态。一般认为，现代真正意义上的城市综合体是1986年在巴黎的拉德方斯诞生的，是一个集酒店、办公楼、生态公园、购物场所、会所、高级住宅于一体的城市综合体。

城市综合体具有如下特点。第一，一般位于城市中心区域或距离城市较近的高速路口，具有良好的区位优势。第二，较少依赖其他配套设施，其自身功能互相补充，能够相互支撑。第三，规模较大，投资较高，经济风险大。第四，多种功能有机配合，充分满足消费者需求。第五，具有完整的工作、生活配套运营体系，各功能联系紧密、互为补充、缺一不可。第六，内部具有完整的联系系统，立体交通网络使各功能建筑体有机结合；对外具有较强的交通依赖性，外界的交通体系直接影响内部的运行状况和规模。

城市综合体可同时满足不同人群的多种需求，该发展模式为众多国家所采纳，如日本六本木新城。六本木新城位于日本东京闹市区内的六本木（图2-7），其总占地面积约为11.6万平方米，建筑面积为8.94万平方米，以地上54层、高238米的办公大楼“森大厦”为中心，具备办公楼、住宅楼、旅馆、商铺、美术馆、电影院、电视台、学校、寺院、储备仓库等多种功能设施，是一个超大复合型区域，是居住、购物、办公、休闲、学习、创造等多种功能的集合。六本木新城的商业业态十分丰富，不仅有百货店、购物中心、大型综合超市等传统业态，同时，为了满足消费者的需求，还设有各种便利店、专卖店、折扣店等。作为一个新兴的城市综合体，六本木新城将时尚作为其业态主流，兴建了众多以中档商品为主的时尚店，店面时尚，款式更新快，商品新、奇，是青年人的最爱。此外，日本零售商业市场组织的主要形式——连锁经营，也渗透到了六本木新城的零售、餐饮、服务等各个领域。

图2-7　六本木新城

图片来源：http：//tupian. hudong. com/a0_ 04_ 69_ 01300000425741198126981834 50_ jpg. html.

六本木新城的成功经验有四条。第一，准确的城市定位。六本木新城的建设目标就是要建造一座“城市中的城市”，围绕这一目标综合考虑城市各项设施的建设，为其成功改造建设奠定了基础。第二，完善的交通配套设施。区域内不仅有地铁直接连通六本木，还有充足的停车场位等配套设施；便捷的交通为新城内的消费者及物资的流通提供了保障。第三，多样化的商业业态。新城能同时满足住宿、办公、购物、休闲娱乐、艺术观光、学习等各方面的需求。第四，政府合理规划与引导，并引入市场运作机制，是六本木得以成功的关键。

## 第四节　国外商业街区的发展趋势及经验

国外商业街区在其发展的历史长河中，曾取得了灿烂辉煌的成就，直到现在，国外很多商业街区的发展仍然处于世界领先地位。本节我们将探寻国外商业街区的发展历程，了解国外著名商业街区的形态，研究国外商业街区发展的大趋势，为中国商业街区发展提供有益借鉴。

### 一、国外现代商业街区的发展趋势

现代商业街区的发展主要呈现以下三大趋势。

（1）从空间形态看，现代商业街区正在经历由平面到立体、由地面到空中和地下、由单一街道向网络化街区转变的过程。商业街区经历了古代城市广场、中世纪市场和集市、近代大型购物场所、现代商业步行街区、购物中心、城市综合体等形式。从其空间位置来看，商业街区已逐渐摆脱传统的地面空间发展模式，向着空中和地下的立体空间发展，如近年发展较快的地下商业街、地下商城及城市综合体等。城市的发展对城市内部资源尤其是土地资源产生了巨大需求，如何在有限的空间内实现土地利用效益最大化，成为急需城市管理者解决的问题。立体化商业街区形态可以更好地解决城市空间对城市商业发展的束缚问题，在很大程度上促进城市商业和经济的繁荣，因而将会成为未来城市商业街区布局的主要形态。

传统商业街一般沿街而建、沿路而建，但随着城市的发展及其建设的需求，传统商业街已不能满足商业发展对城市空间的需要，因而现代的商业街形成了依托于主干道、向四周辐射的商业街网络体系，即商业街群。这种商业街群，一方面拓展了商业发展空间；另一方面可以使各个街道上的商业活动形成互补，从而满足购物者的多元化需求。

（2）从功能上看，现代商业街区已由传统的“购物场所”向综合性的“生活广场”转化。从传统意义上来说，商业街区的主要功能就是为消费者提供一个购物场所。随着社会的发展，人们消费水平提高，消费观念转变，人们在消费过程中不再单纯满足于物质消费，还要追求精神上的愉悦和享受，这对商业街区的发展也提出了新的要求。所以，现代商业街区不仅要具有一般的购物功能，还要具有观光、休闲、文化、娱乐等多种功能，更加注重人文关怀，体现对消费者多层次需求的满足。

（3）从发展理念上，现代商业街区注重以人为本，在追求经济效益的同时，更加注重生态及社会效益。仅追逐经济利益的商业街区，为了达到经济利益的最大化，会在有限的空间内聚集更多的商业场所，这必然导致其自然和商业环境的恶化。现代商业街区在发展理念上，注重对环境的塑造，在有限空间内实现商业场所和自然景观、社会活动场所的有机配比，实现商业街区生态效益和社会效益的共赢。

## 二、国外商业街区发展的经验

### 1. 商业街区应准确定位

商业街区定位合理，既是其得以存在的先决条件，也是其获得良性发展的基础。一方面，要坚持以市场为导向，根据当地居民的消费水平及能力，依据商业街区的辐射范围，对商业街区进行定位；另一方面，要以商业经营状况为导向，通过经营者了解市场动态，准确把握市场走向，科学预测市场发展趋势，合理布设商业街区的业态。

纵观国外著名商业街区，一般都有其自身准确的定位，商业街区定位明确，特点突出，才能有机会获得预期的收益。在商业街区定位过程中，或者根据其深厚的文化积淀，打造出以历史文化为底蕴的商业街区，如香榭丽舍大街；或者依据当地的商业氛围，打造具有浓郁地方特色的商业街区，如莫斯科特维尔大街；或者以服务当地居民为主而打造的满足各阶层居民需求的综合性商业街区，如新加坡乌节路。

### 2. 商业街区应具备便利的交通条件

在城市大型商业街区，为解决交通问题，一般都会设计立体化、网络化的交通网络。在城市繁华地带，可充分利用地上和地下空间，如地铁站口、空中走廊等，建立三位一体的城市立体交通系统，保障商业街区的人流、车流通畅。同时，为了保证街区的通达性，应建立网络化的交通体系，实行人流、车流分离，让消费者在室内流动，保障地面车流通畅。此外，主街两侧应有良好的交通状况和充足的停车位，并有严格的交通管制。纽约、伦敦、东京的商业街区建设都是靠这种立体化的交通网络来扩充游客容量和疏缓交通的。立体化、网络化的交通网络缓解了交通拥挤状况，充分利用了宝贵的土地资源，实现了城市土地的集约利用。

3. 商业街区应合理布局业态

商业街区应根据服务对象及服务内容，合理布局业态。现代商业街区一般都朝着两个方向发展——小而专、大而全。小而专，即一些极具特色的单一型商业街区，它们侧重于提供某一方面的服务，并将服务做强做细，突出特色，注重专业化经营，如小吃一条街等。大多数商业街区目前正朝着大而全的方向发展，即综合型或混合型商业街区，它们一般都具备功能齐备、服务全面、业态布局合理的特点，能够为人们提供一站式消费，充分满足人们的购物、休闲、娱乐等需求。这类商业街区的建设，要紧跟消费者消费取向的变化，及时调整自身业态布局；要注重满足消费者多层次、多方位的消费需求，提供优质、热情、全面的服务。

4. 商业街区既要传承历史文化，又要充分展示现代文化

商业街区的建设应浓缩街区所在地的历史与文化，彰显当地的繁华和时尚，体现当地的传统和个性。因此，商业街区的开发建设，要充分挖掘当地历史资源，突出传统文化风貌，应以地域文化为先导，在尊重地方传统、注重保留地方历史文化底蕴的同时，将当地传统文化与现代文化、现代科技相结合，提升街区的品牌价值。例如，洛杉矶的城市步道，既是一个世界著名的休闲娱乐购物中心，充分展示现代城市的魅力；又充分尊重当地历史传统，在建筑设计风格上充分体现复古情怀。

5. 商业街区应突出人性化设计

人性化的购物休闲环境始终是现代商业街区建设的重点。无论是外地游客还是当地市民，在街区上漫步，不仅需要生理上的满足，也需要精神上的调节与愉悦，因此现代商业街区更要充分体现以人为本的人性化设计，除了在小广场、小绿地和休息区布置公厕、网络、休息座椅等便民设施外，更需要从人的精神需求出发去设计商业街区，在细微之处体现人文关怀。例如，在蒙特利尔地下城的菲布里地铁站里，新颖的不锈钢管艺术品不仅是装饰品，同时还具有扶手和支撑坐凳的功能。

6. 商业街区应有科学的管理体系

商业街区的成功运营，离不开科学的管理体系。商业街区先后经历了政府监

管、政府和行会共同监管、法制体系出现与完善、社会管理体系形成与发展的管理过程，每一种管理方式的出现，都是与当时的社会经济发展状况和商业街区的发展相适应的。随着当前街区发展内容的不断丰富，交易方式更加多样化，需积极引入新的管理理念、创新管理机制，使其能够满足现代商业活动的需求。

# 第三章 中国古代商业街及街区经济发展过程

本章通过研究中国历代商业街的形成和发展，把握历代商业街发展的历史脉络，探寻历代商业街形成和发展的内在机制和规律，剖析传统商业街区的空间形态及其功能演进，以期为当前中国发展特色商业街区提供借鉴。

## 第一节 中国古代商业街的形成和发展

古代的市是现今商业街的雏形。市是商品交换的场所，中国最早的市出现于商代，至当前特色商业街区的出现，约有4000年的历史。在4000年的历史进程中，市依靠自身的力量不断开辟前进的道路，经历了从萌芽、进化、不断繁荣到趋于多元化和专业化的发展过程。市的发展史是中国古代经济、社会、文化发展历程的生动写照，同时也是经济发展内在规律的集中体现。

街区经济是近年来提出的一个新概念，但这并不意味着街区经济也是一个崭新的经济形态。纵观历史可以发现，自商业街出现时起，街区经济就随之产生，并随着商业街的发展而不断发展。在此过程中，商业街是街区经济发展的载体，商业街的发展推动着整个街区经济的发展。

### 一、市的孕育及起源

在原始社会早期相当长的时期里，生产工具简陋，生产力水平低下，人类共同劳动，共同消费，没有剩余产品，因而没有产品的交换。随着人类社会的进步、生产工具的改进和生产力的发展，逐渐出现了剩余产品，部落内部各氏族之间开始出现偶然的物物交换。到原始社会后期（大约在传说中的伏羲氏和神农氏时代），人类社会经历了第一次大分工，即原始农业和原始畜牧业的分工，这就使交换成为必然。尽管这时商品交换范围仍然是物物之间的交换，但是交换范围和对象扩大了。随着商品交换范围的扩大，直接的物物交换显得越来越不便，久而久之，便产生了充当交换媒介的一般等价物。最初的一般等价物由当地经常交换的主要商品来充当，随着商品交换的进一步发展，各地使用的一般等价物逐渐突破地区之间的界限，使交换形式跃为“货币价值形态”。在从母系氏族社会向父系氏族社会过渡的时代，人类社会出现了第二次大分工，即手工业与农业的分工。这样，“随着生产分为农业和手工业这两大主要部门，便出现了直接以交换为目的的生产，即商品生产，随之而来的是贸易”（中共中央马克思恩格斯列宁斯大林著作编译局，1997）。第二次社会大分工以后，商品交换活动的范围取得了历史性的突破。

夏代（约公元前2146～前1675年）的建立，标志着漫长的原始公有制社会解体，中国历史开始步入奴隶社会。夏代以奴隶劳动为社会生产的主要支柱，农业、畜牧业、手工业生产的规模进一步扩大，生产效率也有所提高，可用于交换的物质产品增多了。社会产品的增多，为商品交换和贸易活动的发展提供了物质前提。私有制的确立和发展，为商品交换的深化提供了制度保证。随着生产力的不断发展，在夏代，海贝作为一种产于东南沿海地区的外来交换品发展成为最早的货币，如《史记·平淮书》中记载：“虞夏之币，金为三品，或黄，或白，或赤，或钱，或布，或刀，或龟贝。”山西襄汾陶寺、夏县东下冯等夏文化遗址中出土了天然贝、骨贝和石贝，表明夏代已出现货币形式，货币正式进入我国的经济生活。可以说，贝币是中国货币的始祖。然而，在夏代，商品交换主要还是用布帛、牲畜及奴隶等来充当交换媒介，贝币在交换中并未占据主导地位。

商代时，“市”开始出现。殷墟发掘出来的商代都城遗址（河南安阳小屯一带）的面积在2.5平方千米以上，城里不仅有各种手工业作坊，而且设有交易的场所——“市”。殷金文已有“市”字出现（薛上功《以求灭丁彝》）。《诗经·商颂》所说“商邑翼翼，四方之极，赫赫厥声，濯濯厥灵”，正描绘了商都是全国的政治经济中心，表明当时已经出现了专门进行商品交换的市。商都殷是中国古代历史中第一个真正意义上的商业都会，商业都会的形成为市的进一步发展创造了良好条件。由于商品交换规模的扩大，商代用贝明显增加，贝开始作为货币在经济生活中广泛流通使用。在郑州辉县等地的商代前期墓葬中，都有用贝随葬的现象，如郑州白家庄的商墓出土贝有460枚之多。商代后期随葬贝更为普遍，大型墓中随葬贝数量很多，如在殷墟武丁配偶墓中出土的海贝达7000多枚，这说明商代海贝已成为财富的象征。《尚书·盘庚篇》记述了商朝的君主盘庚斥责臣僚们贪求贝玉的行为，商代甲骨文、青铜彝器铭文中常有“取贝”、“赏贝”、“赐贝”的记载。这些都印证了贝在当时已经成为公认的、具有一定价值的货币。贝币的广泛使用在一定程度上推动了商代市的发展。

## 二、西周与春秋战国时期市的发展

西周时期，“市”成为“城”建设中的必要组成部分。《周礼·考工记·匠人》记载：“匠人营国，方9里，旁3门……祖右社，面朝后市。”西周的国都设有市，各诸侯国的国都也都设有市。“市”的设置也不再局限于城内，在王都周围250千米范围内也设有固定的市。

由于“市”的蓬勃发展，市场管理也就相应出现了。政府规定了各种市的开放时间和参加对象，还设置了分工严密的市场管理官员。管理市的最高官员为司市，在司市之下，设质人、廛人、胥师、贾师、肆长等。“司市掌市之治、教、政、刑、量度、禁令。(《周礼·地官·司市》)”质人主要是掌管市上商业信用合同契券的官吏，“掌成市之货贿、人民、牛马、兵器、珍异。凡买儥者质（长券）剂（短券）焉。(《周礼·地官·质人》)”廛人是管理市上税收的官吏。胥师是市政管理官吏，其职责是“平其货贿，宪（法令）刑禁焉。察其诈伪、饰行、儥慝者，而诛罚之。听其小治小讼而断之”（《周礼·地官·胥师》)。贾师是管理物价的官吏，其职责是管理财物，辨别货物的真伪好次，展示货物的成品而“奠（定）其价”，然后令在市上交易。肆长是管理一个肆列的官吏，其职责是“掌其市之政令，陈其货贿……而平正之。敛其总布，掌其戒禁”（《周礼·地官·肆长》)。另外，西周时期对进入市上交易的人和商品都有严格限制。奴隶主贵族被严格禁止直接参加交易。《礼记·王制篇》载有禁止在市上交易的产品，如“圭璧金璋不鬻于市，命服命车不鬻于市，宗庙之器不鬻于市，牺牲不鬻于市”，“锦文珠玉成器不鬻于市”；“戎器不鬻于市”；“五谷不时，果实不熟，不鬻于市”（杨生民，1996）。质量不合格的产品也禁止在市上交易。

春秋时期出现了许多城市，据《春秋》记载就有50多处（柯育彦，1990）。当时著名的城市有东周的洛邑（今洛阳）、齐国的临淄（今淄博）、晋国的曲沃（今侯马）、卫国的濮阳、吴国的吴邑（今苏州）、越国的会稽（今绍兴）等。齐国晏子曾说“国中诸市”，说明在城市中不止有一个市，而是有多个市，市上出售的商品也较前代有所增加。《论语·乡党》载：“沽上市脯不食。”可见，市上已有卖粮食、酒、熟肉的了。部分交易商品已有专设的肆，如郑国有羊肆等，《论语·子张》中亦记载：“百工居肆以成其事。”值得一提的是，春秋时期越国的陶朱公范蠡“十九年之中三致千金，再分散与贫交疏昆弟”（《史记·货殖列传》)。由于其非凡的经商才能和仗义疏财的高风亮节，被后世誉为我国商人的始祖。战国时期，城市增多，市场繁荣，不仅诸侯国的国都是城市，而且在诸侯国境内也出现了许多城市，如燕之涿、魏之温、韩之荥阳、赵之蔺、齐之即墨、楚之宛丘、秦之雍等。《战国策·齐策》提到：“通都、小县，置社有市之邑，莫不止事以奉王”。可见在城中都设有“市”。有些城的市场已相当繁荣，如东周的都城洛阳，“东贾齐、鲁，南贾梁、楚”（《史记·货殖列传》)，是中原的商业都会。《战国策·齐策》中记载：“连衽成帷，举袂成幕，挥汗成雨。”春秋战国时期是我国历史上从奴隶制到封建制的大变革时期，商品经济的进一步发展导致对流通货币的大量需求，而金属铸造技术也日渐成熟，为大量铸造金属货币提供了可能，金属货币的广泛应用标志着中国货币经济的正式确立。金属货币大量流通，又极大地促进了这一时期商品经济的发展。

春秋战国时期，随着市的繁荣发展，人口和各种生产、生活要素不断聚集，市成为人口、商品、货币、信息等的集散地。出于商品交换的需要，在市场周围也产生了住宿、餐饮等服务设施，新业态的出现促使城市经济结构趋于完整，推动城市经济迅速增长。同时，市场上信息的聚集促使新技术得以不断传播，也间接地促进了社会经济的发展。另外，在市中出现了吹竽、鼓瑟、弹琴、斗鸡、走狗等大批娱乐项目，极大地丰富了人们的文化生活，产生了良好的社会效益。

## 三、秦汉时期市的发展

秦汉时期是中国封建社会形成、发展及走向定型的时期，也是中国历史上城市发展较快的一个时期，“市”和“肆”也有了长足发展。

秦始皇统一天下后，大举扩建秦都咸阳，迁天下富豪12万户于此，使它成为名副其实的京都，加之文字、度量衡和货币的统一，直接促使市场交易总额大幅提升，城市经济日趋繁荣。随着市场交易额的剧增，逐渐出现部分专业化市场，使交易的针对性增强，提高了交易效率。

汉统一全国后，关梁开放，山泽弛禁，富商大贾可以周游各地从事贸易。汉武帝元狩五年，诏令各郡国铸行五铢钱，称为郡国五铢，由朝廷造币机构上林三官统一铸造。郡国五铢由于轻重适中、质量较高，合乎当时的社会经济发展状况与价格水平，很快成为市场上流通的货币，其发行有效解决了物价飞涨、市场混乱的局面。上述政策的推行，促使商业经济不断繁荣发展。一方面，城市数量进一步增多，当时重要的商业都会有长安、洛阳、邯郸、临淄、合肥、成都、江陵、番禺（今广州）等。长安为西汉首都，商业繁荣，城内“街衢洞达，闾阎且千；九市开场，货别隧分，人不得顾，车不得旋，阗城溢郭，傍流百廛”（《后汉书》卷三十八）。长安及五都（洛阳、邯郸、临淄、宛、成都）的发展盛况，标志着以市为标志的全国商业中心的形成。另一方面，市的数量较前代有显著增加，如“长安有九市，各方二百六十五步。六市在道西，三市在道东”，在太学附近还有槐市，“列肆槐树百行为伍，无墙屋。诸生朔望会于此市，各持其郡所出货物及经书、传记、器物，相与买卖”（《三辅黄图》卷二《长安九市》）。此时，“列肆”（同行业的商店集中在一起）也已经非常普遍。

秦汉时期，政府实施严格的市场管理制度。人们的商品交换活动基本上是在市内进行的。市和居民的住宅区“闾里”严格分开。商人和手工业者的店铺、货摊、作坊只能在市里，买卖也必须在市内进行。市门称为“阓”，由官府派监门市卒看守，按时开闭：“市买者当清旦而行，日中交易所有，夕时便罢。”（《太平御览》卷739引《风俗通》语）市中的店铺、货摊称为“肆”，商肆均按货物的种类集中排列成行，称为“列”、“列肆”。同时，秦汉市场都有政府派遣的官吏对其进行管理控制，市场内设有官署，“以守商贾货贿买卖之事”（《三辅黄图》卷二《长安九市》）。汉时主管市场的官员是市令或市长，设有助手市丞，也称为“市啬夫”、“市掾”。另外还有把守市门、维持治安的市卒。这些官员的职责就是管理市场内的经营活动，检验商品，评定物价，征收市税，维护交易秩序，按时开闭市门，以及管理商贾、工匠等的市籍。经常从事商业活动的人，在向官府登记后，就列入市籍，必须如实申报财产和收入，按章纳税，否则就是违法，要受法律惩罚。无市籍经商亦属违法，要受法律处罚（张松，2011）。另外，在市内出售的物品必须标明价格，如果是较大的交易，需要订立契约，必须经过市吏检查，加盖官印，以为凭证。每个市都有专用的衡器，如斛斗、尺子等，市内的货物价格由市场官吏每月评定一次，称为“月平”。

特别值得一提的是汉代的盐铁官营和均输平准制度。汉武帝时，诏令将冶铁、煮盐等重要工商业收归国家垄断经营，实行盐铁官营，在全国产盐铁的地方设立盐铁专卖署，严禁私人铸铁和煮盐，从而大大增加了政府收入。汉武帝还在全国实行均输平准政策。所谓均输，就是调剂运输，由大农令统一在郡国设均输官，负责管理、调度、征发从郡国征收来的租赋财物，并负责向京师各地输送。平准，即平衡物价，由平准官总管全国运到京师的物资财货，除去皇室所用外，作为官方资本经营官营商业，“贵则卖之，贱则买之”，调剂物价。均输平准制度的推行，有效地控制了物价，充实了中央财政。

## 四、魏晋南北朝时期市的发展

魏晋南北朝时期是中国历史上最长的动乱时期，大部分时间处于分裂、战乱之中，干戈不息，生产废弛，社会经济遭到严重破坏。然而，这一时期西北地区相对安定。先后建于西北的各民族政权，为了巩固和发展其统治，无不外和诸邻，内怀农桑，因此中国经济中心开始向此一带转移，秦陇—河西一带一时成为人皆向往的乐土，地方性贸易在丧乱夹隙中发展，有时还呈现相当活跃的景象（李清凌，1997）。由于黄河流域政权纷起，战乱频频，西域、中亚和西亚来的使者、商人行至河西，闻知中原不安定，往往以河西四郡（武威、张掖、酒泉、敦煌）为贸易终点，就地交易而去，或者长期留居，从而使河西四郡成为当时的商业大都会，特别是武威。“中州避难者日月相继”（《十六国春秋·前凉录》），“西域流通，荒戎入贡”（《三国志》卷二七），中外使者、商人往来不绝，武威成为当时整个西北地区的政治中心、军事重镇和经济都会，商业街市繁荣（陈爱珠，1994）。

由于国家长期分裂，社会动荡不安，魏晋南北朝时期成为中国货币史上大衰退、大混乱的时代，出现重物轻币的现象。金属铸币的流通范围大幅减小，货币功能严重萎缩，钱币的标准不一、形制各异，货币缺乏统一性和连续性，货币减重极盛，私铸劣钱盈市，商业的发展也因此陷入困境，市的发展受到很大限制。但值得一提的是，北魏孝文帝拓跋宏于太和十九年（公元495年）在洛阳始铸行年号钱“太和五铢”，在京师（洛阳）一带流通使用，使得洛阳一带的商品经济有所复苏，取得了一定程度的发展。

在魏晋南北朝时期，相关文献中出现了“草市”一词，专指在农村通向城市的交通要道上，出现的一些不同于城市集市的市场。草市，即乡村定期集市，是自然形成的民间集市，具备三个基本特点。一是分布在交通便利的地区，大都位于水陆交通要道、津渡或驿站所在地。二是开放时间都有较固定的场期，其疏密程度视当地的经济状况而定。一般来说，发达地区逢场日的间隔较密，有逢单日、双日的，有逢一、四、七或三、六、九的；不发达地区则十天半月逢一次场，甚至有的长至一个月才逢场。如今，中国北方部分乡村还保留着“赶集”的习惯，并有着约定俗成的逢集日期，这其实是对草市文化的一种传承和延续。三是上市交易商品以生活必需品为主，主要满足人们的基本生活需求。

## 五、隋唐时期市逐步向商业街转型

隋唐时期，随着社会经济的发展，商业市场不断繁荣，更加多样的城市生活广泛出现在街道上，一些成熟的市逐渐向商业街转变，中国历史上开始出现实质意义上的商业街。

由于政治上的大统一与农业、手工业的发展，隋代的市场出现了繁荣景象。当时最大的商业中心是大兴城和东都洛阳。大兴城“京兆王都所在，俗具五方……去农从商，争朝夕之利；游手为事，竞锥刀之末。贵者崇侈靡……”（《隋书·地理志上》）。大兴城有东西二市，“东市曰都会，西市曰利人”。洛阳自古就有经商传统。《禹贡》“其俗尚商贾，机巧成俗”。故《汉志》云“周人之失，巧伪趋利，贱义贵财”，此亦自古然矣。洛阳有三市，“东市曰丰都，南市曰大同，北市曰通远”（《隋书·百官下》）。丰都“周八里，通门十二，内其一百二十行，三千余肆。四壁有四百余店，重楼延阁，牙相临映，招致商旅，珍奇山积”（《隋书·地理志》）。大同“凡周四里，开四门，邸一百四十一区，资货六十六行”（《元河南志》卷一）。通远“北临通济渠，上有通济桥，天下舟船集于桥东，常万宇艘，填满河路，商贾贸易，车马填塞于市”（《大业杂记》）。像这样繁华的市场，在当时是世界罕见的。除两京以外，当时全国还有很多著名的商业中心均出现了繁华的商业街。

唐代是封建王朝的鼎盛时期。前期100余年稳定的社会环境有力地促进了社会生产的发展，农业和手工业出现了前所未有的繁荣。在此基础上，唐代的商品经济也取得了长足进步，商品流通十分活跃，长安、洛阳当时堪称国际性大都会，“四方珍奇，皆所积集”。由于市场繁荣，许多外国商人涌入唐长安市场，唐长安市场逐渐具备旅游功能，并成为国际先进文化及技术的交流地。繁荣的市场无形中提升了城市的品牌价值，使城市的聚集效应更加明显，经济体量不断提升。由于商品交换的发展，唐代一些地方性的政治军事中心和水陆要冲都发展成为较大的商业中心。扬州因处于南北大运河与长江的交汇点，“当南北大冲，百货所集，多以军储货贩，列置邸肆”（《唐会要》卷八十六），成为唐朝繁荣的商业城市。在唐代诗人的笔下，扬州是“十里长街市井连，月明楼上望神仙”（张祜《纵游淮南》）的一片繁华景象。与扬州齐名的是成都，因“扬州与成都号为天下繁侈，故号扬、益”，“扬一益二”成为当时的俗语。在唐中期以后，润州（今镇江）、杭州、江州（今九江）、越州（今绍兴）、荆州、鄂州（今武汉）与广州等地也都发展成为重要的商业都市，商业均十分繁荣，出现了一批繁华的商业街市。另外，由于唐代陆上丝绸之路畅通无阻，商旅不绝，地处丝绸之路上的边贸城市敦煌也拥有繁荣的商贸活动，成为当时最大的口岸城市之一。古代有许多诗歌反映了当时唐朝商业之繁荣，如姚合的《庄居野行》：“客行田野间，比屋皆闭户。借问屋中人，尽去作商贾。”唐代商业的繁荣促使了邸店的出现。邸店是专供商人存货、交易和居住的地方。唐前期，邸店多分布在长安、洛阳等大城市市场四周。唐中期以后，郊外乡村也出现有邸店。邸店的产生亦对商业经济的发展起了极大的促进作用。

唐代的货币使用是中国货币发展史上的一个重要里程碑。首先，唐代在中国历史上开辟了虚拟货币时代。中国古代货币以汉五铢钱为典型，都是以金属重量作为币值，至唐高祖时期，下令“废五铢钱，行开元通宝钱”，货币面值与金属重量开始脱钩，货币不再以重量命名，而改为通宝、元宝、重宝，再冠以铸造时的帝王年号。从货币银行学角度来看，这种改变意味着政府在金属总量既定的情况下，能够通过增加或减少货币的发行改变流通性，进而调整社会经济盈亏，促进或控制经济增长，货币虚拟化从此开始，同时也为后代树立了范式①。其次，由于经济的繁荣，唐朝货币的使用量较前代有大幅增加，“腰缠十万贯，骑鹤下扬州”（《尉缭子·武议篇》）就充分反映了这一情形，货币使用量的增加又在一定程度上刺激了商业经济的繁荣。最后，商业的繁盛亦促使唐代货币流通手段进入一个新的发展阶段，出现了柜坊和飞钱。柜坊专营货币的存放和借贷，是我国的银行雏形。飞钱又称“便换”，是我国历史上最早的货币汇兑业务形式，其类

---

① 唐代开元通宝开辟了虚拟货币时代．http：//www. lishi. in/zhongguolishi/ in/zhongguolishi/tang chao/jingji/2012/0213/1981. html.

似于后世的汇票。柜坊和飞钱的出现促进了商业交易的便利。

唐代坊市制度是中国历代坊里（市）制度发展的最高峰，也是当时世界上城市封闭结构发展的最高峰。城市居民按坊居住并对其进行管理，形成了统一的城市格局。长安城是当时全国最大的商业城市，周围约达35 000米，全城呈长方形，分为宫城、皇城和外郭三个部分。在外郭城中，有12条南北大街和14条东西大街，相交呈“井”字形，这是唐代出现的典型的“坊里制”（图3-1）。

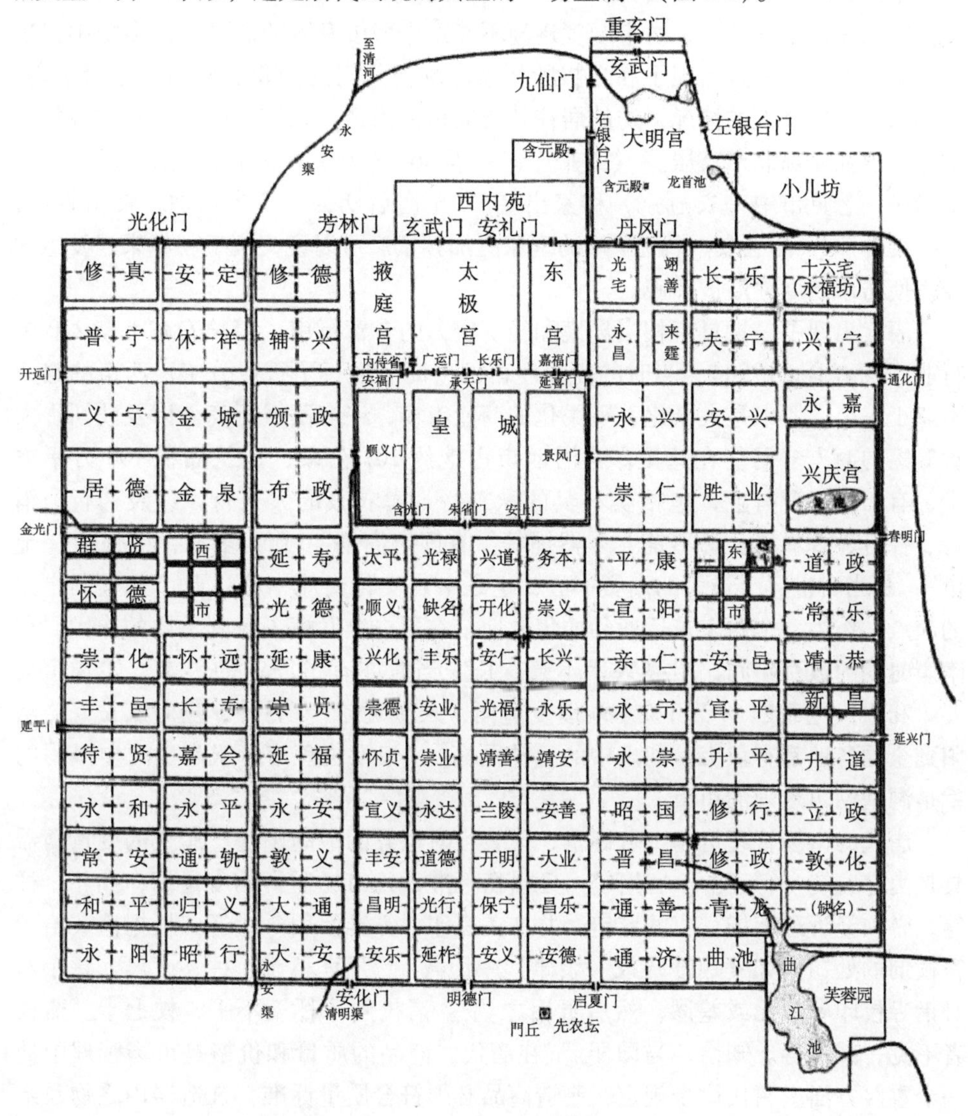


图3-1　唐长安城坊里制

图片来源：http：//www. chinadyjy. cn/last. asp？ id = 77356.

白居易曾用诗生动地描述了坊市制度下长安城整齐划一的概貌："百千家似围棋局，十二街如种菜畦。"唐代的坊市制度根据城市的封建等级来确定坊区数目。例如，唐时长安有108坊，东都洛阳有103坊，扬州、苏州约有60坊，体现了封建等级制度。市、坊严格分开并将居民区用围墙圈起来，实行坊里邻保制、按时启闭坊门制、宵禁制等，有效加强了对城市居民的管理和控制。然而，至唐中期，坊市制度开始松弛。随着工商业的发展、人口的不断增多及人们商品交换需求量的不断扩大，坊市制度逐渐不能适应城市发展的需要，许多坊中出现了店铺、作坊，并且出现了私自拆毁坊墙、临街开门的现象。同时，至唐中期，开始出现市中住人的情况，坊的居住功能向市内渗透。《广异记》："张仁亶幼时贫乏，恒在东都北市寓居。"《太平广记》卷363《韦滂》记载："唐大历中士人韦滂……忽见市中一衣冠冢，移家出宅。"至唐后期，"坊市街曲，侵街打墙，接檐结舍"（《唐会要·街巷》）的现象更加频繁。可以说，唐王朝越来越发达的经济使坊市制度逐渐被突破。

唐代出现了一批具有相当规模和经济实力的专营行市。唐长安东市有220个行业（柯育彦，1990），当时的商业经营已按商品进行了行业分工。西市的繁荣不亚于东市。西市是大众化、平民化的商业市场，许多西域胡商，以及波斯、大食等国的商人多居住在这里。当时西市占地约107公顷，建筑面积100万平方米，有220多个行业，包括卖马具的秋辔行、卖衣服的大衣行，以及药行、绢行、秤行、香料店、陶器铺、乐器铺等，有固定商铺40 000多家，被誉为"金市"，是当时世界上最大的商贸中心，也是中外文化交流中心。西市是丝绸之路的起点，作为一个西来东运商品的集散地，在历史上发挥了极其重要的作用，在隋唐时期的数百年间，始终兴盛不衰。长安当时亦有了固定的粮市，如《唐会要·和籴》中载四乡"百姓多端以麦造面，入城贸易"。另外，当时从长安、洛阳到全国各地都有鱼市，如虚中的《泊洞庭》"浪没货鱼市，帆高卖酒楼"写的就是洞庭湖边热闹的鱼市。

唐代的市场管理机制十分健全，代表当时世界的最高水平。唐代的度量衡器具是由官府统一管理的，官府统一度量衡标准，凡市场通行的度量衡，如斗、秤等，必须经管理市场官吏的鉴定，并加盖官印，方准使用，违者，根据情节给予笞杖刑的处罚，如《唐律疏议·杂律》中记载："凡官私斗、秤、度尺，每年八月诣寺校印署，无或差谬，然后听用之。""诸校斛斗秤度不平，杖七十。监校者不觉，减一等。知情，与同罪。"在唐代，商品的质量和价格是市场管理中的一个重要方面。唐代律令规定，制造商品必须符合质量标准，凡造器用之物及绢布之类有行滥短狭而卖者，各杖六十；行滥之物在市场上交易，官府一律没收，短狭之物退还物主。获利者准盗论，贩卖者与之同罪。市及州、县官司有监管商品质量的责任，如果监管不严，不论故意与过失均要追究其刑事责任。对商品价格，唐代创制了价格呈报评定制度，即按货物品质，评定出每一种货物上、中、下三种不同价格。商人每10日向诸市署呈报一次物价变动情况，将10日内物价涨落情况登记呈报，由市令及主管官吏评定。如果官吏在评定价格过程中不公平，则承担刑事责任（姚秀兰，2002）。对奴婢、马牛等大件物品的买卖，唐律规定，买卖双方应在交付的当日到官府市场管理处办理过户契约（市券），双方不得私下订立过户契约，迟延二日，买者笞二十，卖者减一等。市司也应即时出具过户凭证，市司不即时过券的，迟延一日笞二十，再一日加一等，罪止杖一百。另外，为增加国家财政收入，唐政府实行盐铁酒茶专卖，盐铁酒茶由政府垄断经营，经营之利统一收归国家，这一政策的实施使唐朝国力不断强盛。

在唐代，“市”也有了进一步的扩展。一方面，草市作用已十分显著，演进为地方商业中心；另一方面，开始出现“夜市”。唐朝前期实行“宵禁”制度，夜晚所有的活动都受到严格管制，经济活动更不例外，否则为“犯禁”。史料对此多有记载。例如，《隋唐嘉话》：“中书令马周，始以布衣上书……旧诸街晨昏传叫，以警行者，代之以鼓；城门入由左，出由右：皆周法也。”在唐代中后期，随着经济的发展、人口的增加及商业的繁荣，鼓声鼙擎的“宵禁”制度之束缚逐渐松弛。“夜市卖菱藕，春船载绮罗”（杜荀鹤《送人游吴》）及“夜市千灯照碧云，高楼红袖客纷纷”（王建《夜看扬州市》）等诗句反映出夜市在当时已经出现。虽然夜市已客观存在，但唐政府对其态度依然是禁止的，据《唐会要》卷八十六载：“开成五年（文宗年号，公元836～840年）十二月敕：京夜市，宣令禁断。”夜市自始至终在唐代没有取得合法的社会地位，夜市经济的出现带着一定的隐秘性，“驱马每寻霜影里，到门常在鼓声初”（林宽，1960）及“已嫌刻蜡春宵短，最恨鸣珂晓鼓催”（韩僵，1960）等诗句，就反映了这一情况。

## 六、宋代商业街的发展

在唐代数百年孕育积累的基础上，宋代商品经济全面展开，更趋繁荣。这一时期，市不仅仅按照政府的规划来布局，而且开始按照市场经济的内在规律自发形成。由于经济的发展和繁荣，传统的“坊里制”已名存实亡，市突破了原有空间和时间上的限制，贸易市场打破了商业区与住宅区严格分开的界限，市场上店铺林立、摊点遍布，逐渐演化为繁荣的商业街，这标志着“坊市合一”制市场的形成。

城市商业随着手工业和交通运输业的兴盛而迅速发展，商业市场与城市道路、河道、码头的关系更加密切，城市生活更加丰富多样，茶坊、酒肆、饭馆、剧场沿街而设，代替了旧的集中市场，形成纵横交错的商业街。当时开封城内还形成多处热闹非凡的商业区：内城州桥以东，有鱼市、肉市和金银器铺；以西是鲜果行、珠玉铺；位于宫城东面的界身巷则集中了经营金银彩帛的店铺（朱筱新，2008）。《清明上河图》就集中体现了宋代社会的昌盛和经济的繁荣（图3-2）。值得一提的是，南宋时期的“十里天街”，今杭州羊头坝、平津桥一带，贯穿杭州南北，约10里长，御街两旁，店铺林立，形成三个不同的消费中心。中段为日用商贸市场，诸行百市样样齐全；北段主营饮食、娱乐；南段为经营金银珠宝的高档精品市场。随着宋代商品经济的发展，城镇诸商业行铺开始形成，商业行会的种类也有所增多，牙人不仅说和贸易、拉拢买卖，有的还接受委托，代人经商，甚至揽纳商税，在商业经济发展中发挥了重要的作用。

图3-2 清明上河图

图片来源：http：//www. cyez. com. cn/web/showart. asp？art_ id =508.

北宋时出现了世界上最早的纸币——交子。纸币出现在北宋并不是偶然的，它是社会政治经济发展的必然产物。宋代商品经济发展较快，商品流通中需要更多的货币，而当时铜钱短缺、铁钱值低量重，满足不了流通中的需要量，由此促成了纸币交子的产生。交子可以在较大范围内使用，便利了商业往来，促进了商品经济的发展，是我国货币史上又一次历史性的飞跃。

随着经济的进一步发展，宋代宵禁制度逐渐松弛，夜市获得了合法的社会地位。在这一时期，夜市生活较之前代更趋丰富，“买卖昼夜不绝”。宋代夜市大致可分为服务型夜市和文化型夜市。服务型夜市以东京（今河南开封）马行街夜市为典型代表，此街长达数十里，街上遍布铺席商店，车马拥挤，人不能驻足，灯火之明亮，足可以照天，无论哪个阶层的人们，只要需要并付出酬劳，都可以在此夜市上找到适合自己的消遣方式。文化型夜市以东京潘楼大街夜市为典型代表，此街长达数坊之地，是人们观看演艺、消遣娱乐的地方，人们常蜂拥而至，使车马不能通行。

在宋代，政府建立了健全的市场管理机制。首先，实施较为严格的产品准入制度。将商品分为禁榷品和非禁榷品。政府对禁榷品实施专卖（如盐和茶等），严禁私人生产和交易。在专卖制度下，国家牢牢掌控了禁榷品从生产到销售的各个环节。其次，实施严格的质量管理制度。政府规定，私营工商业生产和交易的商品，质量必须达到一定的标准和要求才允许拿到市场上交易，对入市交易的商品质量进行限制。最后，政府对商品价格管制的市场化和多样化的趋势不断加大。纯粹的官府定价在宋代已经越来越不适应经济的发展，官方定价的适用范围也仅局限于官方交易与定赃（认定赃物价值）、政府收入的折算等（尹向阳，2008）。纯粹的官府定价在实施中也开始大打折扣。一般商品的时估价，宋代由官府、行头及牙人等市场主体共同商定。“天禧二年十二月，诸三司、开封府、指挥府司，自今令诸行铺人户，依先降条约，于旬假日齐集，定夺次旬诸般物色见卖价，状赴府司，候人旬一日，牒送杂买务。”（《宋会要辑稿·食货》）

宋代，草市已具备完备的饮食服务设施，有些商品经济发达的草市，逐渐有很多商户定居，店铺、仓库、客栈也随之建置。久之，这种“有人则满，无人则虚”的草市，便发展为一个固定的常市，常年设置。

## 七、元代商业街的发展

元代驿站制度的实施和海运的开通为商业街市的发展创造了良好的客观条件。驿站的开设，使数百年间由连绵不绝的战争和冲突导致中断的中西传统商道及中原北方民族、地区间的贸易之路再度畅通，各种人为关卡不复存在，同时在客观上促成了以驿路为基本走向的欧亚商路网络的形成（李明伟，1991）。驿站制度的设立亦加强了对外商的保护，各处驿站对客商及其财务都有严格的保护办法，从而促使商贸活动更为活跃。摩洛哥人依宾拔都他来华后，就曾说：“在中国行路，最为稳妥便利……身带重金，途间亦无盗劫之虞。”（张星烺，1930a）清初史家万斯同说：“元有天下，薄海内外，人迹所及，皆置驿传，使役往来，如行国中。”（《元史·地理六·河源附录》）同时，海运的开通，使元代国内外交通空前发达，海外贸易与唐宋时期相比，取得了重大的发展。对外贸易通过陆、海两路与亚非欧各国大规模开展，东到高丽（今朝鲜）、日本，南到印度和南洋各地，西南通阿拉伯、地中海东部，西面远达非洲，与元政府存在贸易关系的国家达140余个。这些都在一定程度上带动了大批市镇的兴起和商业街市的繁荣。例如，泉州为“番货、远物、异宝、奇玩之所渊薮，殊方别域富商巨贾之所窟宅，号为天下最”（《吴文正公集》）；广州港商贾富集，船舶蚁聚，珠宝珍奇，香料异物，堆积如山，呈现出“商舶是脉，南北其风……珠水溶溶，徒集景丛”《重建怀圣寺之记碑》的国际贸易繁荣景象；真州（今江苏省仪征市）为“南北商旅聚集去处”，办课总额在1万锭以上《元典章》卷22《户部》八《课程·盐课·新降盐法事理》；扬州“为南北之要冲，达官显人往来无虚日，富商大贾居积货财之渊薮”（《说学斋集·扬州正胜寺记》）；济州“高堰北行舟，市杂荆吴客”，“人烟多似簇，聒耳厌喧啾”（《济宁直隶州志·济州》）；临清“每届漕运时期，帆樯如林，百货山积”，“当其盛时，北至塔湾，南至头闸，绵亘数十里，市肆栉比”（《临清县志·商业》）；直沽“一日粮船到直沽，吴罂越布满街衢”（傅若全《直沽诗》）；太仓州（今江苏省太仓市）本为草莽之地，成为海运的主要起运港口后，很快就以“番汉杂处，闽广混居”的“六国码头”（《昆山郡志·风俗》）而著称。真定（今河北省正定县）人口聚集，商业贸易极为繁荣，“城内连甍接栋，井夥肆繁独称万家之盛”（《元史·食货》），《河朔访古记》记载，真定城内的阳和门“其门额完固”，“左右夹二瓦市，优肆倡门，酒炉茶灶，豪商大贾，并集于此”。这些市镇在兴起的同时，其内部均出现了一定数量的商业街市并不断发展繁荣，如泉州市内的聚宝街，广州市内的陶瓷街等，这些商业街市人烟凑集，交易活跃。另外，元朝时期发行的以白银为本位、以丝为本的交钞亦在很大程度上助推了元代街区经济的繁荣。元交钞“终元之世，始终通行”，各种支付和计算均以之为准。《马可·波罗游记》中记载：“各人皆乐用此币，盖大汗国中商人所至之处，用此纸币以给费用，以购商物，以取其售物之售价，竟与纯金无异。”由于价值稳定和流通便利，元交钞的推行有效刺激了商业的发展，这一时期街区经济更加繁荣。

作为元朝大都会的代表，元大都（今北京）商业贸易繁盛，专业市场发育水平较高。值得一提的是元大都的城市设计对商业街市的发展起到了积极的助推作用。元大都居民区全部为开放形式的街巷，按照方位，元廷将大都街道分为50坊，街道规划整齐，泾渭分明，相对的城门之间一般都有大道相通。全城设计采用直线规划，所有街道均是笔直走向，直达城根，整个城市按四方形布置，如同一块棋盘。这种城市规划布局模式便于商业网点的布设，同时使街道的通达性大幅度提高，从而为商业街市的发育创造了良好的条件。大都城内，“百物输入之众，有如川流不息。仅丝一项，每日入城者计有千车”（马可·波罗，2001），“华区锦市，聚万国之珍异；歌棚舞榭，迭九州之秾劳”（黄仲文《大都赋》）。元大都是全国各地乃至国外许多商品的集散地，“东至于海，西逾昆仑，南极交广，北抵穷发，舟车所至，货宝毕来”（程矩夫《雪楼集》卷7）。大都城内有各种专门市集30多处。商业区主要有两个，一个在市中心的钟楼、鼓楼附近，一个在顺城门内的羊角市一带。钟鼓楼商业区为当时著名的集市贸易中心，这里货物齐全、交易活跃。钟楼附近区域是当时城市中最富庶、繁华的地方，周围有缎疋市、皮毛市、帽子市、鹅鸭市、珠子市、沙剌（珠宝）市、铁器市、面粉市、柴炭市等，鼓楼附近有多种商业店铺、歌台酒馆，从针线、果木到面粉、柴炭和各种器物用具，一应俱全、应有尽有。羊角市里有马市、牛市、骆驼市、驴市、骡市等。（孙健，2000）

元代大规模的军事活动促生了大体量的军事贸易，这亦对商业的发展起到了积极的推动作用。蒙古汗国自成立后，就不断发动战争扩张其疆域。1218年灭西辽；1219年西征中亚花剌子模，一直进攻到东欧的伏尔加河流域；1227年灭西夏；1234年灭金国；1241年一度逼近东欧腹地；1246年招降吐蕃；1253年灭大理；1276年灭南宋；1279年消灭南宋流亡政权。同时，从铁木真到忽必烈时期，蒙古汗国不断对高丽（今朝鲜和韩国）、日本、安南（今越南北部）、占城（今越南南部）、缅国等邻国频频发动战争。大规模的军事活动需要大量的粮食、战马、金属兵器等物资作为保障，仅靠元政府的军事后勤供给远远不能满足，从而滋生了大量的军需贸易，正所谓“市者所以给战守也。万乘无千乘之助，必有百乘之市”（《尉缭子·武议篇》）。这一时期，有相当部分的色目商人通过经商为元政府筹助军饷，主要是以骆驼商队为元政府贩运所需的粮食。“黍米斗白金十两，满五十两，可易面八十斤”（张星烺，1930b）的记载就反映了这一情形。元政府长期与漠北进行大规模的绢马交易，元帝国曾以“布帛各十万匹从北边千户、万户所易马”（《元史·顺帝本纪》）。元代亦有军市设置，如冀国王忠穆公墓碑记载：“在军中与士卒同甘苦。昼则擐甲执兵，身与敌遇；夜则引车环列，卧不解衣。赞画经略，小大仰成。暇则俾士卒为军市，纵其懋迁，故连年暴露，而军中富强。”（程矩夫《雪楼集》卷17）

同时，在元代，由于基层税收点及巡检司（稽查基层地方治安的机构）大量分布并多居于市镇或交通要道，县以及县以下的镇、市墟、村集这类初级市场普遍比宋代有所发展。

## 八、明清时期商业街的发展

明清时期，城镇经济空前繁荣和发展，许多大城市的商业市场都很繁华，都市中的商业区空前繁华，呈现出“千街错绣”、“灯火连昼”的景象（图3-3）。富商往往“衣服屋宇，穷极华靡”，“金钱珠宝，视为泥沙”。这一时期，专营化市场广泛发育，尤以北京和西安为甚。北京城内有米市、花市、缸瓦市、果子市、煤市、骡马市、灯市、菜市、珠宝市等，它们往往都集中在一条街巷上。有记载曰：在正阳门前，连接东西城的是一条大街，“大街东边市房后有里街，曰肉市、曰布市、曰瓜子店，迤南至猪市口，其横胡同曰打磨厂”。“大街西边市房后有里街，曰珠宝市、曰粮食店，南至猪市口。又西半里许有里街，曰煤市桥、曰煤市街，南至西猪市口。其横胡同曰西河沿、曰大栅栏……大栅栏西南斜出虎坊桥大街，此皆市廛、旅店、商贩、优伶业集之所，较东城则繁华矣。”（吴长垣，1981）这些市大都将同类的商品集中到一条街巷，街与市成了密不可分的一体，或者一条街道为一个商业区，或者几条街道合为一个商业区。西安在明清时期是“贾通八方”的商贸重镇，是连接西北、华北、西南、华中等地商道的重要节点。江浙和湖广一带的商人运往四川、甘肃等省份的货物都途经西安，西安是当时西部的商业大都会。西安城内行业集中，市场划分细致，众多行业店铺聚集一市，在一定程度上实现了规模经营的优势（史红帅，2008）。西安城内有粮食市、布市、糯米市、面市、羊市、猪市、木头市、瓷器市、竹笆市等。《咸宁县志》最早系统记述了西安城专营化市场的分布情况：城内有粮食市，今在四门牌楼；布市即布店，大、小菜市，满城内；糯米市，通政坊；面市，马巷坊；骡马市，跌水河西；羊市，县治东；猪市，粉巷；木头市、方板市，开元寺东；瓷器市、鞭子市、竹笆市，具在鼓楼前……

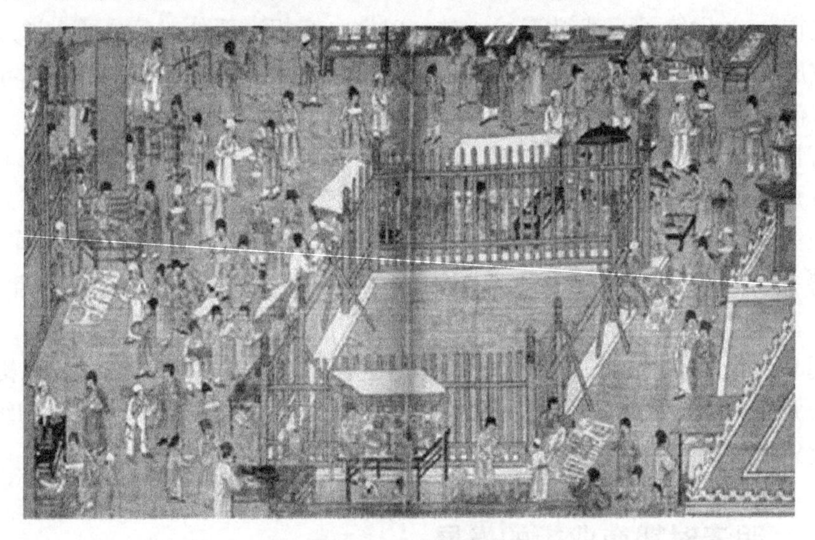

图 3-3　皇都胜迹图

图片来源：http：//wenku. baidu. com/view/022566240722192e4536f633. html.

专营化市场的广泛发展，使得明清时期商业街区呈现出显著的品牌化和规模化特征，街区经济效应凸显。一些成熟品牌的商品会聚于专业市场，形成强大的品牌效应，使市场始终兴盛不衰。许多市场长达 1000 米以上，直接服务半径甚至超过 50 千米。明清时期的花市、珠宝市等专业市场在一定程度上承载了旅游功能，有效地推动了街区周边经济的发展。这一时期还出现了部分综合性商业街区，集购物、娱乐、餐饮等于一体，具有良好的经济效益。例如，北京城正阳门商业街市，“左右计二三里，皆殷商巨贾，列肆开廛。凡金绮珠玉以及食货，如山积。酒榭歌楼，欢呼酣饮，恒日暮不休，京师之最繁华处也”（俞蛟《梦广杂著》）。又如，西安城中的北院门商业街区，“沿街京官车马往来，已有京师气象。且公退后多聚于食肆，京语满座”，“市上百货云集，关东之牛、鱼、野猪皆有之，若葡萄干、哈密瓜更多，街头凡地摊四行。据秦人云自来唯有如此之盛者”（《庚子西行记事》），变戏法、杂耍等娱乐项目遍布街市。

明朝中后期江南地区随着商业、手工业的发展，出现资本主义萌芽，农村经济进一步繁荣，出现了一些综合市场和专门市场。其中专门市场以苏州枫桥镇的粮食市场和吴江盛泽镇的丝绸市场为典型代表。随着综合市场和专门市场的不断发展，草市逐渐移向乡村和商品贸易不发达地区。

明清时期的市场管理制度在传承前代的基础上有了新的探索。首先，明代非常重视对物价的管理，出台了一系列有效的物价管理制度。洪武元年（1368年），太祖针对当时物价起伏较大的情况，命在京、在外兵马司每隔两三日“时其物价”，即由官方确定物价，并向民间公布，以平抑市场价格（郭婕，2002）。洪武二年（1369年），又制定“时估”制，如果“物货价值高下不一，官司与民贸易，随时估计”（张星烺，1930a）。洪武二十六年（1393年）又规定，民间市肆买卖一应货物的价格，“须从州县亲民衙门，按月从实申报合于上司”（《大明会典·课程》）。宣德元年（1426年），朝廷颁令，凡“藏匿货物、高增价值”的客商，都要给以罚钞处理（《大明会典·库藏》）。当时物价的基准，是国民赖以生存的粮食价格。朝廷为掌握平抑物价的主动权，通过国家行为，如建立预备仓，实行收籴、平粜制度等，来保证物价的平稳，取得了较好的效果（韩大成，2009）。其次，政府对商品质量的直接管控相对减小。对商品质量的管理，一般由各行各业的商品经销者自己来进行，但政府也有原则规定，并赋以法律形式[《中国通史》（第九卷）]。例如，《明律》规定：“凡造器用之物，不牢固、真实，及绢布之属纰薄、短狭而卖者，各笞五十，其物入官。”（《明律·户律》）再次，明代还首次为牙行立法。牙人是市场商品交易的中间人，职务是代买卖双方评定货物质量、称检数量和重量，以及检验货币的真伪，促成交易。牙人专业化后的组织称牙行。明代牙行规模很大，经手的货款常达数万金。为防止他们把持行市，明政府在明律中制定严禁私牙、保护官牙的律文，首次正式将牙行规范列入全国性的法典，并专列一章。最后，在长期的经营实践中，明代商人们为了谋求生存、发展，往往为自己立下了许多训诫、条规。明代行商中有“客商规略”、“为客十要”等，铺店中有行规、店规，包括质量管理制度、商业礼仪制度、商品分级分类销售制度、商业道德规范制度等。史载苏州孙春阳南货铺“天下闻名，铺中之物，亦贡上田”（傅乐成，2010）。这反映出明代商业在行业自律方面已经达到一定的水平。清代的市场管理法规基本上承袭了明朝的旧制，只是清朝的市场管理制度在前朝的基础上有了进一步完善和发展，这主要表现在对牙行的规范上（《唐律疏议·杂律》）。清政府严禁私设牙行。牙商必须先向官府领取牙贴，并按规定缴纳牙税。牙贴由藩司颁发，报户部备案，各省均有定额，不得滥发。对私充牙行、埠头的行为进行严惩，同时规定牙行评定物价必须公平合理，如果违反要受到惩罚。

## 九、近代商业街的发展

鸦片战争以后，西方资本主义国家在中国沿海、沿江发达的商埠开辟了租界，其中商业设施集中的地区成为庞大热闹的商业街，如上海市的南京路和淮海路、武汉市的江汉路，这些地区均具有早期资本主义城市的特征和浓郁的殖民色彩，而内陆城市的商业步行街仍基本维持封建制的原有形态。

在中国早期现代化过程中，传统的风尚习俗也在不断发生变化，洋商将西方生活与消费方式也直接引入到中国，部分租界进出口贸易发展之迅速和商业繁荣之程度前所未有；同时消费日益与社交或交易联系在一起，消费的目的日趋多样化，消费变得更加五花八门，包括到烟店开烟灯，上茶楼打茶围，赴酒楼设宴，进赌场赌牌，以及到戏场看戏和在书场听书等，这些都成为非常时新的消费方式，随之产生了一系列新的休闲娱乐性商业街区。

近代，商业街在城市中的经济地位日益突出，已经成为城市商业综合竞争力的代表，成为城市的重要窗口。近代商业街已经从单纯的以交易为主的场所，发展成为社会文明的标志，成为浓缩历史文化、反映城市风貌、凸显城市精神的综合象征。商业街对区域经济的发展起着越来越重要的作用，著名的品牌商业街往往会带动整个区域成为一个城市的商贸商务中心、形象展示中心和社会活动中心。

## 第二节　中国商业街发展的特点

### 一、商业街发展与城市发展紧密结合

在城市的不断发展和繁荣这一历史进程中，商业街发展总是与城市的发展紧密地联系在一起。同时商业街自身的表现形态亦不断向高级阶段演化，呈现出商业街→商业街区→商业街群→商业圈的演进过程。

商业街发展和城市发展高度关联。随着城市人口的增加和经济的发展，商业街的数量和规模不断扩大。至唐代，除长安和洛阳外，扬州、益州（今成都）、杭州、润州（今镇江）、江州（今九江）、荆州、广州、敦煌等地先后成为商业大都会，依托这些城市陆续产生了一批繁荣的商业街，商业街较之前代无论是从数量上、规模上还是繁华程度上均有大幅提升。部分商业街演化发展成商业街区，如长安城的西市和东市。唐后期坊市制度的逐渐被突破，导致两宋时期商贸发展更加迅速，汴京（今开封）、临安（今杭州）等地商业繁华，出现了一批空前繁盛的商业街市；城市生活更加多样，商业网遍布全城，商业街区广泛发育。在一些交通条件优越的城市中心区甚至出现商业街群，部分商业街（区）聚集在一起形成了有较强辐射能力的商业功能区，如临安的羊头坝及平金桥一带，商业街区密集分布，诸行百市样样齐全。明清时期全国出现了数十座较大的商贸城市，许多大城市商业市场很繁华，商业街不断繁荣，商业街群显著增多，江浙地区以工商业著称的市镇蓬勃兴起；一些重要的港口城市开始出现商业圈，如广州

的上下九就发展成为这一时期广州与全国乃至海外贸易往来的一个重要窗口，沿一定半径向周边扩展形成了圈状商业功能区。

## 二、货币在历代商业街的形成和发展过程中始终发挥着重要作用

货币的本质是一般等价物，具有价值尺度、流通手段、支付手段、贮藏手段、世界货币等职能。作为社会资源价值符号和国家调控经济的重要手段，货币始终影响着中国商业街的形成和发展。中国古代货币发展的演变过程大致为实物货币→金属货币→信用货币。货币在商业街形成和发展过程中所发挥的作用呈现不断增强的趋势。

先周时期，贝币作为中国最早的货币价值形式开始出现在经济生活中并得以广泛流通使用，解决了实物财富难以大量转移流通的困难，使人们的生产和交换活动突破了以往狭小的范围，有效地促进了商品经济发展，商业街市也应运而生并不断发展，如河南安阳殷墟中就发现了交易场所“市”。到春秋战国时期，金属货币和实物货币在经济生活中并用，随后金属货币逐步取代了包括贝币在内的实物货币。秦政府统一货币，有效解决了不同币种之间换算困难的问题，极大便利了全国各地的商贸往来。金属货币的广泛应用有效解决了实物货币不易保管、不便携带的弊端，商品交换无论是从交易体量上还是空间范围上均有极大发展，商业贸易不断繁盛，从而促使商业街市大量出现并不断繁荣。汉长安的九市、唐长安的东西两市成为当时世界最大的商贸中心，就与广泛使用金属货币有关。宋代出现了世界上最早的纸币——交子，标志着中国开始进入信用货币时代。信用货币的出现，标志着信誉在商业交易中的地位大大提升，其发行有效解决了金属货币数量受限于金属开采量的难题，同时也解决了对于大宗商品交易金属货币携带不便的问题，推动中国商业街再次实现较快的发展。宋元时期商业街市数量之众多、规模之庞大都达到了空前水平，便是很好的例证。由此可见，货币是中国商业街形成和发展过程中的一个重要影响因素，货币的发展在一定程度上决定着商业街的发展水平。

## 三、国家统一和社会安定是商业街发展的前提条件

纵观中国古代商业街发展的历史脉络可以发现，一般在社会稳定、政局统一的和平时期，商业繁荣发展、商业街市发育较快；在国家政局不稳、战乱频繁的年代，经济发展往往处于低谷，商业街市的发展出现衰歇甚至倒退。

秦汉时期，中国从诸侯割据最终实现统一，大一统局面促进了商业的繁荣和

商业街市的发展。秦咸阳、汉长安、洛阳等地的“市”或商业街得到蓬勃发展。《史记·货殖列传》云：“汉兴，海内为一，开关梁，弛山泽之禁。是以富商大贾周流天下，交易之物莫不通得其所欲”。唐宋，由于国家统一、政局稳定，社会经济呈现全面繁荣，商业街获得了飞速的发展。《唐国史补》（卷下）描述了当时商品交易的情况：“凡货贿之物，侈于用者，不可胜纪。丝布为衣，麻布为囊，毡帽为盖，革皮为带，内邱白瓷瓯，端溪紫石砚，天下无贵贱通用之”。街市发展也呈现出空前繁荣局面。《燕翼诒谋录》中有载：“中庭两庑可容万人。凡商旅交易，皆萃其中。四方趋京师以货物求售、转售他物者必由于此”，就是描写宋代时期街市发展的繁荣景象。明清时期，政治统一和社会相对安定，不仅都市中的商业街市空前繁华，也出现了大量的专业化街市。相反，在楚汉战争、三国及五代十国等战乱年代，国家政局不稳，民不聊生，不仅经济发展处于低谷，商业市场出现衰歇，商业街市也发展缓慢甚至处于停滞状态或出现倒退局面。因此，商业街发展的前提条件是国家统一和社会安定。

## 四、商业街发展与政府经济政策密切相关

中国古代最基本的经济指导思想是重农抑商，政府主张重视农业、以农为本，限制工商业的发展。然而，各时期实施的具体经济政策有所差异，这在一定程度上影响着不同时期商业街市的发展水平。在政府对商业严格管控时，商业街市发展缓慢；当政府对商业的直接管控有所放松时，商业街市则发展迅速。其他配套政策也在一定程度上影响着商业街市的发展水平。

春秋以前，政府对商业经营的控制非常严密，不仅设置了分工细致的市场管理官员，而且对于“市”的交易时间、参与主体及商品种类等均作出了严格的限定，严格的市场法令在规范市场交易的同时也在很大程度上制约了市肆规模在时空上的扩展。春秋战国时期，官府控制商业的程度有所放松，各地出现许多商品市场和大商人，街市繁荣发展。秦统一文字、度量衡及货币后，地区之间的交流方便，为商品流通创造了极为有利的条件，商业街市发育迅速。汉代“开关梁，弛山泽之禁”，实行“入粟拜爵”，加之丝绸之路的开通、逐步开展对外贸易等因素，商业街市进一步发展繁荣。唐中后期官府对商业的直接管控不断减弱，商业街市的发展异常繁荣，培育了世界上最大的国际商贸中心——唐长安西市。两宋政府对商业发展的限制进一步减小，市坊严格分开的制度被取消，店铺可沿街开设，买卖时间也突破“日中为市”的限制，允许早晚都可经营，加之商业发展环境较为宽松，商业空前繁荣，商业街市的发展有了历史性突破，出现了真正意义上的特色商业街区。元代，虽然民族矛盾和阶级矛盾长期存在，集市贸易发展趋于缓慢，但由于政府出台了一系列政策鼓励海外贸易，一些港口城市

的商业街市在这一时期也获得了一定程度的发展，呈现出一派繁荣的景象。明清时期，对内实行减轻商税、设立塌房、整顿牙行、减少关口及关税等重商政策，商业经济空前繁荣，许多大城市出现了专业化商业街。另一方面，明初开始实施的"海禁"与闭关锁国政策，一些港口城市对外贸易受到很大限制，一些沿海城市商业街市发展处于停滞状态。

## 五、商业街发展经历了市肆制和坊市合一制两个阶段

北宋以前实行市肆制，设置在城中的"市"与人们居住区相分离。至唐代时，形成坊市制，"市"与"坊"分设，"市"内不住家，"坊"内不设店肆。"坊"是一个个封闭式的居住区域，人们居住在里面，实行封闭式管理。"市"与"坊"都有严格的开闭时间，城市多实行宵禁。

北宋以后坊市合一。由于市、坊分置格局已不能满足商品经济迅速发展的需要，所以自市与坊界线被打破后，商品交易中交易场所和交易时间等限制因素进一步弱化。城市中商业区与住宅区严格界限的消失，意味着交易场所更多，出现大街小巷店铺林立、摊点遍布现象；交易时间更长，人们不仅白天可以随时购买商品，还出现了早市和夜市。更加便利的经济生活，为特色商业街的形成和进一步发展奠定了坚实基础。到南宋时期，真正意义上的特色商业街区开始出现，并在其后得到进一步的发展。坊市合一制的形成体现出政府对商业发展的直接干预大幅减少，自此，市场开始按照经济内在规律自由发展。

## 六、商业街的形成遵循特定的空间规律

传统商业街的形成是一个自发的动态过程，但依然有规律可循。一是受区位选择规律的制约，其形成与发展往往要依托城门外、寺观前、鼓楼大街、码头等"生长点"。这些地段区位重要，具有便捷的陆路或水陆交通，人流密集，容易促进商业活动的繁荣。例如，北京前门商业区是从城门口向外发展起来的；而苏州观前街（玄妙观）、南京夫子庙商业区、开封相国寺商业区、上海豫园商业区（城隍庙）、天津宫南、宫北大街（天后宫）等则是寺庙型商业区，是从庙会的摊贩集市逐步演变成繁华的商业中心；北京的鼓楼商业街、南京的鼓楼大街则是以鼓楼为起点，向一个或几个方向的主干大街扩展延伸而形成。二是传统商业街一般偏窄。两侧建筑多为 1 至 2 层，街道高宽比在 1∶1 与 1∶2 之间，较为适合人们的观赏视线，增强不同空间之间的互动性（夏志伟，2010）。三是传统商业街的长度控制很有讲究。长度一般不超过 1000 米，大型商业都会商业街一般在 500 米以上，其他商业城市和中小城镇的商业街多在 500 米以下。

## 七、商业街的经营时间遵循特定的时间规律

我国古代商业街的经营时间经历了从严格管制到逐步放开的历史演变过程，最初，市场经营时间受到严格限制，随着经济的不断发展，政府对市场交易时间的管制逐步放松，至宋以后，市场经营时间不再受到限制。

宋以前，政府对各类市场的交易时间都有严格限制，多实行“宵禁”制度。如西周和春秋战国时期，政府规定了各种“市”的开放时间，大市日中进行交易，朝市早晨进行交易，夕市傍晚交易，其余时间禁止各类商品交易活动；秦汉时期，市按时开闭：“市买者当清旦而行，日中交易所有，夕时便罢”；隋唐时期对日间交易也有明确的时间规定，但管控有所放松，仍实行“宵禁”制度，夜晚所有经济活动都受到管制，否则为“犯禁”。虽然唐代中后期“宵禁”制度逐渐松弛，然而，夜市自始自终在唐代没有取得合法的社会地位。至宋代，宵禁制度逐渐退出历史舞台，随着经济的进一步发展，夜市获得了合法的社会地位。宋以后，政府对市场的开放时间基本不再限制，夜市进一步发展繁荣，出现了众多通宵经营的夜市。

## 八、商业街的发展呈现出对政治中心依存程度不断减弱的演变趋势

汉以前中国的商业中心一般与政治中心高度一致，商业街一般依托都城形成并发展。然而，随着社会生产的发展，逐渐出现商业中心与行政中心相背离的现象并形成历史潮流，许多地区出现了以商业贸易为基础和动力而形成的城市，商业街的发展对政治中心的依存程度不断减弱。

西周时期，商业街市分布在都城镐京及其周边。春秋战国时期，商业街市集中分布在各个诸侯国的都城。秦代时，商业街市多分布在京都咸阳。至汉代时期，除西京长安、东都洛阳之外，在邯郸、临淄、合肥、成都、江陵等城市也均出现了繁华的商业街市。魏晋南北朝时期，除各个政权所在城市分布有商业街市外，沿一些水路交通要道仍有部分商业街市在丧乱夹隙中产生并缓慢发展。隋唐时期，伴随南北运河的开发，长江下游以及南方经济的繁荣，大大促进了这些地区城市的成长与商业繁荣，中国商业中心与政治中心开始出现南北分离的趋势。至明清时期，随着全国性工商市镇兴起，这种现象就更加普遍，许多省区均出现一定数量的发达商业市镇，经济发展程度堪比甚至超过地区行政中心，如佛山、上海、汉口均不是地区行政中心，其商业街市密集且繁盛，逐步发展为地区经济中心（张萍，2012）。

### 九、商业街的发展呈现出“一主两翼”的历史格局

“一主两翼”的“一主”是指城镇市场，“两翼”是指存在于城镇之外的草市和军市。总体上看，城镇市场、草市、军市三种市场形态共同构成了我国古代市场体系。其中，城镇市场是我国古代商业街市的主体和主流，草市和军市是传统商业街的有益补充，中国古代商业街的发展呈现出“一主两翼”的历史格局。这种格局是依托于中国古代特定的社会历史背景而呈现出的一种特殊商业景观。

城镇市场的历史地位及其作用毋庸赘述。草市是中国传统市场的重要组成部分，其包括农村集市与庙会市场两种形态，是市场体系中最基层单元之一，也是联系城乡之间、市镇之间及农村本体的经济中心地，定期市担负起农村商贸往来的纽带与桥梁作用。中国传统经济以小农经济为主体，草市在商品交换、社会联络等方面发挥了巨大的历史作用，一些草市甚至演化发展为县，如唐代时德州灌家口草市被归化县，宗州的张桥草市被设为永济县。军市的产生有其特定的社会历史背景，一般出现在大规模持续战争时期，受军事驻屯的影响，形成长期的军事供给与军事消费市场，如元代、明代等历史时期均有军市设置。军事消费所带来的影响是一时的，经常会随着军事防卫体系的变化而变化，但是有些时候它的作用与影响又会持续相当长的历史时期，甚至远及当代（张萍，2012）。

## 第三节　传统商业街时空形态及功能演进

### 一、“市”的空间生长模式

市的生长在空间上主要呈现三种模式：依托中心城市生长发育；依托水陆交通要道产生并繁荣；依托军镇出现并发展。

#### （一）依托中心城市生长发育

市的发展总是与历代中心城市的发展紧密结合，中心城市的发展极大地促成了市的发育。一方面，城市生活的需要和城市经济的发展促成了市在城市中不断产生并发展。另一方面，战争进一步促成市在中心城市中的生长发育。

古人认为，市对城的占守至关重要，为了守城，必须提高经济上的防御能力。《尉缭子·武议篇》云：“夫出不足战，入不足守者，治之以市。市者所以给战守也。万乘无千乘之助，必有百乘之市”。这些认识直接促成了市依托城市而发展。历代发展的实践也都印证了市依托中心城市生长发育这一历史规律。西周都城镐京（位于今西安市西）“匠人营国，方五里，旁三门，左祖右社，面朝

后市”（《周礼·考工记·匠人》）；战国时期的齐临淄“城中七万户，下户三男子，三七二十一万矣。……临淄之途，车毂击，人肩摩，连枉成帷，举袂成幕，挥汗成雨，家敦而富，志高而扬”（《明史·刑法志》）。唐长安城设东市和西市，各占两坊之地，市内店铺林立、市面繁华。北宋汴京（今河南开封）商业繁荣，市广泛分布，城中店铺多达数千家。据孟元老《东京梦华录》载：“……御街一直南去，过州桥，西边皆居民，街东车家炭、张家酒店，次则玉楼山洞梅花包子、李家香铺、曹婆婆肉饼……”。按该书记载统计，当时汴京的大酒楼有72家之多，至于一般饮食店更是星罗棋布、比比皆是、难以计数；茶坊鳞次栉比，“曹门街，北山子茶坊内有仙洞、仙桥，仕女往往夜游吃茶于彼”。马行街“约十余里，其余坊巷院落纵横万数……各有茶坊、酒店、勾肆饮食”。朱雀门外“以南东西两教坊，余皆居民或茶坊，街心市井，至夜尤盛”。元大都（今北京）人烟茂盛，商业经济十分繁荣。据《析津志》所载，元大都城内外的商业行市多达30余种。明清北京城“千街错绣”、“灯火连昼”，出现了品目繁多的专业化市场，如米市、花市、缸瓦市、骡马市、灯市等。

### （二）依托水陆交通要道繁荣并发展

交通运输对城市区位有重要的影响。不同交通运输时代，城市产生的区位因素不同。中国古代依托交通要道形成了一批重要的城和市，并随着时间的推移而不断发展繁荣。

两汉时期开通的丝绸之路沿线自古就是多民族聚居区，每个民族的生产方式、生活方式不尽相同，必须通过商业交流调剂生活余缺。贸易需求使中国与中亚、西亚、地中海沿岸各国的商业贸易频繁，商运活跃，丝绸之路沿线也因此形成了许多城和市，如河西走廊一带就出现了凉（武威）、甘（张掖）、肃（酒泉）、沙（敦煌）等一批著名的古代国际性市场（胡杨，2005）。

西晋末年，北方地区发生战乱，南迁人口剧增，江南地区发展迅速，长江干支流等水运交通干线逐渐演变成中国又一条城市发展轴线。南京作为长江下游重要港口，商贸业的迅猛发展，使其政治中心职能得以巩固的同时，也发展成长江流域最大的商业城市，扬州、今镇江、汉口、荆州、成都等与南京并称长江流域六大都市，九江、南昌等地也都出现了繁荣的商业集市（顾朝林，1999）。

大运河贯通南北之后，其所经之州各地的大商巨贾，弘舸巨舰，往来不绝，运河沿岸商业发展迅速，陆续出现了大量的商业集市，并进一步发展繁荣。开封、扬州、苏州、杭州等商业都市的发展无不与运河有关。宋元以来的海运发展，对泉州、福州、广州、上海等繁华商业都市发展，也发挥了十分重要的作用。

实际上，由于各种交通要道上经常有客商和行旅通过，为了方便食宿，交通沿线开设了许多饭店、旅馆，在条件较好的地方还设有交易场所，久而久之，也便形成了商业功能齐备的商业性市镇（张新龙，2007）。北宋济州（今山东省菏泽市巨野县城）山口镇，因其南有南清河与江淮相通，西经五丈河达汴京，形成以茶叶贸易为主的“东方富丝麻，小市藏百贾。连檣自南北，行谈杂秦楚”繁华市镇（《宋史》卷184《食货志》）。

### （三）依托军镇出现并发展

军镇是军事管制式的地方行政管理方式。其最初设置的目的是为了防御外敌，如北魏沿长城一线自西而东设有沃野（内蒙古五原东北）、怀朔（今固阳西南）、武川（今武川西土城）、抚冥（今四子王镇东南）、柔玄（今兴和台基庙东北）、怀荒（张北县境）等6个防御柔然等漠北民族的军镇。后来出于满足守军供给需求，其周边地区的屯田、商业等也得到不同程度发展，久而久之一些军镇成为市井繁荣的所在（顾朝林，1999）。宋代沿边地带军镇数量虽然大量增加，但由于政局的相对稳定和封建经济的进一步发展，使得军镇的经济意义日渐增加，多数军镇周围出现了繁华的交易市场。部分军镇随着地方商品生产的不断扩大逐渐演化为专业市镇。正如（宋）洋州知州文同所言：“四川未榷茶之前，往时茶乡人户，既得各自取便卖茶，于是陕西诸州客旅，无问老少往来道路，交错如织，担负盐货入山，并在州县、乡村、镇市坐家变易”。山西的平遥古城最早就是作为纯军事性质的军镇设置，随着生产的发展逐步演化成为商业市镇。至清代晚期，总部设在平遥的票号就有二十多家，占全国的一半以上，被称为“古代中国华尔街”。另外，宋元时期围绕巡检司、转运司等地方管理机构先后出现了不同规模的交易市场。

## 二、“市”与“城”的时空关系演变分析

在中国历史上，“市”与“城”是产生于不同历史阶段的两种事物，它们的职能不同，内涵不同：“城，以盛民地”；“市，买卖之所也”（许慎，1989）。“市”与“城”既曾相互独立，也曾融为一物（城市）。“市”与“城”的时空关系演化轨迹不是由某个人设计出来的，是受内在规律支配的历史必然。“市”与“城”时空关系的演化本质，就是人类社会不断克服现存和需要之间矛盾的过程，演化的同时也体现出中国历史发展过程中经济与制度发展变迁的内涵。

“市”与“城”的时空关系经历了6个演变阶段：有市无城、市城独立、城中设市、市布全城、市包围城和有市无城。从演化轨迹看，从最初的“有市无城”发展至最终的“有市无城”，是一个螺旋式上升的过程。虽然“市”与“城”时空关系的起始点和落脚点都是“有市无城”，然而，最终的“有市无城”

和最初的“有市无城”有着质的差别。后者是中国政治经济发展内在规律数千年来不断调适的结果，有其出现的历史必然性，它并不是简单地回到原来的出发点，而是形式的回复、内容的发展。“市”与“城”时空关系发展的历史轨迹符合唯物辩证法否定之否定规律，即：事物发展过程中的每一阶段，都是对前一阶段的否定，同时它自身也被后一阶段再否定。经过否定之否定，事物运动就表现为一个周期，在更高的阶段上重复旧的阶段的某些特征，呈现螺旋式上升的发展。

### （一）社会大分工促成“市”的产生——有市无城

“市”的出现有其历史必然性。在人类社会产生初期的漫长岁月里，人类社会的组织形式基于原始部落。当时生产力水平极为低下，原始人以采集天然果实、根、茎及狩猎小动物为生，食物来源经常没保证，通过从事集体劳动获得的生活资料勉强能够维持生存。由于几乎没有剩余产品，当然也谈不上交换。到原始社会末期，社会生产出现了人类历史上第一次社会大分工。原始人发现牛、羊、马等动物可以驯服、繁殖，能够保证正常地得到乳类、肉类以及皮毛等生活资料，于是一部分原始人便在拥有丰茂天然牧草、适于游牧的地带驯养动物，从事原始的畜牧业，从其他人群中分离出来成为游牧部落。另一些没转化为游牧部落的原始人，则发现并发展了原始农业，由以采集和渔猎为主逐渐以从事种植为主。第一次社会大分工给社会带来了很多变化，由于各部落的产品不尽相同，为经常性交换创造了条件，于是，早期的“市”便出现了。《世本·作篇》记载：颛顼时“祝融作市”。颜师古注曰：“古未有市，若朝聚井汲，便将货物于井边货卖，曰市井。”这便是“市井”的来历。

### （二）政治防御的需要促使城应运而生——市城独立

早期筑城主要基于防御需求，“城”中未必有“市”，“市城独立”特征明显。

目前我国考古工作者所发现的最古老的城址是龙山文化时期的城子崖城址、王城岗城址和平粮台城址等，距今约有4000多年（王守中，1992）。据恩格斯考察，“城”是伴随着私有制的产生，出现在私有制有了相当发展、出现阶级分化的历史阶段。在部落外部，“邻人的财富刺激了各民族的贪欲，在这些民族那里，获取财富已成为最重要的生活目的之一（恩格斯，2003）”。因而各部落之间经常发生战争，各民族被侵犯和掠夺的危险增加了。各个部落为了保障本部落的财物、人口不被掠夺，为了在频繁的掠夺战争中“保存自己”、提高部落自身的生存能力，于是“城”便应运而生。

从先后次序看“城”比“市”要晚一些。中国历史关于修筑城池的记载最早见于五帝时期。《淮南子·原道训》:“黄帝始立城邑以居”中的“城”和“邑”都有城的含义。《史记·五帝本纪》:舜“一年而所居成聚,二年成邑,三年成都”。这里的“都”似乎可理解为城。《吴越春秋》在“鲧筑城以卫君,造郭以守民,此城郭之始也”记述中,明确定义了“城”与“郭”。“城”的出现是人类跨入文明时代的标志之一。然而,最初的“城”不一定包括“市”,“城”中无“市”的现象很常见。因为开始的“城”,只是政治、军事和文化的中心。对于统治者来说,交换在他们的生活中并不象在百姓生活中那样占有重要的地位,“市”无涉他们利益的根本,自然不成为早期“城”的必然构件。远古城址中都没有发现“市”的痕迹,“市”只出现在偏远的乡村或“城”和“乡”的结合部,呈现“市城独立”的空间形态。

### (三)社会经济生活的内在要求促使市与城结合——城中设市

随着经济的进一步发展,城中交换的次数、交换物品的种类与数量及交换的对象,都在不断地增加和扩展,交换的形式也变得复杂多样。城内交换需求的不断增大使得到乡村或郊外进行交换愈发不便,“城”中设“市”显得十分迫切,“市”在“城”中应运而生。

最初的“市”,大多以“赶集”的形式出现。后来随着贸易需求量增大,一些临时性的“集”,就演变了永久性的“市”。一些临时性的“摊”,也变成了永久性的“店”。随着“城”与“市”的结合,城市逐渐作为一种固定的模式流传下来,并逐渐制度化,从而产生了我国历史上真正意义的“城市”。

西周时期,城市作为宗法分封政体和礼制社会组织的一个部分,进入政治制度的序列,具有了上层建筑的意义。较之前代城市单纯的暴力工具形象,升华到了一个新的层次,建立了我国早期政治型城市的一种典范。一套营国制度对许久以来营都建邑的经验作了阶段性的总结,制订了各级城邑严谨而规范的模式。以王城而言,市与宫、朝、祖、社一道,成为城的结构元素之一。但必须指出,这个市属“宫市”性质,主要是为君主的生活服务的。春秋战国以后,为平民服务的“市”越来越多,“城”与“市”就逐步结合起来,形成“城中有市”格局。西汉年间,中国商业发展掀起了一个迅猛的高潮,突出发展的商品经济促使社会经济基础和上层建筑发生翻天覆地大变化,出现“天下熙熙,皆为利来,天下攘攘,皆为利往”的局面,所有士农工商各色人等无不孜孜求利,“财币欲其行如流水”。在这样的势如卷席的商品洪流里,“市”的规模和数量不断扩大。到了唐中后期随着城市经济进一步发展繁荣,受经济发展规律促动,坊市分离制度逐渐被突破。

### (四)商品经济的不断发展促进“市”的迅猛扩展——市布全城

北宋由于商业的发展和城市人口的大量增加,设有墙垣和限时开启的市区,对居民随时购买日常生活用品很不方便，原来的市区及相应的制度已不能满足居民和商业发展要求，政府也没有能力再约束和管制“市”的自发发展，就不再实行坊市分离制，贸易市场也就不再局限于政府所规划的“市”区，散市制开始出现并盛行起来。散市制的特点是有居民聚居的地方就有商品买卖，就有商店，就有市场活动。散市制代替坊市制，使工商业从城中的一个特定区域（“市”区）扩散到全城区。于是在空间上，城有多大，市（区）就有多大，“市”与“城”交融为一（赵德馨，2011），呈现出“市布全城”的空间形态。

一体化了的“城”与“市”，不仅仅是单纯的政治军事据点，也是商品流通的枢纽，开始具备了更多的社会经济功能，逐渐发展成政治、经济和文化中心，“城市”的意义趋于完整。

### （五）市的内在扩散力量冲破城的束缚——市包围城

随着政府取消对“市”发展的限制，“市”逐渐不满足于城墙的局限，在商品经济相对发达的城市，开始向城墙之外蔓延。城市发展突破了“有城之城”的限制，出现“城在市中”的格局。

唐代和五代已将城郊居民列为“坊郭户”。南宋都城临安（今杭州）城外和四郊都有定期集市，与城内市场共同发展，已隐然出现市包围城的态势。南宋定都后，杭州郊区的发展与城内一样迅速，“城之南、西、北三处，各数十里，人烟生聚，市井坊陌，数日径行不尽，各可比外路（省）一小小州郡”（《都城纪胜·坊院》）。明清以来，越来越多的手工业作坊（或现代意义上的工厂）、贸易行（或公司）、金融机构在城内涌现。有限的城内空间，土地价格（包括租价）高昂，“市”就逐渐突出城墙的限制扩展到城外，且不断延续扩伸，以致“城”被“市”所包围，呈现“城在市中”的空间形态。正如王承仁所言：“市的自我扩散力量是建筑的坚固市垣和高矗城墙挡不住的，也是人制定的政策和制度挡不住的”（王承仁，1994）。

### （六）商品经济发展和技术进步使城退出了历史舞台——有市无城

近代以来，城市商品经济发展迅速，城市规模快速膨胀，城在整个城市中的比例越来越小，城墙的实用价值在降低，城市的发展进一步向“无城之城”方向演进。

城墙被毁作为“有城之城”逐步消失过程中的一个标志性事件，开始于1901年天津，于1912~1936年和1950~1966年分别形成两次高潮。之后，具有历史符号和文化象征意义的城墙，仅西安、南京、平遥古城等不多古城尚有保留外，其余荡然无存。新兴市镇也不再修筑城墙，“有市无城”成为城市的普遍形态。

## 三、传统商业街区的空间形态演变分析

### （一）传统商业街区的空间形态演进

依托街发展起来的“市”，最初是呈点状分布的。那时的“街”只承担公共空间和交通的功能。随着城内的交换需求不断增大，“城”中设“市”变得十分迫切，而“街”作为城中通达的公共空间就自然而然地成为了“市”的载体，“市”与“街”紧密地结合在了一起。

到了汉唐时期，随着城的规模扩大，人口增多，贸易需求也在扩大，点状的“市”就逐渐连成一片，呈现面状的商业街区。汉长安城中的九市、唐长安城中东西两市，就是按照政府统一规划形成的商业街区。唐长安东西两市，各占两坊之地，为封闭性的商业街区。两市内道路宽阔，车马可行，路网结构呈“井”字形。市内有肆和行，四周是固定店铺，中间广场容纳每日开市的摊档。此时的市是一个集中式商业街区。由于规模巨大，市在空间上表现为面状形式。

到了北宋，市坊制度退出历史舞台，城市商业布局和聚居生活的方式都发生了改变。北宋汴梁（今开封）城中不再按旧制设置独立封闭的市，贸易市场打破了商业区与住宅区严格分开的界限，商业设施和商业活动已完全深入居民区。坊市界限被打破后，开始出现接近现代意义的商业街区，这标志着“坊市合一”制市场的形成。商业建筑在这一时期也出现了新的形式，集中为点、面的市肆开始蜕变为线状的街市。这种街区空间形态被后世所沿用。

明清时期，随着经济的进一步发展，在一些特定的历史地理条件下，逐渐出现了并列型、合院型、发散型、围合型等商业街区空间形态（图3－4）。

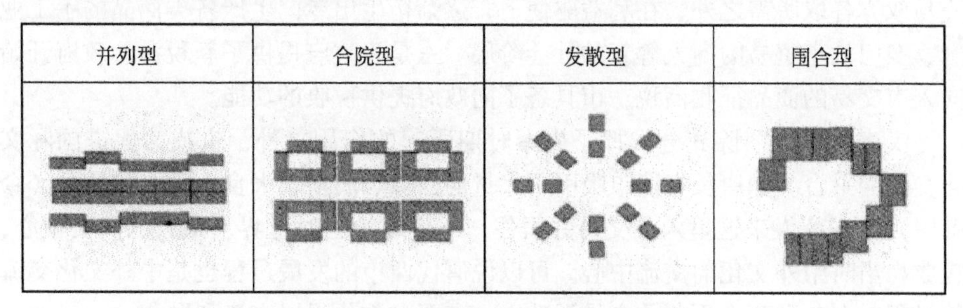


图3-4 多元型的商业街区空间形态

图片来源：黄清明．2008．传统商业街的形态研究．武汉：武汉理工大学硕士学位论文

### （二）传统商业街区的结构特征

传统商业街演进过程中，在空间结构方面表现出以下三个特征。

一是地块肌理参差交错。传统商业店铺大多是以原有宅基地为建设单元，产权地块在尺度上与原有宅基地相一致。随着临街商业活动的发展，临街面用地供给紧张且价格昂贵，导致店铺窄边向街，家家紧靠，呈“小、密、多”的特点（蔡辉和段希莹，2010）。

二是街道尺度适宜。中国传统商业街道大多宽度较小，临街建筑低矮，街廓比大多为1∶1.5。清末民初时期的大型商业街道宽度多为10～15米，沿街建筑高度多为6～10米；小型商业街道宽度为4～8米，沿街建筑高度通常为4～6米；这些商业街的长度一般不超过1000米（梁江和孙晖，2006）。

三是空间秩序规范。一般传统商业街道在入口处都有各种鲜明、独特的标志性设施，如牌坊等；进入街道后，在交叉路口和标高变化及有重要纪念建筑地段，都适当扩大空间，设置广场式静态小空间，可供人们休息、停留、社交，依建筑-通道-广场等组成不同的空间序列，体现其连续感（黄清明，2008）。

## 四、传统商业街区的功能演进

萌芽阶段的“市”，只发挥其基本功能，功能单一。正如《易·系辞下》所云：“日中为市，致天下之民，聚天下之货，交易而退，各得其所”。“市”为人们提供了基本的物质交换场所，通过交易达到互通有无的目的。

西周和春秋战国时期入市交易商品的种类有所增加，除物质交换功能有所增强之外，“市”也逐渐衍生出新的功能。一是“市”能促进生产发展。在商品交易过程中，谁的剩余产品多，就越能获取更多的其他生活必需品，这在客观上提高了人们的生产积极性。二是“市”促成了社会分工。上市交易的物品，除了交易双方各取所需之外，在利益驱使下，逐渐衍生出专门生产各类商品的手工业者、专门从事贸易的商人等新的社会阶层。三是为政府提供了新税源。政府开始向入市交易的商品征收商税，市具备了向政府提供税收的功能。

汉唐的“市”除充分发挥了先秦时期所起的作用之外，也成为促进国际文化交流的平台。如唐长安西市吸引了大量的西域、波斯、大食、日本和高丽（今韩国）等国商人来这里入市交易并居住，不仅成为当时世界上最大的商贸中心，也成为当时中外文化的交流中心。可以说唐代西市的发展过程也是中外文化交流的过程，在各国商人不断的交易活动中，东西方文化得以交流和融合。

宋以来，商业街又增加了为商品流通服务的许多行业，且迅速发展，如寄存货物的塌房、房廊，包装器的租赁、码头装卸搬运，生活服务如浴堂等，金融服务如宋代的便钱务、交引铺、明清的票号等，各类娱乐服务如戏院、书场等沿街而设，为人们生活提供了不少方便。随着社会经济的发展，商业街区的上述功能得以不断提升和强化。

通过上述分析可以看出，随着经济社会的发展，传统商业街（市）的功能不断趋于丰富和完善，由最初的单一型逐步演化为多元型，商业街在社会生活中所发挥的作用不断增强。

## 第四节 中国古代市场管理制度对当今街区经济发展的借鉴

纵观中国古代市场管理制度，历朝历代在市场管理机构（人员）设置、货物质量和价格管理、中介组织管理及行业自律管理等方面，都做了大量探索和实践，对当时商品经济的发展产生了积极的促进作用。中国古代的市场管理制度对当今街区经济发展有着实际的借鉴意义。

### 一、古代市场管理机构设置对当今商业街管理体制的借鉴

目前中国各地及世界一些地方商业街发展的实践逐渐证明，传统的管理体制已成为制约商业街发展的瓶颈，主要体现在政府部门多头管理、未能形成管理合力。大多数商业街的各项管理职能分归政府相关职能部门，各部门的职能范围、管理权限存在交叉重叠，管理过程中个别地方或职能部门从自身角度出发，难免会出现地方性法规与上位法矛盾冲突、自由裁量权各不相同等问题，既降低了管理效能、增加了管理成本，也对正常的商业活动产生一些影响，不利于商业街的发展。

汉代时期的市场集中管理对于如今发展商业街有着非常重要的借鉴意义。汉代政府设置了专门的管理机构——市官办公处，对市场实施严格的管理。主管市政的长官称为市令或市长，市令以下设有市吏、市椽、市丞、市啬夫、市卒等，各负其责，分工严密，这一举措使当时的市场运行规范有序。对于当前发展较大规模的商业街来讲，如具有国际性或辐射范围广或年产值和交易额较大的商业街区，可以参照汉代时的市场管理模式，设立商业街管理委员会，对商业街进行专门管理。管理委员会作为统筹管理商业街的最高机构，集中管理商业街发展中的各个方面，同时，由工商、税务、质检、公安等部门以授权或委托等形式，由管委会实行集中、快捷、方便、高效的管理和服务。

### 二、古代货物品质管理制度对当今商品质量管理的借鉴

商品质量管理都是非常重要的一个方面。尤其是在唐代，因大量西域胡商及波斯、大食等外国客商涌入长安市场，迫使管理机构不断地完善质量管理制度，

甚至将商品质量的管理被纳入国家律令范畴。唐律规定，制造商品必须符合质量标准，“行滥之物在市场上交易，官府一律没收，短狭之物退还物主。获利者准盗论，贩卖者与之同罪”。严格的质量管理制度是唐代商业空前繁盛的重要保障。

对现代商业街管理者而言，更多的借鉴来自意义层面而非制度层面。建议在商业街区的发展中，要针对街区经营范围制定全面细化的质量管理制度。虽然各级政府对于商品质量管理都有相关规章制度，但对于提升街区的品牌和影响力，制定全面细化的质量管理标准就显得很有必要。建议街区管理机构按照国家相关质量管理制度，结合街区经营定位及行业特点，制定《质量管理服务规范实施细则》，印发街区内各经营单位，实行质量标准化、规范化、制度化管理，进一步增强街区的竞争力。同时加大执法的力度，及时查处各种违法行为。

## 三、古代价格管理制度对当今物价管理的借鉴

历代把对市场商品价格的管理都放在非常突出的地位，并制定了一系列有效措施。先秦时期物价由贾师确定并管理，辨别货物的成品而“奠（定）其价”。秦汉时期定价权不再是政府，却要求“市”内出售的物品必须标明价格。唐代创制了商品价格呈报评定制度，要求商人每10日向诸市署呈报一次物价变动情况，并将10日内物价涨落情况登记呈报，由市令及主管官吏评定。宋代对上市交易的一般商品，估价评定方式演进为由官府和行头、牙人等市场主体共同商定。明代对于价格管理先后实施了“时估”和逐月申报制度，同时对于价格管理出台了专门的条律，其做法在清代基本上得以延续，并不断发展完善。

关于价格管理的举措对如今商业街区发展仍有着重要的借鉴意义。目前可针对商业街区制定系统、全面的价格监管体系。一是建立价格信息数据库。通过对市场价格长时期的监测统计，准确把握物价变化规律，科学预测价格变化趋势，有效制定物价调控措施。二是完善民生商品价格信息公开制度。依托价格监测工作平台，通过价格信息网络及报刊公开发布民生商品价格信息，引导经营者合理确定商品价格。三是建立科学的价格预测机制。在全面收集市场信号的基础上，运用现代预测模型，对未来市场走向做出科学研判，引导经营者和消费者理性参与市场各种交易行为。四是建立商品和服务价格申报备案管理制度。在一定时期，选择对一些重要商品和服务实行价格申报备案管理，有效抑制价格不合理上涨。五是实行提价前通报协商制度。对一些经营相对集中、与群众生活密切相关的商品和服务的价格，实行提价事前通报协商，经营者在提价前需与管理部门通报协商，管理部门对提价的幅度、时间等进行适度干预。

## 四、古代牙行管理制度对当今中介组织管理的借鉴

牙行是封建社会商品交换活动中的中介组织，是现代中介组织的前身。明清时期政府非常重视对牙行的管理。明政府为防止牙行把持行市，在明律中制定严禁私牙、保护官牙的律文，并首次正式将牙行规范列入全国性的法典，并专列一章。清政府为防止牙行任意操纵物价，盘剥交易双方，出台律令严禁私设牙行，牙商必须先向官府领取牙贴，并按规定缴纳牙税。牙贴由藩司颁发，报户部备案，各省均有定额、不得滥发。对私充牙行、埠头进行严惩。同时规定牙行评定物价必须公平合理，如果违反要受到惩罚。明清时期，政府对牙行的有效管理对于当时稳定物价、维护市场秩序、促进商业经济繁荣发挥了重要的作用。

明清时期对交易中介机构管理的做法对如今商业街发展有着重要的启示。如今，代替牙行的各种交易所、经纪机构、信托公司、评估机构等商业中介组织，已逐渐成为商业街不可或缺的经济元素，加强中介组织管理对于商业街区健康发展显得尤为重要。建议参照明清时期的基本管理思想，对中介组织实施有效管理。具体来讲，一是要完善相关制度，制定出相关法规，从交易规则、中介合同、纠纷仲裁等方面对中介组织予以规范；二是要建立准入和自律机制，提升中介组织的整体素质；三是要规范交易运作方式，引导业务良性竞争；四是要加强监督检查，确保中介组织依法运作。

## 五、古代商人的慎独自律对当今行业自律管理的借鉴

随着商品经济的快速发展，行业自律管理显得十分重要，尤其是在特色商业街区发展过程中，行业自律管理显得更加重要。行业自律管理的层次和水平直接影响着街区的品牌和形象，加强行业自律管理，对于商业街的发展有着十分重要的意义。

在行业自律管理方面，古代的相关经验做法给我们提供了很好的借鉴：明代商人们为了谋求生存、发展，往往为自己立下了许多训戒、条规。明代行商中有“客商规略”、“为客十要”等，铺店中有行规、店规，包括质量管理制度、商业礼仪制度、商品分级分类销售制度、商业道德规范制度等，自律管理内容非常全面细致，自律管理达到较高的水平，因而也就相应产生了一批天下闻名的店铺，且被载入史册。

在如今的商业街建设过程中，建议从以下几个方面着手加强行业自律管理：一是强化舆论宣传，通过报纸、电视、广播、宣传栏等形式加强自律宣传，提高街区经营者自律意识；二是建议在特色商业街区范围内制定《管理服务规范实施

细则》，从商业礼仪、道德规范、质量管理等诸方面对特色街内的经营单位和经营者提出具体要求，促使其依法依规搞好经营，提升服务质量，维护特色街区的整体形象；三是加强领导，强化执法力度，建立有效的监督机制，对街区内不符合管理服务规范的行为应予以纠正，对违法行为给予及时制止和严格惩处。

## 六、古代常平制度对当今市场物价调控的借鉴

在商业街区经营过程中，因市场经济的波动规律，常常会出现货物滞销或存货短缺的非平衡局面。当出现货物滞销时，街区商家就面临巨大的经营压力，往往会产生巨大的经营亏损，从而对街区的税收收入产生一定的负面影响；当出现存货短缺的情况时，一方面，必然出现物价飞涨的局面，从而影响消费者利益，另一方面，街区销售总额必然下滑，同时影响经营者收入和政府税收收入。对于这类问题的处理，古代的相关做法为我们提供了很好的借鉴。

据《周礼·地官·泉府》载，西周时期泉府的职能之一就是“敛市之不售货之滞于民用者，以其贾（价）买之，……以待不时而买者”。战国时，李悝在魏国推行平籴制度，即政府于丰年购进粮食储存，以免谷贱伤农，歉年以低价卖出所储粮食，以防谷贵伤民。汉武帝时，桑弘羊发展了上述思想，创立平准法，依仗政府掌握的大量钱帛物资，在京师贱收贵卖以平抑物价。汉宣帝时，耿寿昌奏请在边郡普设粮仓，“以谷贱时增其贾而籴，以利农，谷贵时减贾而粜，名曰常平仓。”常平遂作为一项正式的制度推行于较大范围之内。明政府通过建立预备仓，实行收籴、平粜等制度，来保证物价的平稳。“常平”制度均取得了良好的效果。

在如今发展街区经济过程中，我们可以将其变通运用。建议对与老百姓生活息息相关的基本物品，特别是蔬菜和副食品，在农贸市场和经营农副产品的商业街区范围内实施“常平”制度。通过财政补贴、政府储备等调控手段调剂市场余缺，有效应对由于自然、经济条件变化而引起的物价强烈波动，切实维护群众利益。当然，街区经济的发展受到诸多宏观经济因素的影响，如何有效地在街区范围内实施“常平”制度，还需要大量的实践探索。

# 第四章　街区经济的特征、发展条件与效应效益分析

第二章和第三章集中考察了中外商业街的发展，本章依据区域经济理论，在对现有商业街研究的基础上，提炼总结街区经济的特征，对街区经济发展的基础条件，以及产生的效应和综合效益进行分析。

## 第一节　街区经济的特征

街区经济是人类社会发展进程中的一种客观形态，由于承载发展的街区不同，所以其具有丰富多彩的形式，但究其本质，街区经济存在以下六个方面的特征。

### 一、区位特征

区位，即某一主体或事物所占据的场所，具体可标志为一定的空间坐标。而经济区位则是某一经济体为进行社会经济活动所占有的场所。从这一角度讲，工业生产所占有的场所为工业区位；居住活动所占据的场所则为居住区位；各城市经济活动所占据的场所则为城市区位（高洪深，2010）。

街区经济属于区域经济范畴，区位特征明显。街区经济对城市经济增长具有较强的激化作用。随着城市的兴起、发展和繁荣，人口和各种生产、生活要素不断聚集，城市发展经历由小城市到中等城市再到大城市的阶段。特别是随着以信息经济为基础的后工业化时代的到来，在城市中心区，制造业占 GDP 的比重开始持续下降，工业对城市化的拉动作用明显减弱，服务业成为城市发展的主要动力。街区作为服务业发展的重要载体，通过产业聚集和集群模式优化产业结构，对整个城市经济骨架的完善发挥至关重要的作用。因此，城市是街区经济产生的必然条件，街区经济是城市经济的重要组成部分。

商业街区是集购物、餐饮娱乐、文化消费等多种功能于一体的现代化的大众消费区域，往往也是所在城市的社会活动中心和商业核心。商业街区通过加强对微观环境的空间和时间秩序管理，限制或鼓励企业及个人的区位空间行为，促使包括零售商业在内的区位主体在空间上合理配置，充分利用各种资源，形成有序

的空间形态和空间结构，即合理的空间秩序，从而产生整体区位效益，避免“末梢神经”混乱与无序；创造出优越的区位，不断盘活土地，提高城市土地利用的科学性，提升土地、空间的经济价值（闫海宏，2005），为城市发展注入活力，提升城市竞争力，最终实现城市的有效、均衡和可持续发展。

## 二、聚集性特征

聚集经济理论认为，在城市建设、选址、确定规模等方面要考虑各种区位因素，以求在城市建设中以最小的投入获得最大的利润和最佳的效果（张金锁和康凯，2003）。缪尔达尔的研究表明：城市成长的过程是循环累积过程，即围绕具有推动性的主导产业部门组织起来的一组产业，它本身能迅速增长，并能通过产业间的关联效应和乘数效应推动其他部门经济的增长，即围绕城市的主导产业形成的经济聚集与带动作用推动城市的发展（周伟林和严冀，2004）。街区经济是围绕城区主导产业发展起来的具有一定聚集效应的经济模式。街区经济集群内的企业间，通过分工与专业化机制所实现的规模报酬递增经济，是单个企业无法比拟的。街区经济的集群对合理布局城区经济、优化资源配置、建立城区空间创新系统和形成城市竞争力具有重要的意义。

例如，深圳市华强北商业区位于深圳市福田中心区东侧，由燕南路、华富路、深南中路、红荔路围合而成，东西长1560米，南北宽930米，占地总面积1.45平方千米，建筑总面积430多万平方米，是一个以电子信息服务业为主导、多业态共生共荣的商业区。截至目前，华强北商业区有电子专业市场27家，大型百货及家电、服装、钟表配套、黄金珠宝等商场21家，有法人企业、活动单位20 000多家，商户30 000多家，商业服务经营面积260多万平方米，日均客流达60多万人次，年销售总额达千亿元，已经成为中国“电子第一街”，是亚太地区最大的电子信息服务业集散地。

## 三、规模化特征

企业规模可以以生产要素的规模或产出的规模来衡量。生产要素规模主要指企业的生产能力规模，是企业这个生产系统投入产出转换能力的数量表现。对于商业街来说，规模化存在于企业和整个街区，有以下表现。第一，通过批量进货、规模采购可以降低成本，增加原材料供应的可靠性，进而降低商品销售价格，吸引顾客，扩大市场份额。第二，企业生产、销售规模的扩大，不仅会带来产品成本降低这种直接效益，从市场竞争角度来看，还会给企业带来竞争优势，提高企业的社会知名度，增加企业的无形资产。第三，从融资角度来讲，可拓宽企业融资渠道，提高融资能力。第四，街区整体策划及其实施，能够产生最大的辐射广度和聚集强度，使街区的无形资产价值、社会影响力等资源被所有经营商户共享，在单位营业面积和营业时间内吸引更多的顾客。

例如，西安市的西大街是以钟楼商圈为核心的 4 条商业大街之一。明清以来，沿街及附近一带成为封建王朝大兴土木之地，遍布衙门、府第、科举考场、庙宇、寺院等建筑，更有鼓楼和都城隍庙等名胜古迹，有效带动了街面商铺的聚集发展。以城隍庙为中心形成了整个西北地区最大的小商品集散地，上至绫罗绸缎，下至针头线脑，日常商品应有尽有。近几年，西大街街区经济迅猛发展，2010 年商贸销售额突破 50 亿元，2011 年达到 70 亿元，聚集了百余家各类娱乐场所、大型百货商业、星级酒店宾馆、餐饮休闲企业等，规模化发展进入成熟期。其中，大型百货商场 10 家，星级酒店宾馆 16 家，餐饮文化企业 27 家，各类娱乐场所 13 家，品牌服饰店 59 家，其他零售类门店 68 家。

## 四、特色化特征

特色是街区经济的活力所在。每一条特色街区都有自己的定位、独特的历史和商业文化。在日趋激烈的市场竞争中，街区特色主要体现在：一是品牌特色，如北京市的王府井步行商业街、上海市的南京路等；二是区域、地域优势资源或产品的特色；三是集中销售某一类或某一区域独有的产品，或者为特定对象服务；四是在一定历史时期或特定区域内，与民族、宗教、历史文化密切关联的传统工艺加工产品、饮食、文化的展示。对特色的注重已经逐渐成为街区经济发展的必由之路。

例如，广州市上下九商业步行街包括荔湾区的上九路、下九路、第十甫路，是广州市三大传统繁荣商业中心之一，也是全国第一条开通的步行街。上下九商业步行街全长 1218 米，建于 20 世纪初，共有商业店铺 354 间和近 4000 多家商户，日均人流量 30 万人次左右。上下九商业步行街具有鲜明的特色，体现在以下四个方面。

第一，鲜明的商业特色。早在公元 6 世纪 20 年代，这一带已成为商业聚集区，是广州与全国及海外进行贸易往来的一个重要窗口。在漫长的历史长河中，逐步形成了当今中西合璧的四大西关风情特色，构筑成为一幅独特的、绚丽多姿的西关风情画，是一道亮丽的旅游风景线。

第二，独特的建筑特色。骑楼是岭南地区独有的建筑，它融合中西方建筑艺术的精华而自成特色，连成一片的骑楼能使人们免受日晒雨淋之苦，营造了良好的购物环境。上下九路一带拥有长达 2. 6 千米的骑楼建筑，是广州市甚至世界上最长、最完整的骑楼街，与荔枝湾涌、陈家祠和西关大屋等共同成为岭南建筑文化艺术的典型代表，吸引了海内外无数游客观光旅游。

第三，浓郁的民俗特色。人们在步行街购物之余，可以领略独具西关风情的荔枝湾涌、华林禅寺、五眼井、文塔、西关大屋保护区、陈家祠、仁威庙及沙面欧陆风情区。

第四，丰富的饮食特色。步行街内有大小食肆数十家，既有百年老店陶陶居，亦有“国家特级酒家”广州酒家。近年来，国内外的饮食业亦入驻步行街，成为传统与现代、民族与国际饮食文化交流的区域，美食也成为上下九商业步行街吸引游客的一大亮点。

## 五、人文化特征

文化是人类创造的精神财富的总和，一座城市的文化内涵不可或缺。每一条街巷对于一座城市而言，就如同骨架和筋络，只有让每一条街巷都成为传承历史文化的支脉，散发浓厚的人文气息，城市才富有生命力。

西安是与雅典、罗马、开罗齐名的世界千年古都。现代街区经济的发展要充分体现古都的厚重历史和文化特色，继承传统人文精髓，体现古城底蕴，要通过保存、利用、开发、创新等途径，传承历史文化，展示文化内涵，塑造独具特色的街区景观、街区文化和街区形象。例如，西安大兴新区大兴东路在打造新汉风风格时，注重点面结合、形式与内容相结合、传承与发展相结合。

第一，点面结合。建筑外观色调将赭石色、浅灰色、土黄色作为主导色调，墙面色彩以低明度红色系、赭石色系为主，点缀色以蓝绿色系为主，屋顶色以灰白色系为主。高层建筑体现台基、建筑主体、屋顶三段式形态，着重营造出不同于现代建筑的轮廓线和城市天际线，突出屋顶扁平、屋脊线耿直、形象硬朗等特点（图4-1）。在主要道路两侧，建筑依据高度后退不同距离，靠近道路的低层建筑或裙房营造错落的视觉效果。

第二，形式与内容相结合。主要节点、建筑外观、街景小品的设计充分融入汉文化元素。门窗采用长方形，用汉式斗拱装饰建筑立面。建筑立面呈现建筑轮廓高低参差、屋檐错落的富于变化的动感形象。通过汉代云纹地砖，龙造型灯具、座椅等街景小品营造汉风汉韵。汉文化体验街区引入酒肆、百戏楼、槐市（书店）、蹴鞠体验馆、击鼓说唱茶楼等具有汉文化特色的商业项目，丰富了新汉风内涵。

第三，传承与发展相结合。在进一步重现汉灵台、太学、明堂辟雍、槐市、酒肆等文化记忆的基础上，将汉代建筑的文脉、神韵、符号、材料、肌理用新的建筑语言整合到现代建筑之中，实现创新理念与汉代建筑精神共存，形成独具特色的建筑风格。

恢复古城的历史人文景观体系，就可以使隐性文化显性化，使埋葬的、书本

(a)

(b)

图 4-1 西安市大兴东路沿街新汉风建筑效果图

图片来源：西安市规划局大兴新区分局提供.

里的文化变为可视、可读、可感和可消费的文化产品，使老城与新城各显风采，古代文明与现代文明交融共生，人文资源与自然资源相互依托；人们走进大兴新区，就如同走进了中国的汉代历史，既可以感受到汉代文化、历史气息，又可以感受到充满生机与活力的现代化大都市的风采（修维华，2008）。

### 六、品牌化特征

品牌作为巨大的文化资产和最佳经济效益载体，是区域创新力、竞争力和发展潜力的重要标志，也是一个地区综合经济实力的重要标志和宝贵财富（万后芬和周建设，2006）。街区经济品牌化，就是以名牌产品、老字号品牌店、世界品牌产品为基础，形成一定区域内的品牌效应，凸显不同的经营档次，吸引不同的消费群体，为实现品牌所蕴涵的价值提供强大的智力支持。真正成熟、成功的品牌，其所拥有的并不仅仅是极高知名度和美誉度，还有与消费者在心理上形成的牢固联系。对于街区而言，品牌是潜在的竞争力与效益增长点；对于消费者而言，品牌是质量与信誉的保证，减少了消费者的购买风险。

## 第二节 街区经济发展的基础条件

街区经济的兴起与发展与所在城市的自然条件、经济基础及其发展潜力密切相关。城市经济发展水平的高低及区域专业化的程度往往取决于街区经济的发展程度，而城市在推动街区经济发展的过程中自身也会得到发展。因此发挥城市经济对街区经济的引导和推动作用，充分发挥城市的功能，直接决定了城市在经济水平、社会安定、教育、基础设施建设和改善环境各个方面的竞争力。

由于地域辽阔、经济结构复杂等因素，中国目前的街区经济发展在地区分布、数量和发展势头等方面都存在着差异。究其根源，这主要是由街区经济赖以发展的当地基础条件所决定的。

## 一、区位条件

街区经济繁荣的地区往往是具有某种区位优势的地方。这种区位条件包括城市主城区的支撑和便捷的交通（刘中南和罗建勤，2008）。城市主城区作为人群、商品、资金、技术、信息等资源要素的聚集地，能够为街区提供较多的消费群体、较完备的服务设施、较发达的运输和通信网络等。居民聚居、人口集中的地方是适宜设置店铺的地方。这些地方商业活动频繁，把店铺设在这些区域，营业额必然高；反之如果在客流量较小的地方设立店铺，商家的销售额肯定很难提高。店铺如果能够设在这些区域，并致力于满足人们的需要，那肯定会生意兴隆，店铺收入通常也比较稳定。便捷的交通能够缩短各种生产要素和商品流通的时间，节省流通费用，位于主要交通线上和周边的街区往往街区经济发达，因此中心城区是街区经济发展的主要载体。

## 二、产业条件

国内外经验表明，街区经济的形成和发展取决于其所在城市的区位、能级、产业基础及产业发展环境等。综观世界范围内街区经济的发展，世界性城市和国际性大都市，如伦敦、纽约、东京、巴黎等，一般都具有世界级的商业街区，商业街区与这些城市的产业基础直接相关。在国内，著名商业街多数都在上海、天津、青岛、大连、广州、深圳等东部沿海产业形态相对成熟的城市，这些城市街区经济增长快、发展迅速、总体实力强。街区经济依托第三产业，根据当地比较优势进行地域分工，通过发挥聚集和专业化功能，就可以形成、发展和扩散为一种有效的经济发展模式（刘中南和罗建勤，2008）。在中小城市也存在一些以第一产业和第二产业为主导的商业街。第一产业主导型商业街主要分布着以自然力为主，不必经过深度加工就可消费的产品或工业原料的部门，如农业集市。第二产业主导型商业街主要为前店后厂的布局，减少了物流成本。例如，西安康复路服装批发市场，该街区的大部分商家都有自己的服装加工厂。

## 三、市场条件

街区经济的发展要有规范的市场经济运行机制和市场消费群体基础。一方面，要遵循市场竞争法则、价值规律，公平竞争。市场经济的竞争法则是指具有优势的企业或个体才能适应市场的不断变化。相反，那些缺乏优势的企业则难以适应市场的变化，最终被市场淘汰。如果企业不讲道德、不讲诚信，即使一时获利，也难以在市场上长久立足。企业之间的竞争除必须受法律法规的约束之外，还必须受到伦理道德的约束，实现规范、有序的良性竞争（刘世玉，2003）。另一方面，地区消费总量优势和城区内的高消费水平是街区经济持续、快速发展的保证。城市经济总体发展水平决定了商业街区的发展水平。物质生活水平的提高，以及生活方式和生活内容的变化，决定了未来街区经济的发展趋势。

## 四、政府行为

波特曾指出，从事产业竞争的是企业而非政府，竞争优势的创造最终必然要反映到企业上。但是，政府行为对国家整体优势的影响举足轻重，因为政府通过制定合适的产业政策，可以为企业提供所需要的资源。因此，政府有义务营造经济发展的良好环境，如为街区经济发展制订规划和鼓励政策，建设基础设施，为中小企业提供融资服务，进行信息收集和评价工作，做好街区的区域营销，吸引外部投资，推进区域品牌建设等。政府既要从企业直接管理者的角色中淡化出来，又要支持和完善行业组织的建设，重视社会中介组织、行业协会的作用（邵志健，2007）。政府要创造良好的企业发展环境，为企业提供良好的基础设施和优质高效的公共服务，来促进街区的快速成长。因此，街区经济的发展有赖于政府的支持。良好的环境可以使街区经济朝着规范化、规模化、集约化的方向发展；反之，则导致街区经济发展的停滞甚至倒退。例如，天津市和平区商务委员会负责全区商业街的建设管理工作。青岛市市北区特色办公室负责全区 17 条商业街的统筹协调、指导考核及四条商业街的直接管理工作。广州市北京路在市级层面上，成立了北京路商业步行街管理委员会，主任由市级分管商业的副市长担任；在区级层面上，成立了由分管商业的副区长担任主任的商业步行区管理委员会办公室，全面统筹、协调步行街规划建设和管理工作。

## 五、社会资本

街区经济不仅仅是一种经济现象，它同时也是社会文化现象，其产生的根源还包括社会根源。社会资本指的是社会组织特征，如信任、规范和人际网络，它能通过促使行动者进行交易与协作等特定活动而产生效益。社会资本通过行为人之间相互关系的变化使社会交易环境具有经济含义，使这种环境成为行为人获取收益的社会资源，像其他资本一样具有生产性和经济性。韦伯关于新教伦理对资本主义早期发展的作用的论述，以及诺思关于制度、路径依赖和“自我实现的预言”的新经济史观点，都反映了经济发展背后的深层且复杂的社会历史和文化原因。街区中具有区域特点的历史文化传统，构造了区域内人们相互交流、相互影响的同一基础。而区域内人们的信仰、个人偏好、团队精神都会一定程度地决定他们能否有效地获取、消化和运用知识，能否进行有效的创新。社会资本建立了人与人之间、企业与企业之间的信任，减少了机会主义行为的结果，导致了交易成本的下降（邵志健，2007）。

同时，具有人文特色的街区可以强化消费者对街区的认同感。无论是伦敦的牛津街，还是纽约的第五大道，浓厚的人文氛围是这些国际著名商业街的显著特征。它们在推进最新生活方式和文化活动的同时，也充分尊重和保护历史建筑和传统文化，同时，还通过各种活动营造街区良好的文化氛围。

## 第三节　街区经济的经济效应

空间经济学认为，区域是否均衡发展由两种力的相互作用决定，即导致聚集的向心力和趋于分散的离心力，若向心力大于离心力，就会形成“核心-边缘”的空间格局（李占国和孙久文，2011）。

导致聚集的向心力就是促进街区经济发展的正效应，包括市场聚集效应、协同效应、成本节约效应和外部经济效应。

### 一、市场聚集效应

区域产业布局从宏观上要求区域产业群体的聚集规模要适度，产业结构要合理，联系要密切，以便充分发挥地区优势，最大限度地获得聚集效果。聚集效应是指各种产业和经济活动在空间上集中产生的经济效果及吸引经济活动向一定地区靠近的向心力，是导致城市形成和不断扩大的基本因素。商业街集供销于一体，构筑良好的交易平台，并能创造自己的品牌，树立良好的形象。商业街缩短销售距离，提高成交率，节约顾客的搜索费用和时间，而且综合性商业街较之普通街区功能更加完善，可以满足消费者休闲娱乐等多种需求。因此，在其他条件相同时，微观层面的企业在进行区位选择时偏好市场规模较大、消费群体相对集中的街区。有很多业态因同行业在空间上的聚集而会产生乘数效应，但也会产生竞争效应。在经营的过程中，每个企业都有自己的个性，其目标市场、自身资源条件是有差异的，通过增加街区经济的个性可以避免直接竞争。错位经营可以帮助企业实现有序竞争和和谐共处，并成倍扩大街区经济聚集带来的乘数效应（陈志平和余国杨，2006）。众多企业聚集吸引更多人群，更多消费者创造更大市场，市场聚集效应不断加强。

聚集经济的发展模式是：$Exp \rightarrow Agl \rightarrow Exp' \rightarrow Agl' \rightarrow Exp'' \cdots$ 其中：$Exp$ 为主导部门；$Exp'$ 为增大的主导部门，$Agl$ 为集聚经济效益；$Agl'$ 为增大的集聚效应（张金锁和康凯，2003）。

## 二、协同效应

街区经济一般在区域中某些生产和发展条件优越的地点或交通线上，形成一个高效率的生产系统，从而改善企业生产或服务的外部环境，使整个区域生产系统的总体功能大于各企业功能之和。协同效应简单地说，就是“1+1>2”的效应。协同效应可分外部和内部两种情况，外部协同是指一个集群中的企业由于相互协作，共享业务行为和特定资源，因而将比单独运作的企业取得更高的赢利能力；内部协同则指企业生产、营销、管理的不同环节、不同阶段、不同方面共同利用同一资源而产生的整体效应（邵志健，2007）。

街区经济通过搭建平台，可有力地加强市场竞争力，产生多方面、全方位的协同效应，有利于市场扬长避短，充分发挥自身优势。企业通过合作竞争、分工互补、技术创新、维护声誉等协作运行机制，实现了商圈集群企业的协调有序运转，使商圈具有强劲、持续的竞争优势。

## 三、成本节约效应

英国“剑桥学派”的创始人、新古典经济学派的代表马歇尔，在《经济学原理》一书中强调大量专业化企业地域集中和发展的重要性。在商业街内，大量专业化企业聚集在一地，使区域实现了规模供给。相应地，商业街创造了一个较大的市场需求空间，对分工更细、专业化更强的产品和服务的潜在需求量也相应增加。商业企业集群的外部经济性，使街区经济表现出明显的成本节约效应。企业可以在经营过程中共同利用商业仓库、运输工具，节约经营成本。从消费者来看，街区内各企业提供的产品和服务具有明显的互补性和配套性，可以满足不同层次的需求，因而愿意来此采购；同时商家的集中为消费者节约了时间和搜索成本；集群内商品的价格优势，使供大于求，消费者成为商业集群的最大受益者。从生产企业来看，商业集群有利于生产者迅速掌握可靠的市场信息，减少信息的扭曲性和不对称性，以及市场摩擦，有利于生产者大批量销售产品，节省交易费用（刘中南和罗建勤，2008）。因此，商家在市场规模较大的街区布局，可以节省物流成本和交易成本，从而降低企业的总成本。

## 四、外部经济效应

马歇尔在《经济学原理》中首次提出了“外部经济”的概念。他指出：“我们可把因任何一种货物的生产规模之扩大而发生的经济分为两类。第一是有赖于工业的一般发达的经济；第二是有赖于从事工业的个别企业的资源、组织和效率的经济。我们可称前者为外部经济，后者为内部经济。”由马歇尔的论述可见，所谓外部经济，是指由企业外部的各种因素所导致的生产费用的减少，这些影响因素包括企业离原材料供应地和产品销售市场的远近、市场容量的大小、运输通信的便利程度、其他相关企业的发展水平等。

不同的经济学家对外部性给出了不同的定义（沈满洪，2002）。归结起来有两类：一类是从外部性的产生主体角度来定义；另一类是从外部性的接受主体来定义。前者如萨缪尔森和诺德豪斯的定义：“外部性是指那些生产或消费对其他团体强征了不可补偿的成本或给予了无须补偿的收益的情形。”后者如兰德尔的定义：外部性是用来表示“当一个行动的某些效益或成本不在决策者的考虑范围内的时候所产生的一些低效率现象，也就是某些效益被给予或某些成本被强加给没有参加这一决策的人”。用数学语言来表述，所谓外部效应就是某经济主体的福利函数的自变量中包含了他人的行为，而该经济主体又没有向他人提供报酬或索取补偿，即

$$F_j = F_j(X_{1j}, X_{2j}, \cdots, X_{nj}, X_{mk}), \quad j \neq k$$

式中，$j$ 和 $k$ 是指不同的个人（或厂商），$F_j$表示 $j$ 的福利函数，$X_i(i = 1, 2, \cdots, n, m)$ 是指经济活动。这个函数表明，只要某个经济主体 $F_j$的福利除受到他自己所控制的经济活动 $X_i$的影响外，同时也受到另外一个人 $k$ 所控制的某一经济活动 $X_m$的影响，就存在外部效应。

本书从以下三个方面对街区经济的外部经济效应进行讨论。

### 1. 人才效应

商业街发展需要的人才既包括高端管理人员，也包括加工销售人员、各类服务人员。随着街区经济不断发展，各类企业需要的人才更加细化和专业化。专业分工可以提高生产率，原因在于：第一，劳动者的技巧因为专业而日益精进；第二，通常从一种工作转换到另一种工作会损失不少时间，分工可以避免这种损失；第三，专门机械的发明，使一个人能够完成许多人的工作（亚当·斯密，

2006）。在市场经济中，人才需求的扩张引发人才供给的增多，而增强企业的创新能力和街区对外部同类企业的吸引力，能推动整个街区快速成长，使竞争优势不断增强。

克鲁格曼在1991年建立了一个数学模型：在行业集中地区，工人的预期工资率为

$$W\omega = \beta - \frac{r_1}{n}$$

当工人总数量$L$一定时，预期工资率$\omega$与厂商数量$n$成正比。

而厂商预期利润率为

$$E\pi = \alpha + \frac{1}{r}(\frac{L}{n})^2 + \frac{1}{2}\frac{n-l}{n}\sigma^2$$

当厂商数量$n$一定时，厂商预期利润$\pi$与工人总数量$L$成正比（袁阡佑，2006）。

可见，当其他条件一定时，地理集中可增加工人的预期工资率，而劳动力的地理集中可增加厂商的预期利润率。可以说，街区经济发展解决了大量劳动力的就业问题，同时，商业街人气兴旺、劳动密集效应也使企业很容易获得所需的人力资源。

2. 技术外溢

技术外溢原是指外商投资、跨国贸易等对东道国相关产业或企业的产品开发技术、生产技术、管理技术、营销技术等产生的提升效应。对当地竞争企业的技术创新的示范、刺激与推动，称为平行外溢；对当地上下游关联企业的技术进步的示范、援助与带动，称为垂直外溢（任保平，2010）。在街区经济的发展过程中也存在类似的技术外溢效应，一般的商业街上都有若干在管理、营销等方面超过同行业一般水平的企业，一般企业通过不断向优秀同行学习，以掌握先进管理经验和技术。

技术外溢除了一般技术还包括信息交流。在商业街中，相关企业在地理位置上邻近，能促进信息的交流，并具有高传输性、可共享性、易转换性和替代性等特点。信息在企业之间迅速流动，各种信息源按一定规则组合在一起就形成了知识库。知识库在街区内迅速扩散，使企业技术水平和创新能力显著提高、知识转移加快，加之企业的合同成本、谈判成本和物流成本等都低于街区外企业，几者合力增强了企业的赢利能力，街区的产业范围不断扩张。

3. 资金集中

商业街的产业配套完善度决定了街区内产品的专业化程度。产品专业化程度越高，可替代性就越小，产品竞争力必然越强。强大的产品竞争力和区域品牌效应使产品对消费者的吸引力增强，于是，持续增加的消费者数量带来了更大的市场。区域资金具有流向经济中心（市场中心）的倾向。一般来说，商业街区所在区域的经济水平高于区域以外地区，因而能吸引大量资金，资金的相对集中又

能吸引核心投资项目进驻。核心项目的引进将带来新技术、新管理，从而提高整个商业街的生产效率。同时，经营者募集资金的能力也会随着获利机会的增多而增强。

## 第四节 街区经济的综合效益

街区经济作为城市经济生活的枢纽，是激发城市经济活力的一个重要方面。街区作为城市的有机组成部分，以其独特的景观和商业模式、多样化的功能组合、完备的基础设施及高效的街区管理，极大地推动着城市经济的发展。

### 一、推动城市建设与管理水平提升

在对全国50余条商业街的考察中发现，在各城市优化产业结构、提高城市品位、促进经济发展的大背景下，商业街区的建设与发展已经成为城市建设和城市管理的重要内容。一是不断优化交通环境，合理组织和优化周边的动态交通网络，积极推进停车场、公交站等静态交通设施建设，为市民和游客进出商业街提供方便。二是设置电子监控系统，实行全方位的监控，通过人防、技防相结合，切实保障市民和游客的购物安全，并有效防止占道经营等行为。三是建立综合管理保安队伍或者城管中队，负责街区综合管理，维护街区社会稳定和公共秩序。四是通过招投标方式，将街区的保洁工作推向社会，实行全天候保洁。五是精心组织街区的"点亮工程"建设，令市民和游客流连忘返。综上所述，在商业街区的建设中，根据地区文化特色、产业特色，将商业街区经营、商业街区改造与景观改造相结合，统一规划建设，完善区域配套设施，可以加快商业街区发展，提升街区整体形象。

### 二、改善区域居住环境

有些著名商业街是步行街，将人们从喧嚣的城市交通中解放出来，突出人在空间中的主导地位，环境中的一景一物均以人的心理和生理感受为基础进行设置。例如，一些步行街为人们提供可小憩的座椅，设立人性化的街道小品，提供电子咨询设施，一切建设活动以人为服务对象，为人们创造舒适、优美、富有情趣的居住环境（樊强，2006）。某些生活步行街处于一个居民小区内，或者位于几个居民小区的结合部，或者具有商业功能，或者纯粹为居民休闲、娱乐而设计，以特色商铺为主，为小区内居民创造悠闲雅致的环境，并设有休闲娱乐场所和设施，使当地居民享受到购物、休闲、娱乐的一体化便捷服务。

## 三、推动区域旅游业和商业发展

著名商业街一般都位于有悠久历史和文化积淀的城市中，或者一些古城和古镇，如北京市琉璃厂、安徽省屯溪老街、上海新天地等；还有为发展旅游业而专门修建的步行街，如奥地利第二大城市萨尔茨堡的步行区、意大利的水城威尼斯等，这类街区具有先天或独特的旅游、观光、休闲优势。近年来，步行街通常是规模庞大的集购物、娱乐、休闲、观光于一体的室内建筑，并辅以灯光、花草、树木、雕塑及其他使人赏心悦目、心旷神怡的建筑和设施，推动了当地旅游业的迅速发展。

游客到一个城市旅游，需要购买具有地方特色、值得纪念的物品，而最能满足顾客这一需要的就是商业街。而在饮食方面，特色和传统小吃丰富的商业街区也是游客们最愿意光顾的场所（于茂高，2007）。商业街通常具有以下服务场所：零售店、餐馆、酒吧、咖啡厅、电影院、剧院、商业俱乐部、儿童乐园、商务洽谈室等。近些年来，较多的大型购物中心和地下商业街能够提供良好而舒适的小环境，使消费者不再受自然条件的困扰，随时享受舒适的消费过程。同时商业街区的空间扩展了，在一定程度上满足了对体量的要求（任保平，2010）。商业街是商业与旅游业的最佳结合点，为城市经济发展带来了无限商机。

## 四、提升区域品牌价值

商业街的发展与市民的日常生活、商业文化传统、流行时尚、休闲娱乐、旅游产业等密切相关，发展商业街是促进经济发展、满足消费者多样化需求、完善城市功能的重要举措。同时，商业和旅游业的繁荣，必将吸引大量的人流、物流和资金流，从而形成一个城市的商业中心和文化中心。建设特色街区、发展街区经济，不仅提高了街区本身的品位和人气，同时也带动了周边地段的环境改善、地价升值和商业铺面增值，强化了城市中心的价值和凝聚力，在有限的空间内实现了更多的收益。

随着城市经济的发展和人民生活水平的不断提高，商业街得到了长足的发展，它们是城市建设的精华和城市发展的缩影，是城市的名片，具有独特性和不可复制性，其旅游资源、文化资源、商业资源不仅吸引了游客，也吸引了外来商业资本，极大地提升了城市品牌价值。

# 第五章　街区经济的系统分析

前面几章主要完成了对街区经济、商业街等概念的辨析、界定、分类，扼要归纳了全书研究涉及的理论及方法，全面考察了古今中外商业街区的发展历程，并在此基础上分析了街区经济的特征、发展条件和效应效益。从本章开始，将从系统研究的角度，对街区经济的结构动力、各主要子系统进行深入剖析。本章侧重对街区经济这一动态发展的开放系统进行解析，重点研究其环境目标、要素结构、驱动力组成、建模框架，以及运行与发展等内容。

## 第一节　街区经济的系统界定

街区经济作为城市经济存在和发展的一种经济形态，本质上是由各类经济主体及其相关行为活动等共同构成的一类集合，是一种具有众多组成要素和特定动力机制的动态、开放系统，具有系统科学意义上的全部内涵。本节结合街区经济的概念，对其系统内涵进行初步解析。

街区经济系统，以城市经济作为存在及发展的环境，以持续产生经济和社会效益作为发展目标，城区（特定条件下也包括郊区，如大城市周边、高速公路旁的商业综合体）是系统运动及变化的基本空间范围，商业街是系统存在和发展的基本单元，系统要素包括商业街、商家、市场、政府等，系统动力机制主要是市场自组织与政府他组织的结合，系统特征包括规模、特色、影响力等（图 5-1）。

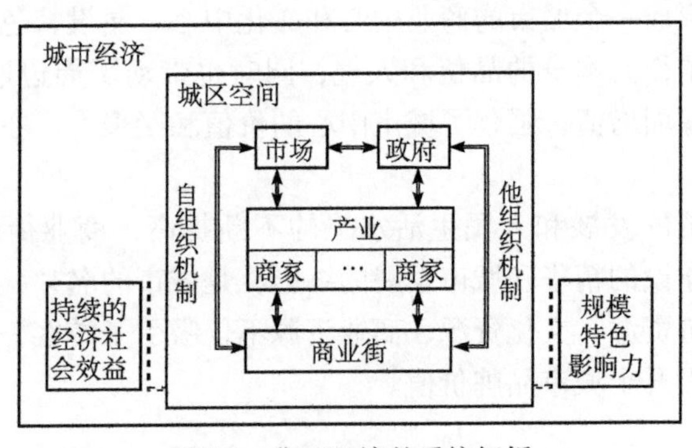


图 5-1　街区经济的系统解析

相应地，图5-2给出了街区经济系统基本单元——商业街的发展阶段图示，其中，$T_1$、$T_2$、$T_3$、$T_4$分别表示商业街发展演化时间轴向上的重要节点，$S_1$、$S_2$、$S_3$、$S_4$分别表示商业街发展演化空间形态上的等级序列。根据不同的历史、区位及资源条件等，商业街、商业街区、商业街群都可能成为街区经济发展的自然起点，并往高一级的空间形态继续演进。当从无到有来规划、建设、发展街区经济时，一般应遵循商业街、商业街区、商业街群、商业圈的演进时序。

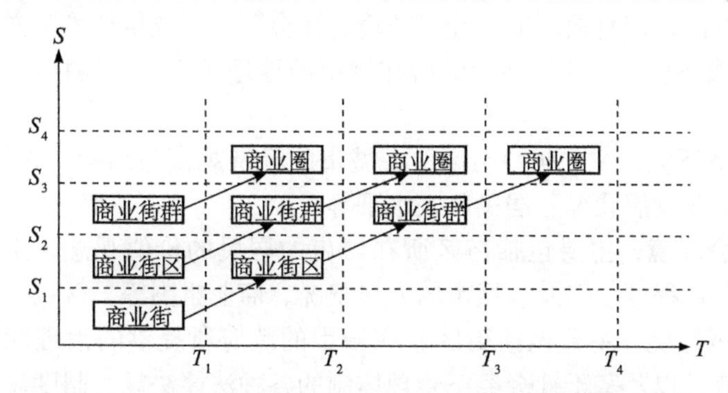


图5-2 街区经济系统基本单元（商业街）发展阶段示意图

## 第二节 街区经济系统的环境与目标

### 一、系统环境

#### （一）催生街区经济的主要原因

改革开放以来，中国城市化进程快速推进。2011年年底，中国城镇人口占总人口的比重首次超过50%（汝信等，2012）。城市人口的不断增加、城市整体生活水平的不断提升，需要相适应的商业设施及配套服务，集中满足居民日常生活的消费需求。各种类型和形态的商业街，是承担城市商业服务功能及居民日常消费需求的主要载体，这是在城市中发展街区经济的基本依据。

另外，在城市经济发展过程中，中心城区往往由于行政区域面积狭小、越来越受到土地资源等因素的限制约束、居住人口过多、原有产业结构与城区功能不相适应等不利因素，急需在经济发展上寻求突破，实现转型。发达国家和国内发达地区的已有实践表明，合理建设从特色商业街到大型商业综合体等不同层次的载体，大力发展街区经济，是中心城区践行科学发展、实现经济转型的有效途径。

因此，催生街区经济出现和发展的主要因素就是城市商业功能要求、城市居民消费需求、城区发展空间受限及城区产业结构调整等。

**（二）街区经济系统的环境**

任何系统都存在于一定的环境当中，其存在和发展都必须适应客观环境（王众托，2006）。街区经济系统的出现也是适应环境的结果。结合对街区经济的系统解读，以及上述街区经济出现的原因分析，笔者认为，街区经济系统的环境主要涉及五个方面，即自然环境、经济环境、社会环境、政策环境及文化环境。

（1）自然环境，主要包括街区所在城市的地理条件、气候特征、区域区位、资源禀赋等。

（2）经济环境，主要包括街区所在城市的经济规模与结构、人均生产总值、主导产业、企业发展状况、居民收入水平等。

（3）社会环境，主要包括街区所在城市的居民的价值观念、生活方式、消费习惯、受教育程度，以及该城市的人口状况、商业氛围等。

（4）政策环境，主要包括街区所在城市的政府所提供的治理能力、法制水平、服务绩效，以及基于社会经济管理体制的各种法律法规、制度规范等。

（5）文化环境，主要包括街区所在城市的历史文脉、文化传统、历史文化遗存，以及可为城市所应用的科学技术、信息渠道、管理手段等。

## 二、系统目标

任何系统都具有一定的功能，而社会经济系统也具有一定的目的性。“系统的功能和目的，都是指系统整体的功能和目的，即原来各组成部分不具备或不完全具备、只是在系统形成后才具备的，也称系统的整体属性。”（王众托，2006）

街区经济系统存在和发展的目标，即持续产生经济和社会效益、推动区域发展。具体而言，包括以下五个方面。

（1）消费者作为市场需方主体，实现交换、享受服务等经济利益。

（2）投资商、开发商、运营商、经营户等市场供方主体，实现销售利润、投资管理回报及成长发展等经济社会利益。

（3）各类中介机构通过其专门服务，实现相应的经济和社会利益。

（4）政府实现经济增长、产业发展、就业增加、人民生活水平提高、城市形象提升等经济和政治利益。

（5）城市实现经济、社会、文化共同持续发展的整体利益。

# 第三节 街区经济系统的要素与结构

本节以街区经济系统解析为基础，结合街区经济整体发展，特别是以商业街的建设、管理等重要实践问题为导向，对街区经济系统的要素、结构（要素间关系）进行分析。

## 一、系统要素

街区经济系统要素，主要包括市场供方、市场需方、政府、中介组织、商业街，以及商品、资金与信息。

### 1. 市场供方

市场供方包括参与商业街整体（或单个商业项目）开发建设的投资商、开发商，负责项目运营管理的运营商，承担商铺日常经营管理的经营户，以及受雇于投资商、开发商、运营商和经营户的雇员群体。

（1）投资商，指向某个项目进行投资的商家或商人，投资的方式包括无形资产、资金及其他资源投入等。在街区经济系统中，投资商主要通过对特定商业项目进行投资，来获得预期的项目物业投资回报。

（2）开发商，指项目开发的责任主体，可分为房地产开发商、软件开发商、游戏开发商等，具体到街区经济系统，主要指从事商业地产开发的开发商。开发商依靠对开发项目所拥有的资源、资本投入量（通常是土地使用权、开发资金等）及经政府依法审批获取的项目开发许可权限，结合对项目的策划定位、商业规划和物业管理，通过对开发项目的物业进行出售、租赁或协议运营，获得预期的投资回报。

（3）运营商，指在项目确定投资主体后，经过法律许可，专门从事相关的市场判断、商业策划、项目包装、招商、管理及营销等活动的商家，常见的运营商包括电信运营商、网络运营商、游戏运营商、城市运营商等。在街区经济系统中，运营商以购买、承租或协议运营等方式获得项目物业使用权利，凭借自身的品牌影响力，获得管理或运营收益。

（4）经营户，主要通过与消费者之间成功的商品及服务交易，获得商品价差、服务价值等收入。

### 2. 市场需方

市场需方，即消费者，指进入商业街并有购物消费意愿和行为的顾客群体，可分为当地消费者、辐射范围及区域消费者、定向消费者和游客消费者四类。

（1）当地消费者，主要指经常光顾某街区并在其中购物消费的人群，包括在该街区内及周边居住的消费人群，也包括居住在该街区邻近地域但经常到该街区来购物的群体，他们是支撑该街区商业发展的主要力量。

（2）辐射范围及区域消费者，指在某街区邻近地域居住，但愿意付出一定交通、时间成本，到该街区购物的人群，尽管他们来此消费的频度比当地消费者要低，但仍然是支撑该街区商业发展的重要力量。

（3）定向消费者，指有在某个城市特定的商业街区进行定期性、倾向性消费的消费群体，他们也构成该街区商业发展的重要力量。

（4）游客消费者，指那些由于国际或城际旅游因素，偶尔前来某街区消费购物的人群，尽管他们的消费频度很低，但由于单次购物的金额一般较大，所以仍然是该街区商业发展的重要补充力量。

### 3. 政府

政府是街区经济发展所需的重要资源和要素，既是土地、规划、政策等的提供者，也是街区基础设施的主要投资者，在街区商业开发项目中往往发挥主导作用，能够对市场的自组织机制进行干预和补充。政府的组成包括与街区建设和管理相关的全部职能部门和专门管理机构，其在建设和管理各环节的作用突出表现为制定相关规划、经营政策、法律规章、管理制度，资金投入、行政执法，以及建立并优化街区管理运行机制，对相关社会矛盾进行调适等。

### 4. 中介组织

街区经济的健康发展，除了需要市场供需方及政府作为基本的参与主体外，还需要大量的中介组织参与其中。中介组织具有社会服务、沟通、公证、监督、市场调节等功能，既包括会计师事务所、审计师事务所、律师事务所、房地产评估机构、市场调查机构、管理咨询机构、专业代理商等营利性中介组织，也包括行业协会、商会等非营利性中介组织。特别是在整个街区或单个商业项目的开发建设过程中，融资是必需的环节，因此以银行、信托公司等为代表的金融机构，也是街区经济系统中不可缺少的一类营利性中介组织。

### 5. 商业街

商业街是街区经济活动得以开展的物理载体和活动空间，这里侧重对其物理意义上的分析，主要包括商业街配套设施、商场和商铺。

（1）商业街配套设施，包括通行街道与路面铺砖，沿街商业建筑及辅助设施（停车场、室外咖啡座、售货亭，电话亭、无线互联网等），座椅、雕塑、小品、垃圾箱等城市设施，以及绿化带和水景景观等。

（2）商场，指在商业街两侧或周边布局的规模较大的综合性经营场所，一般为多层商业建筑，每层设置不同的购物主题，且多分隔成若干独立经营的铺面。

(3) 商铺，既包括商场中独立的经营铺面，也包括商业街两侧独立经营的小店铺。

6. 商品、资金与信息

商品、资金与信息是贯穿整个街区经济运行、实现各主体及相互间行为功能的主要载体。

## 二、系统结构

结合对街区经济系统要素的全面分析和对街区经济的系统解析，图5-3给出了街区经济系统结构（系统要素间关系）的示意图。

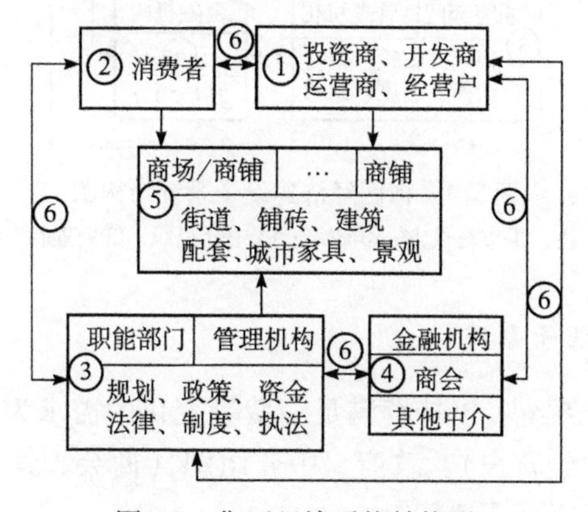


图5-3 街区经济系统结构图

注：①市场供方；②市场需方；③政府；④中介组织；⑤商业街；⑥商品、资金、信息。

下面以商业街的建设、管理等街区经济发展的主要实践活动为线索及区分依据，对街区经济系统的建设子系统、管理子系统及融资子系统进行扼要分析。

1. 街区经济建设子系统

街区经济建设子系统的存在和发展，是以消费者（市场需方）为前提的，由市场供方（投资商、开发商）、政府、中介组织（金融机构、其他中介）、商业街等街区经济系统要素组成（图5-4）。

商业街的出现是因为在客观上存在着消费需求，市场供方首先捕捉到这种需求和商机，因而实现了供需匹配，这就是市场先知先觉、自发自组织的力量。商家的聚集，引发了市场秩序问题。在不同社会条件下，政府或行业协会成为市场秩序的维护者和监督者，干预的力量开始出现。在现代意义上，这种力量可视为一种公权力和公信力，因此和政府有直接或间接的联系，政府的角色由此凸显。

对商业街的出现、街区经济的建设，市场力量居于首位，政府的基本作用在于调控、监督、引导，行业协会（商会）也发挥着协调和中介作用。随着工业化、城市化的推进，城市规划在城市发展中的地位和作用日益显著，政府也相应获得了更多干预经济及其空间发展的权力。此时，政府对物理意义上的商业街的干预逐渐增多，包括街道状况、建筑形态、配套设施、综合景观等。

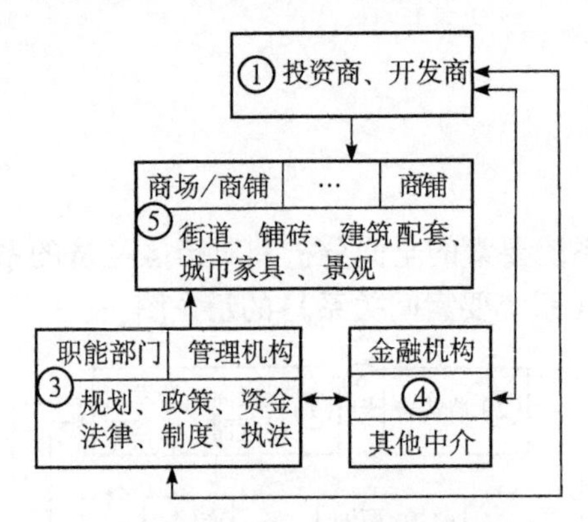


图 5-4 街区经济建设子系统结构图

注：①市场供方；③政府；④中介组织；⑤商业街。

2. 街区经济管理子系统

街区经济管理子系统，以持续满足消费者变化的需求为目的，由市场需方、市场供方（运营商、经营户）、政府、中介组织（商会、其他中介）、商业街等街区经济系统要素组成（图 5-5）。

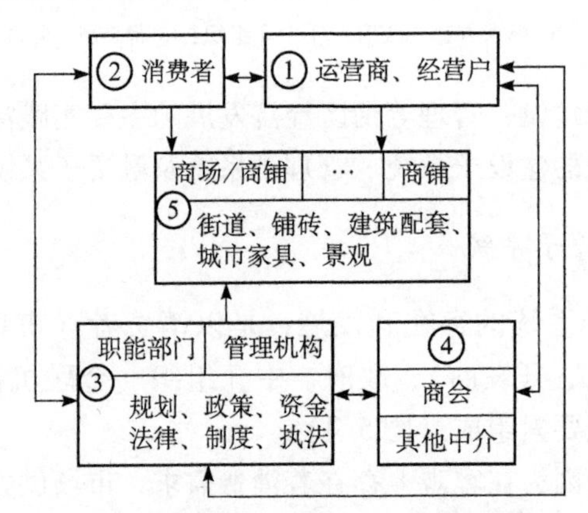


图 5-5 街区经济管理子系统结构图示

注：①市场供方；②市场需方；③政府；④中介组织；⑤商业街。

在街区经济发展过程中，出现市场秩序管理问题后，政府、行业协会逐渐成为管理主体。伴随工业化、城市化的不断推进，政府在街区经济管理中的地位日益重要，直至成为街区经济管理的主导者。在商场、商铺的具体经营管理上，一般由运营商、经营户等市场力量作为主导；在商业街层面的中观管理上，商会等中介组织则发挥着重要作用。

3. 街区经济融资子系统

融资是政府、市场供方在街区经济发展中都无法回避的重要问题。街区经济融资子系统由市场供方、政府、中介组织（金融机构、其他中介）、商业街等街区经济系统要素组成（图5-6）。

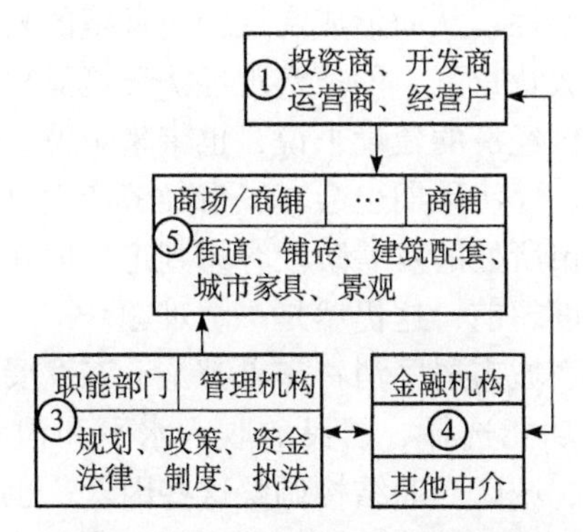


图5-6 街区经济融资子系统结构

注：①市场供方；③政府；④中介组织；⑤商业街。

在街区经济的建设、管理中，融资问题的重要性日益显现。无论是政府对商业街周边环境、基础及配套设施等的整治提升，还是市场供方主体对具体商业项目的开发建设、对商场商铺的运营经营，都需要一定数量的融资作为对自身投资的必要补充。此时，以金融机构、房地产评估机构等为代表的中介组织必不可少。

# 第四节 街区经济系统的复杂性

## 一、认知复杂性

研究发现，对什么是街区经济、什么是商业街等重大而基础的问题，学术界和业界都还存在着差异。比如，在业界，作为国内贸易行业标准的《商业街管理技术规范》对商业街的界定，在学理上仍不尽完善；即将出台的《商业街分类指导规范》，其讨论稿所提出的商业街分类，也存在着划分标准过多且不自洽、划分子类过于简单等缺陷。

学术界对街区经济、商业街的研究讨论更加多元宽泛，难以找到一套相对权威和得到公认的概念及研究体系，这也是本书立足系统工程方法，结合理论研究与实践探索，提出较为完整的街区经济概念及研究体系的原因所在。

## 二、环境复杂性

街区经济系统的环境要素众多，涉及自然、经济、社会、政策、文化等方面，其要素数量达30个左右，其中的一些要素，如区域区位、经济规模与结构、生活方式、消费习惯、治理能力、制度规范、历史文脉、科学技术等，无不呈现出各自学理向度上的复杂性，从而形成街区经济环境的复杂性。

在目前全球经济的大背景下，国家宏观经济环境显得更加多变和不确定。这样的经济大环境对于街区经济的建设来说，也带来定位、规模、业态、项目融资等方面的很多不确定性。经济周期也会对城市经济产生直接影响，进而影响到街区经济。比较而言，城市所处的发展阶段容易判定，但在街区经济整体建设上如何做到既立足当前又适度超前，这仍然是一个难题。

城市商业功能要求、城市居民消费需求都是动态发展的，而且受到整个城市的功能布局、各区域的功能选择、居民的收入水平和消费偏好等因素的多重影响。城区发展空间受限、城区产业结构调整这些因素，也会对街区经济发展的决策力度、建设规模、路径选择和发展模式等产生直接影响。

## 三、结构复杂性

街区经济系统涉及的六类要素，包括了不同层级、数量众多的行为主体，以及硬件、商品资金信息等要素，其在街区经济建设和发展过程中，又处在不同的地位或起到不同作用。对这些要素的全盘把握和融会贯通，必须要在时间、空间、主体、客体、层级、秩序等多重维度的审视下，才可能完成。

商业街的发展阶段包括了普通商业街、商业街区、商业街群和商业圈。尽管这四个阶段形成了一环套一环的关系，即商业街区包含商业街，商业街群包含商业街区，商业圈又包含商业街群，但应该指出，这四个阶段在时间维度上不是截然分立的，更不意味着发展街区经济，只能先从商业街做起。恰恰相反，街区经济的实际发展，要因时因地制宜，明确对象区域的发展基础和条件，从而正确选择切入街区经济的具体阶段及形态。

## 四、建设管理复杂性

在街区经济发展过程中，最为复杂的问题就是建设和管理问题。在建设阶段，交通规划、空间维度设计、建筑风格、定位及店铺组合、特色营造、景观设计、商业街管理制度等实际问题（汪旭晖，2006），给政府、投资商、开发商、运营商等行为主体带来巨大压力，在做出各种决策时要考虑的因素关系和过程非常复杂。

在管理阶段，如何协调“繁荣”与“市容”这对矛盾，是一个公认的难题，因为它涉及众多政府职能部门的权力与利益配置。其他如规划管理与项目引进、“客流”变“客留”、街区管理规范、相关数据统计、街区特色保持、商会作用发挥等，都在考验政府部门、市场主体及商会等组织的管理智慧。

综合起来，街区经济系统的确是一类复杂的社会经济系统，在对其的认知、系统环境、系统结构，特别是系统的建设管理方面，都存在着不同程度的复杂性。这些复杂性相互耦合，共同构成了街区经济系统的特殊复杂性，即认知多观点、环境多变量、要素多层级、阶段多关联、建设多主体、管理多部门。

## 第五节 街区经济系统的驱动力

区域经济发展动力的典型观点，可以归纳为“三因说”、“四因说”、“五因说”和“六因说”。“三因说”，是指一个区域的经济发展动力，主要取决于产业竞争力（产业集群的活力）、企业竞争力（市场占有率、产品销售率、销售利税率、综合要素生产率）和吸引外部资金的环境力（包括区位、资源等硬环境，文化、制度等软环境）（施祖麟，2011）。“四因说”认为区域经济发展的动力由四部分构成，即自组织结构动力、技术创新动力、制度创新动力和文化动力（谷国锋，2005）。“五因说”是在总结现代经济增长理论的基础上提出来的，认为资本、劳动力、技术进步、结构变动和制度创新等是影响经济增长的重要因素和源泉（夏沁芳和冯艳，2010）。“六因说”则认为投入推动、需求拉动、产业结构调整、科技进步、制度改革和管理创新是经济增长的主要动力（王艳明，2010）。

对上述各种观点进行综合归纳，可以说，区域经济发展动力主要包括了自然力、经济力、社会力、政策力和文化力五个方面，这是进行街区经济驱动力分析的重要基础。在此给出街区经济系统的驱动力系统模型（图5-7），并在下文对其五部分组成予以阐述。需要说明的是，这里的驱动力系统，既不从属于也不完全独立于街区经济系统，而是在要素的层面与街区经济系统有部分交叉，同时这两个系统所处的大环境基本一致。

### 一、自然催生力

街区经济系统的自然催生力，主要来自于系统所在城市的气候特征、资源条

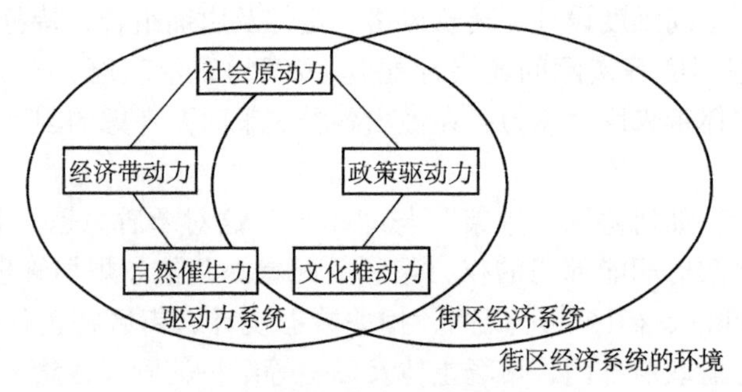


图 5-7 街区经济系统的驱动力系统

件及系统所处的区位等。例如，加拿大蒙特利尔地下城的出现，主要就是由于该城市每年都有 4 ~5 个月的冬季，这种气候特征促成人们建设地下城，并在其中常年开展商业和社会文化活动。

而街区经济系统所处的地理空间区位，则是最为重要的推动系统发展的自然力。无论美国纽约的第五大道、英国伦敦的牛津街、法国巴黎的香榭丽舍大街，还是日本东京的银座、韩国首尔的明洞大街，抑或是北京的王府井、上海的南京路、西安的钟楼商圈，所有这些著名的商业街区，无不是凭借自身所处的优越城市区位，吸引了当地和其他地方的消费者源源而至，使得整个街区人流不息、商气兴旺。从以上分析可以看出，气候、资源、区位等自然条件，共同构成了街区经济系统的自然催生力。

## 二、经济带动力

街区经济系统的经济带动力，主要来自于系统所处城区、城市的整体经济发展，也就是说，城市经济的不断发展与演进，带动着城区经济的持续转型与升级，正是在城区经济要素与结构的变化中，催生并带动了街区经济的出现与发展。

从近代工业化以来的城市化进程来看，工业化是城市兴起和发展的基本动力，此后伴随工业化的不断深入，城市一般都会经历城市规模增长与扩张、郊区化与空心化（逆城市化）、城市复兴（再城市化）等发展阶段。相应地，以商业为代表的第三产业在城市经济中的地位日益重要，直至成为整个城市特别是中心城区的支柱产业。正是在工业和第三产业渐次发展、各自演进、逐步更替的大背景下，才能更好地理解街区经济系统的经济带动力的内涵。

需要发展街区经济的城区，大体上可以分为两种情况：一种是传统上就是以商贸服务业为主，现在主要面临街区面貌改善、商业业态调整等问题；一种是既有工业也有商贸服务业，现在面临着退二进三、转型发展等问题。无论哪种情形，都是城区经济优化发展的内在要求，成为该区域街区经济发展的直接动力。

## 三、社会原动力

街区经济系统的社会原动力，主要指系统所处城区、城市的居民在整体上所表现出来的购买意愿与购买力。工业化、城市化是全球经济发展的必然，在这个过程中，社会分工与专业化程度越来越高，城市居民只能通过购买的方式来获得生活必需品、日常消费品，以及其他商品和相关服务。正是在这个意义上，把城市居民的购买力作为街区经济系统的社会原动力。

不同国家、不同地区的城市居民存在着不同的生活方式、消费习惯，这些因素也构成了街区经济系统的社会原动力。例如，美国被称为“车轮上的国家”，人们一般都要通过个人奋斗得到自己的车子、房子，在这个过程中，实际上有很多的超前消费，如房贷的按揭；在日常消费中，使用信用卡支付的人群比例也很高，这些都在一定程度上对美国城市中街区经济的发展起着较大的促进作用。又如，在中国，城镇居民的储蓄率一直以来都保持较高水平，表明人们对待消费的态度较为谨慎。尽管富裕人群的规模也在增长，但从整体而言，占据人口数量绝对优势的还是普通居民，他们的消费意愿、购买能力在很大程度上决定着街区经济的发展。

## 四、政策驱动力

街区经济系统的政策驱动力，主要指系统所在城区、城市的政府等相关部门，通过法律、法规、政策、制度规范、管理服务等手段和途径，对街区经济发展起着引导和调控作用。这在中国城市街区经济的发展中表现得尤为突出。

例如，为了促进当地街区经济的健康、有序和快速发展，不少城市政府都制定了相关的管理办法，包括《杭州市商业特色街区管理暂行办法》《天津市特色商业街区管理办法》《青岛市特色商业街命名管理办法》《大连市特色商业街建设专项资金管理暂行办法》等。由城区政府出台的相关管理办法更为多见，其中有代表性的如青岛市市北区先后出台的《中共市北区委、市北区人民政府关于进一步明确责任完善体制加强特色街管理的意见》《市北区特色街管理绩效考核办法》等。

此外，中国相当多的商业街区都成立了专门的管理机构，如北京市王府井地区建设管理办公室、青岛市市北区特色街管理委员会办公室、西安市西大街综合管理委员会办公室等。这些管理机构的主要职责，就是对街区的发展规划、管理计划、环境整治、行政执法、社会秩序管理、经营手续办理、经营业态调整等多项工作进行统筹和协调，从而有力地促进相应街区的建设和发展。

## 五、文化推动力

街区经济系统的文化推动力，主要指系统所在区域的历史文化积淀和遗存，以及可为系统所应用的科学技术、管理手段等，对系统整体起着推动和提升作用。

区域历史文化积淀和遗存的挖掘、弘扬及传承，对街区经济发展的推动作用最为直接。例如，青岛市市北区啤酒街的所在地登州路，就是青岛啤酒的诞生地，当地政府依托这一宝贵的商业品牌与文化资源，做出了打造名街的科学决策，从而在短时间内，使青岛啤酒街誉满全国。又如，成都市的宽窄巷子，在没有实施保护性开发之前，仅作为成都市三大历史文化保护区之一而存在，在实施了改造工程之后，宽窄巷子成为兼具艺术与文化底蕴的建筑群落，成为成都市又一特色商业街区和新的城市名片。

先进科学技术的应用、管理方法的不断创新，也可以积极助推街区经济的发展。例如，位于北京市朝阳区的世贸天阶，它的上空设置了亚洲首座、全球第二大规模的电子梦幻天幕，该天幕长250米、宽30米，总耗资2.5亿元，由好莱坞舞台大师Jeremy Railton担纲设计。世贸天阶的天幕动用了全球最先进的技术，为整条商业街带来了梦幻色彩和时尚品位的声光组合，而一句“全北京向上看”，更让世贸天阶成为北京市民和各地游客的必到之地。

又如，“第五大道奢侈品折扣网”（www.5Lux.com），通过整合全球供应资源，正在向数以百万计的中国都市白领提供100余个顶级和一线品牌的折扣商品，且常年折扣在20%～80%。该网站的商品以女士箱包和服饰鞋帽为主，同时涉及化妆品、饰品、手表及男性时尚服饰等，目前已经成为中国最大的全球知名品牌在线折扣销售中心。尽管“第五大道奢侈品折扣网”已不再是传统意义上的商业街区形态，但其新颖的经营理念与销售手段或可成为实体商业街区进一步创新发展的有益借鉴。

# 第六节　街区经济系统的模型分析

复杂经济社会系统的建模，一般采取两种技术路线，即“自上而下”和“自下而上”的方法。前者主要从宏观层面选取系统变量，借助动力学分析、统计分析、多目标规划等数学建模工具，研究、解决系统整体的属性、特征及演化规律等问题；后者主要立足系统微观层面的主体对象，采取基于多主体建模的研究思路，借助计算机仿真及相应的技术方法，分析、探索主体行为及主体间交互对系统的发生、演进、变化等的定性或定量影响，为认知、干预系统提供优化方案。这两种方法也可以结合使用，但在具体应用时，通常更侧重“自下而上”

的技术路线，而把“自上而下”的部分作为约束条件来看待。

具体到街区经济系统的建模，也可以从“自上而下”和“自下而上”两个方面来考虑。结合对街区经济系统的前述分析，在此主要选取“自下而上”的技术路线完成对街区经济系统的初步建模分析。

## 一、多主体系统建模方法

多主体系统（multi-agent system，MAS）建模方法，源于和基于主体建模（agent-based modeling，ABM）方法，是“自下而上”复杂系统建模中较为新颖的方法之一。由于街区经济系统以城市经济及社会作为其发展环境，城区是系统运动及变化所依托的空间载体（具体表现为商业街及其周边的地理空间），消费者、商家、政府、中介组织，以及商品、资金、信息等是构成系统的几类主体及主体间的联系介质，所以街区经济系统的 MAS 建模是一类典型的基于 MAS 的城市系统仿真建模，也遵循该类建模的一般特征（蔡琳，2007）。

（1）MAS 模型，包括元胞模型（cellular models，CM）和 ABM 模型两部分。其中，CM 代表系统的地理空间方面，ABM 代表系统中的各类主体及其行为部分；CM 是主体环境的一部分，同时主体作用于环境。通过这种方式，主体之间、主体和环境之间的相互作用就可以被模拟。

（2）在基于 MAS 模型的城市系统仿真建模中，CM 关注城市空间（土地、街区等）及其变化，ABM 关注系统主体的行为，核心思想是协同特性可通过考察系统次级要素间的关系被理解。在 ABM 中，主体通过交流与互动共享空间环境并做出相关决策。MAS 是多个异质的、自治的、交互的主体共同作用下的系统，其目标是探讨相互独立的过程如何被协调。

（3）城市系统复杂性以大量微观主体的非线性相互作用为特征，产生出不可逆转的、非连续的时空动力学行为。同时，应重视宏观变化对微观主体的反馈和约束，这是促进主体自身适应性调整的重要因素。MAS 模型更多关注城市地理空间系统中各主体的交互作用，以及各主体与环境间的交互与反馈，从而更真实地模拟受多种主体控制的空间复杂系统，更能体现复杂适应系统的基本思想，即“适应性造就复杂性”。

MAS 模型吸收了 CM 、ABM 在复杂城市系统建模中的不同优势，适合表达社会经济、地理空间的复杂性及其相互作用，因此可采用 MAS 模型对街区经济系统进行建模。

## 二、街区经济系统的 MAS 框架模型

建立街区经济系统的 MAS 模型，应主要考察系统空间环境（商业街）及其

周边地理空间，以及系统中的各类主体（居民、商家、政府、中介组织）及其交互行为，可分别简称为街区经济系统的空间系统部分、经济系统部分。考虑到系统建模的针对性，这里仅给出一般意义上的街区经济系统的MAS框架模型（图5-8），该框架模型主要分为空间系统和经济系统两部分。

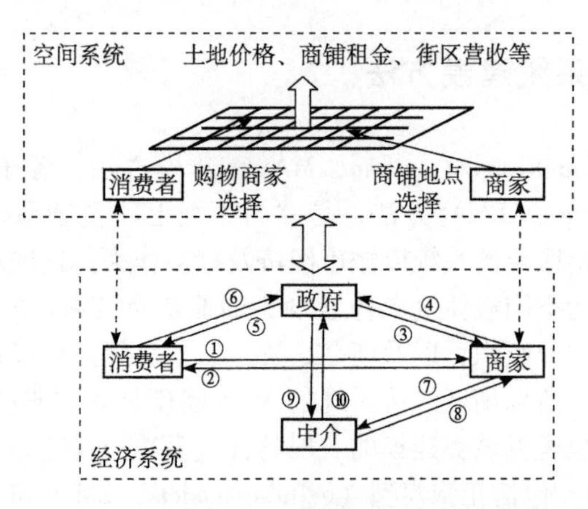


图5-8 街区经济系统的MAS框架模型

注：①消费者依据自身购买力和消费习惯，选择商家并购买商品和服务；②商家依据自身定位和消费者群体状况，提供对应的商品及服务；③政府通过对商业街的规划、管理等，引导商家的投资、聚集和发展；④商家依据政府规划、结合盈利预期，介入商业街的开发建设运营；⑤政府通过制度设计，引导消费者参与商业街管理；⑥消费者向政府反馈相关的管理建议；⑦商家向金融机构等中介要求融资等专门服务；⑧金融机构等中介向商家提供融资等专门服务；⑨政府在商业街的建设、管理等阶段向中介要求专门服务；⑩中介向政府提供各种专门服务。

空间系统是一个围绕商业街而展开的二维平面，经济系统主要包括消费者、商家、政府、中介组织等行为主体。空间系统通过相关主体的建设管理、买卖交易等经济活动与经济系统相关联；经济系统则通过消费者购物时对商家的选择、商家的商铺地点选择、政府对商业街的规划管理等空间活动与空间系统相关联。此外，经济系统内部还存在着商品流、资金流、信息流等的交互。

# 第七节 街区经济系统的运行与发展

## 一、系统运行机理与特点

### （一）街区经济系统的内在运行机理

日本学者石原武政提出的买卖集中原理，深刻分析了商业街区形成及运作的内在规律，也是理解街区经济系统运行机理的重要理论依据（施晓峰，2008）。

从商业的内部性来看，若干店铺集中在一个区域内，是因为买卖集中的市场作用范围受一定条件的限制：从供给的角度来看，消费者的移动空间和商品经营的种类不能无限扩大；从需求的角度来看，消费者希望各种想买的商品尽可能集中，以实现“相关购买”和“一站式购物”。因此，为了解决消费者所需要的商品种类大于供给能力的矛盾，商家在空间上集中，通过彼此间的依存和竞争，从而在保持各自经营水平的同时尽可能扩大相关购买品的范围。

但这种依存关系存在五个不可避免的制约因素：经营理念的问题，商业集聚中的成员，其行为标准往往不是利润最大化，而是寻求自我满足，导致潜在市场机会难以开发；经营者的‘搭便车’行为，被商业集聚整体的备货优势吸引而至的消费者，可能会光顾集聚内的任何一个店铺，导致一些自身魅力不足甚至对集聚具有负面影响的店铺也可以获得机会；店铺数量的制约，由于商业集聚的规模大体是确定的，因此如果不能有效地及时淘汰‘坐享其成’的商家，就很难获得外部的新鲜血液；集聚内部的竞争压力问题；储备货物难以改换。

因此，集聚内店铺间依存和竞争的关系并不总能正常运作，此时需要通过商业的外部性来维持商业街区整体的魅力。商业集聚的外部性首先体现在以下两个方面：当附近存在其他商业集聚时，就和这个集聚本身产生了依存和竞争的关系，此时，这个商业集聚不需要满足消费者所有的购买需求，而应该明确自己在整个商业区中的定位；在集聚的边界不能确定的情况下，当需求扩大时，商业集聚中心区的店铺密度会增加，外延区也会因为新店的加入而可能使商业集聚扩大。除此以外，商业发展的各阶段都具备内部性和外部性，具备不同层面（如店铺层面、集聚层面等）上的依存和竞争关系，这是商业作为一个整体，通过健全的机能可以弹性适应环境变化、动态承担买卖集中的表现。

### （二）街区经济系统的整体运行特点

（1）市场主体先行，政府规范引导，中介组织协同配合。街区经济的发生、发展，都要依靠各类市场主体及其力量，满足、引导并创造消费需求，这是街区经济建设的原动力。街区经济的科学发展和有序管理，需要政府各职能部门积极引导，通过政策、制度等对各类主体的行为予以规范。在街区经济建设管理中，银行、商会等中介组织从项目融资、行业自律等方面对街区经济的可持续发展给予协同和配合。

(2) 街区规划先导，项目硬件承载，文化特色提升。城市经济发展中，规划是第一生产力，街区经济作为城市经济的重要组成部分，其规划水平与品质是街区经济能否成功运行的根本前提。各种商业项目和商业街的硬件建设，为发展街区经济提供了载体支撑和动力源泉，也是落实街区经济规划的必然要求。文化内涵与个性特色承载着街区经济建设者、管理者的发展理念和精神追求，使街区经济特定区域在激烈竞争中脱颖而出。

## 二、系统发展机理与关键

### （一）街区经济系统发展的一般机理

基于中国目前市场经济的实际情况，结合现有的商业街理论，街区经济发展的一般机理，可归纳为多元控价机理、创优发展机理和学习模仿机理（余永红，2009）。

(1) 多元控价机理。街区经济系统内，同一商品服务由几个经营者同时经营，这种商品服务的价格必然趋于相对稳定、相对低廉。多元控价机理的实质是商业经营者“贪婪、逐利”心理与“恐惧、求存”心理相互平衡的结果，这种机理是市场经济中商品定价的基础，也是广大消费者获利的前提。

(2) 创优发展机理。街区经济系统内的经营者无异于其他经营者，自利、追求利润最大化是他们的本性，但面对多元化的经营环境，要想实现自己的目标，就必须在商品服务的质量、价格和经营管理的效率、成本等方面进行创优，使自己处于竞争的优势地位，从而赢得消费者，占领市场，这是在公平、健全的市场环境下仅有的发展途径。

(3) 学习模仿机理。街区经济系统内，各经营者在空间上是近邻，他们共同面对消费者的选择，任何一个经营者好的创优举措都会对同行产生极大的触动，这种创优会很快被同行学习模仿，迅速普及，否则这些同行可能因失去消费者、失去市场而被淘汰；也是这种近邻关系，给学习模仿带来了便利条件，降低了学习模仿的成本，同时也提供了同行间组织经营协同的可能。

### （二）街区经济系统发展的关键因素

2001 年，作为国际最著名咨询公司之一的麦肯锡，在为上海市南京路的改造作整体定位策划时，通过对一批国际著名商业街区的考察分析，归纳提出了国际一流商业街区必须具备的六大关键要素，这些要素包括渊源的历史、独特的景观和商业模式，多重功能，不断更新的支柱商家，方便的基础设施，良好的环境，大力推动街区发展的管理组织（仲进，2002）。对上述要素重新归类后可以发现，本质上还是三类因素在影响街区经济的发展，即环境、功能、管理。“环境”对应前述渊源的历史（街区文化）、独特的景观、方便的基础设施和良好的环境，是吸引消费者前来购物的外在条件；“功能”对应多重功能、商业模式、不断更新的支柱商家，是吸引消费者前来购物的内部因素；“管理”对应大力推动街区发展的管理组织，是对街区外在环境与内部功能的支撑与维护。由此可归纳得出，街区经济发展的“环境、功能、管理”三要素，其核心仍在于街区对消费者的吸引力。从这个意义上可以说，街区经济发展的关键因素，就是商业街区的吸引力。

在商业街区的吸引力研究方面，日本学者中西正雄早在 1983 年就从万有引力的概念类推得到了商业设施“魅力度”的概念，认为商业店铺吸引力的决定要素包括零售设施选址的环境、设施自身特性，零售企业的营销活动，以及市场地域特性及其动态、个别消费者特征及其特定状况、周边设施特性等（施晓峰，2008）。表 5-1 给出了中西正雄提出的决定店铺吸引力的详细要素。

**表 5-1 商业店铺吸引力决定要素**

| 分类要素 | 详细要素 |
| --- | --- |
| 市场地域特性及其动态 | 消费者人口分布 |
| | 消费者购买力分布 |
| | 地域内产业构造 |
| | 地域内流通构造 |
| | 地域内零售设施的种类与分布 |
| | 交通体系的构造 |
| | 气象条件 |
| 个别消费者特性及其特定状况 | 人口统计的特性（性别、年龄、职业、教育程度等） |
| | 社会经济的特性（所得、家族构成、生命周期的阶段、生活方式、价值观等） |
| | 购物需求（商品的品质、款式、必要量等） |
| | 购物制约（预算、时间、在库、水平等） |
| | 购物知识（商品、店铺） |
| | 消费者印象（商业地域、特定企业、特定店铺） |
| 选址特性与周边设施特性 | 商业街特性（城市中心、近邻商业街、购物中心） |
| | 周边店铺的种类 |
| | 非商业设施的种类 |
| | 到达的可能性（轻轨站、巴士的站点、停车设施的有无等） |
| | 附近的交通状况、地形 |
| | 竞争设施特性（选址点、店铺特性、营销要素） |

续表

| 分类要素 | 详细要素 |
| --- | --- |
| 店铺特性及营销要素 | 卖场面积和布局 |
| | 内外装修 |
| | 宜人的设施（如空调、电梯、托儿设施等） |
| | 停车场 |
| | 备货（商品的品质、价格、款型等） |
| | 销售人员的质与量 |
| | 广告 |
| | 其他的促销设置（如展览会、折扣中心等） |

笔者提出的街区经济发展的“环境、功能、管理”三要素，具有一定的普适意义，其核心就是商业街区对广大消费者的吸引力。中西正雄所提出的店铺吸引力要素或可成为街区经济研究及发展实践的有益参考。

# 第六章　街区经济建设系统

街区经济建设是一个较为复杂的子系统，以商业街建设为核心内容，具有高度聚集性、共生性及创新性等特征，需要综合城市的社会、经济、文化等多方面的因素，并协调计划、规划、土地、建设管理各个阶段的工作。本章从系统科学的视角，对街区经济建设中的构成要素、建设流程及传统街区的有机更新改造等内容进行分析。

## 第一节　街区经济建设指导原则

商业街是街区经济建设的重要载体。随着商业街数量的不断增多，城市商业街同质化经营倾向日益明显，街区经济的发展面临较多问题。为避免此类问题的出现，街区经济在建设过程中需要把握以下四个原则。

### 一、以人为本

以人为本主要是指在街区经济建设中，从人的行为、心理、视觉出发，满足人们对城市环境和生活空间多方位、多层次的需要。功能上，在人行道的铺设过程中设计盲道，在街道两侧设置方便精巧的公用电话亭，布设美观舒适的休闲座椅，提供干净明亮的公共厕所、垃圾桶等，统一管理广告设施和标识系统，做到使用方便、造型美观、制作精良；视觉感官上，精心设计喷泉、雕塑、小品景观、照明、地面铺装、绿化等配套设施，使空间、建筑、景观的设置布局浑然一体，创造轻松舒适的购物休闲氛围，构建体现人文关怀的街区环境。

### 二、规划先行

科学规划是街区经济建设的基本依据。街区经济建设不能凭空想象，而是要进行总体考虑。要通过科学的规划设计指导街区的功能分布，作好商业街业态布局和特色定位，使得街区整体的发展定位、建筑风格及景观布局相协调，高标准、高质量地做好规划设计。

## 三、市场导向

市场是社会资源的主要配置者。在街区经济建设中应充分发挥市场在资源配置中的作用，实事求是地根据市场需求明确发展定位和选择经营方向，做好市场分析与市场定位，合理配置资源。以市场化的手段筹措和落实建设改造资金，以市场机制来引导企业行为，充分体现优胜劣汰的市场法则，使街区建设保持活力。

## 四、特色经营

街区经济只有具备高度的特色性，才能具有旺盛的生命力，因此特色街区是未来街区发展的一个主流方向。应充分挖掘街区特有的历史文化内涵，发挥其商业特色、产业特色、地方特色和文化特色等方面的优势，塑造街区经济独有的商业品牌。

# 第二节 街区经济建设系统分析

商业街建设是一个开放的、动态的过程。建设系统是街区经济系统中的一个重要子系统，其外部环境与街区经济系统相同。外部环境对整个建设过程不断影响，各主体通过发挥各自的职能作用，对街区客体的软、硬环境进行改变、调整，从而实现街区经济环境优化、经济活跃、形象提升等目标（图6-1）。

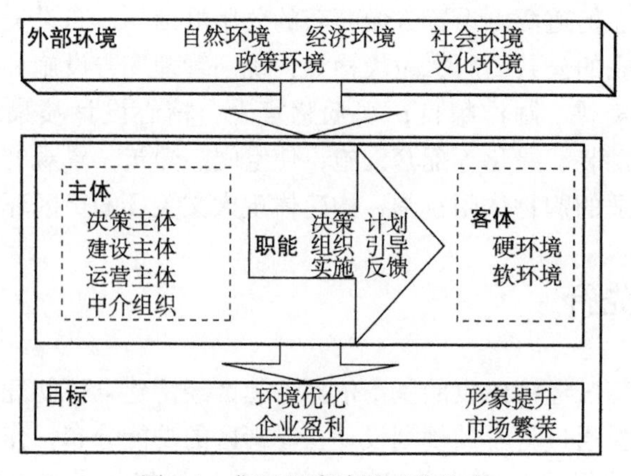


图6-1 街区经济建设系统构成

## 一、街区经济建设系统构成

（1）主体包括决策主体（政府）、建设主体（投资商、开发商，在建设阶段以开发商为主）、运营主体（运营商）、中介组织（在建设阶段以金融机构为主）等。

（2）客体（硬环境）包括商业街、商场、商铺及商业配套设施等。商业街是街区经济发展的主要载体。商场是商业街区的基本元素，是街区商业价值的重要体现。商场所处的位置、交通、视野和商场自身品质是影响其作用发挥的关键因素。商业街配套设施主要包括墙面、立面招牌、指示牌、灯光工程、地面铺装、街道小品、街区绿化等，是营造商业氛围的重要体现。

（3）客体（软环境）主要指功能、形象和档次的定位、招商策略、经营模式等。准确的定位是街区经济发展的航向标，应充分考虑周边实际区域优势、历史渊源、商圈状况、消费水平、市场发展趋势等综合因素。

制定科学的招商策略是实现商业街盈利的重要步骤，也是实现商业街理想业态组合的关键举措。在招商过程中，要对入驻商家的信誉、经营管理、商品质量、经营状况等内容进行全面考察，不能被动地接受客户购买商铺。

经营模式一般包括投资经营、委托经营、租赁经营和虚拟经营。投资经营是指商铺业主购买商铺后自己直接经营；委托经营是指商铺业主将商铺委托他人经管；租赁经营是指经营业主不购买商铺，以租赁的形式进行租赁经营；虚拟经营是指以商业街为总品牌商标，与若干个研发机构、生产厂家和经销商进行对接，开发、生产、销售相应的该商业街旗下的子产品（宣蔚，2007）。

## 二、主体要素分析

街区经济建设系统主体要素主要包括决策主体、建设主体、运营主体、中介组织等四大要素，其关系见图 6-2。

（1）决策主体。政府作为决策主体，主要负责街区经济建设的指导、规划、组织、协调和落实或监督等工作，包括土地、规划、建设、销售等环节的相关手续的办理，以及对建成后街区的监督管理等工作。

（2）建设主体。开发商是街区经济建设工作的主要实施主体，其目的是从商业街的开发建设中获取利润，将开发建设的商场、铺位租售给运营商或者自主运营。

（3）运营主体。运营商以购买、承租或协议运营等方式获得项目物业使用权利，通过市场判断、商业策划、招商、管理及营销等方式，获得管理或运营

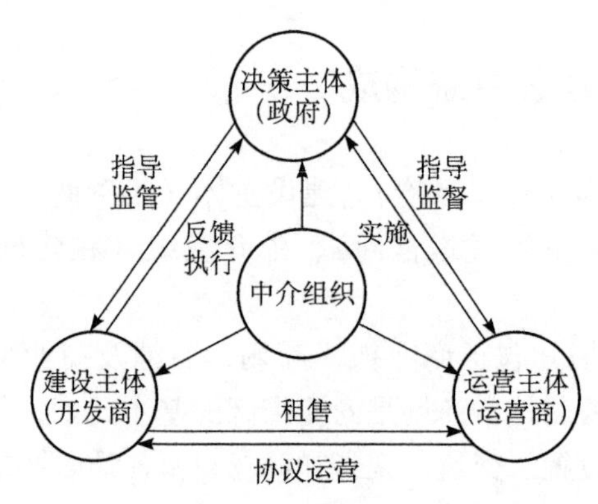


图 6-2　街区经济建设系统的主体要素

收益。

（4）中介组织。在建设过程中中介组织主要指金融机构，其作用是为商业街建设提供大量资金支持，是商业街建设的主要资金来源。

以上四个方面的主体要素都是街区经济建设中的主要利益相关者，街区管理者追求业绩最优，街区投资者和服务者追求回报最快，街区运营商追求利润最大，它们的需求是街区发展的内在动因。街区的硬件和软件建设都需要在严谨的利益相关者需求调查后进行权衡和选择。

## 三、客体要素分析

对街区经济建设系统的客体要素分析主要从以下几个方面入手：入驻街区的主力商场、空间设计、特色营造、运营管理、文化赋予、交通畅通等（图 6-3）。

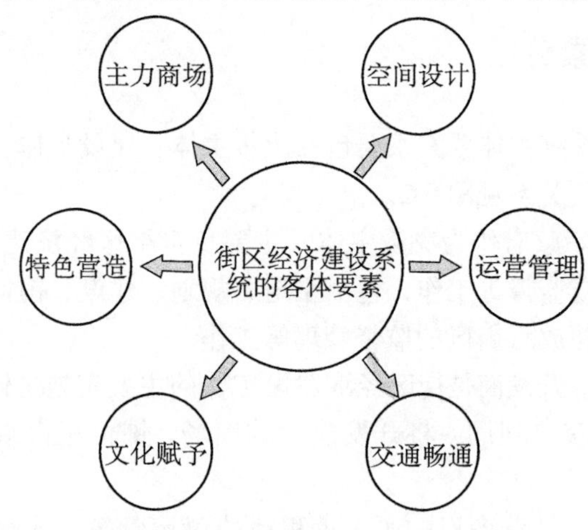


图 6-3　街区经济建设系统的客体要素

1. 主力商场

主力商场的入驻是商业街聚集品牌和人气的关键。主力商场不但具有巨大的吸引力、良好的集客效应，以及极强的品牌号召力和影响力，同时能够提升整条街区的商业价值，增强商户的投资信心，带动街区经济发展。可以说，主力店招商的成果、主力店引进品牌的质量和档次，直接决定开发商投资回报的实现及商业街后期的运营和管理。主力商场的招商工作是街区经济建设的重中之重。为保证街区经济效益的实现，应根据商业街的发展定位，充分考虑入驻主力商场的商家种类、规模、品牌实力和影响力等。

2. 空间设计

街区的空间组成是消费者进入商业街区的第一感受，合理的空间设计使人置身其中倍感轻松和愉快。一般来说，商业街并不是越长越好，应考虑购物者可以接受的步行距离。据研究分析，非步行商业街一般应以1000米左右为宜；步行商业街在室外自然环境中，购物者步行距离以400~500米较为合适；在室内全天候空调环境下，步行距离可达1500米。商业街的宽度，一些专家认为最适宜的为20~30米，过宽会过多消耗购物者体力，过窄又会使得街面显得拥挤；商业街的高度与宽度一般以1∶1的比例比较合适，如上海市的南京路、哈尔滨市的中央大街、沈阳市的中街等。如果商业街过宽，就不能以其作为判断高度的标准。从一般情况看，商业街两侧的建筑以2~3层为宜，最高不要超过4层（汪旭晖，2006）。

另外，在街区空间设计中要充分考虑如何聚集人气。例如，街道两边的店铺要能形成良好的互动；走廊、电梯等设计要人性化，能有效引导客流，使顾客驻留时间最大化。如果是两层或多层的商业街，除了要考虑水平方向的交通外，也要考虑垂直方向的联通，考虑店与店之间的衔接。

3. 特色营造

特色鲜明是成功商业街的共同特点，一般从两方面体现：一是商业街整体的特色；二是商业街内不同商家的经营特色。对商业街的整体特色，需根据商业街所处地理位置、商圈辐射范围、目标顾客的消费层次，以及购买能力和需求特征、周边地区商业布局和经营状况，从建筑风格、文化挖掘、经营种类、经营档次等几方面进行特色塑造，如广州市上下九步行街最大的特点和亮点就是保存最完整、最具岭南特色的骑楼建筑。对街区内不同商家的经营特色可根据街区管理机构的引导实行错位经营，以实现相辅相成、相互依存、优势互补。各商店可以通过独到的服务项目、新颖的经营方式、灵活的促销活动及创立自有品牌来突出各自的特色，从而形成商业街的整体优势。

4. 运营管理

商业街管理应加强政府的开发指导控制功能，建立具有高效性的商业街开发运营管理机构，在统一的行政管理组织机构的指挥下进行相应的活动。通过政策倾斜，积极鼓励那些有利于提高商业街名气的大店铺进驻。成立专门机构负责商业街的照明、装饰、配送、市场调查等活动，开展统一的广告策划与市场营销，并负责组织商业街的各类活动，进而保证商业街各店铺的协调与合作，提高商业街的活力。

5. 文化赋予

文化是商业街的灵魂，没有特色的商业街可以被随意复制，也难以持续繁荣。一座城市所拥有的历史、人文特色是其特有的宝贵资源，对城市的发展起到不可替代的作用。新老城区商业街在建设中应把特定的历史、人文景观作为构筑商业中心的基础，挖掘地理环境资源，“借景造街、借景兴街”。

6. 交通畅通

交通畅通是任何一条商业街在规划建设时都要考虑的首要问题。一般来说，可从交通的通达性和综合性两方面来考量。

通达性通常从公共交通的便捷度和停车位的设计两方面来阐述。公共交通包括顾客购物的交通和商业街内的交通两方面：应科学地设计、建设公共交通站点，保证顾客从车站到商业街的步行路程在5分钟之内；对商业街内的交通情况，可借鉴国内外成功商业街的经验，采取步行、以步行为主或禁止载重车辆进入街内等形式，以保证顾客在商业街内通行的安全。停车场是吸引顾客（购物者、旅游观光者等）前来购物的重要因素。因此，必须从长远打算，做好停车场设计，以满足顾客的需要。当前大部分地区受城市空间限制，将停车场设于地下或建筑物顶部，即采用地下停车场和立体停车场形式，以确保交通畅通。综合性主要指实现公交、地铁等各类交通方式之间的便利衔接，主要通过优化交通布局、建设一批路网转换功能完备的快速道路，形成合理的城市路网体系。

## 第三节 街区经济建设流程

### 一、街区经济建设的阶段

商业街是街区经济建设的主要载体。一般来说，商业街建设大致分为六个阶段：投资决策阶段、前期准备阶段、建设实施阶段、商家入驻阶段、运营管理阶段和项目评价阶段。各阶段之间并不是完全独立的，在具体实施过程中可以交叉或同步进行。目前，在商业街建设过程中，部分开发商在策划论证阶段就已经开始业种、业态的招商，量体裁衣，把策划与招商结合起来；也有部分开发商在预招商结束后，又根据市场营销的信息，进一步优化和修改街区的定位和经营方向。

### （一）投资决策阶段

投资决策阶段主要完成的工作有项目策划、概念规划设计、可行性研究、项目评估等。该阶段是整个开发过程中最为基本和关键的一环，其目的就是通过一系列的调查研究和分析，策划一个可行的项目开发建设方案。

（1）项目策划。项目策划是指在符合城市规划和土地用途的前提下，把所有可能影响决策的因素总结起来，以形成和优选出较具体的项目开发经营方案。这主要包括项目区位的分析与选择，开发内容和规模的分析与选择，开发时机的分析与选择，开发合作方式的分析与选择，项目融资方式和资金结构的分析与选择，产品运营、经营方式的分析与选择等（中华人民共和国建设部，2000）。

（2）概念规划设计。概念规划设计主要体现思路的创新性、指导性、前瞻性，以及项目的特色性、主题性，在项目策划的基础上进行，是决定项目发展的重要方面。概念规划较少受到规划具体实施的主观条件及客观条件（如区位条件、交通条件、人文条件、资金条件、技术条件、时间条件等）的限制，它仅包含规划所应用的主要结构和关键性规划内容，从整体上把握核心项目的创意规划及项目实施的时空布局与景观环境的统一（韩树伟和史春华，2011）。

（3）可行性研究。可行性研究是指按照地区发展规划和行业发展规划的基本要求，在建设前对拟建项目在技术上是否先进适用、是否适应环境、是否具备建造能力等方面进行全面系统的分析、论证。在此基础上得出研究结果，进行方案优选，从而提出拟建项目是否值得投资建设和如何建设的意见，为项目投资决策提供可靠的依据。

（4）项目评估。项目评估就是在投资决策（执行）前，运用数理分析方法来分析、预测和评价投资项目未来的效益，并对建设项目的可行性研究报告进行评价，以确定项目的投资是否可行。项目评价结果是立项决策的依据，是决策程序必要的组成部分。

### （二）前期准备阶段

前期准备阶段的主要工作有项目设计、规划许可、土地供应和施工许可等。该阶段为下一步要开展的项目施工制订具体的操作方案，并办理开工前需要的一系列许可证。

（1）项目设计。项目设计包括项目的方案设计、初步设计及施工图设计等。其中，方案设计可以称为宏观设计，包括该项目的外部空间结构布局、内部功能、土地的利用效率、商铺出租的价格潜力、室内空间的合理动线布局等。初步设计及施工图设计可以称为微观设计，即在方案设计基础上进行纯建筑工程角度的深化、细化。

（2）规划许可。规划许可主要是编制控制性详细规划和修建性详细规划，对准备开发建设的项目地块进行建筑密度、建筑高度、容积率、绿地率、基础设施和公共服务设施配套等方面的明确设定。从优化商业资源配置、提高商业组织化程度出发，制定符合国情、市情的商业街建设规划原则，拟定规划标准，办理项目实施所必需的建设用地规划许可证、建设工程规划许可证等。

（3）土地供应。土地是项目开发的载体。商业街项目用地一般属于商业用途，依照法律、法规规定应当通过招标、拍卖、挂牌等公开出让的方式供应土地。

（4）施工许可。施工许可证是允许建设单位开工的批准证件。当各项施工条件完备时，建设单位应当按照计划批准的开工项目在工程所在地县级以上人民政府建设行政主管部门办理施工许可证手续，领取施工许可证。未取得施工许可证的不得擅自开工。《中华人民共和国建筑法》规定，申请领取施工许可证，应当具备下列条件：①已经办理该建筑工程用地批准手续；②在城市规划区的建筑工程，已经取得规划许可证；③需要拆迁的，其拆迁进度符合施工要求；④已经确定建筑施工企业；⑤有满足施工需要的施工图纸及技术资料；⑥有保证工程质量和安全的具体措施；⑦建设资金已经落实；⑧法律、行政法规规定的其他条件。

### （三）建设实施阶段

建设实施阶段主要完成项目的基础设施配套、工程施工和竣工验收等工作。该阶段是工程规划设计方案最终实现并形成工程实体的阶段，也是最终形成工程产品质量和工程项目使用价值的重要阶段。

（1）基础设施配套。在街区经济建设过程中，基础设施配套主要包括交通、通信、供排水、供气、供暖、供电等设施的建设。其中，交通是街区建设的一个难点问题，商业街往往车流、人流停留率较大，特别是人们逛街、购物要往返穿行于一条繁忙的城市道路，因此，解决好人车争路的问题，让人们方便、舒心地购物是街区经济繁荣发展的一个重要条件。配套设施包括停车场、公共厕所、休闲广场、绿化景观、街道小品等。对配套设施的精心设计，可展现出商业街区的个性。

（2）工程施工。一个项目的开发往往涉及多个工程，包括主体建筑、配套工程、基础设施等。为确保各个工程协调建设，按计划、保质量地完成，需要对总体建设工程进行统一的组织管理。主要内容有施工管理、施工成本控制、施工进度控制、施工质量控制、建设工程职业健康安全与环境管理、施工合同管理、施工信息管理等。

(3) 竣工验收。这是全面考核建设成果的最终环节。建设单位收到建设工程竣工报告后，组织设计、施工、工程监理等有关单位进行竣工验收。经验收合格并报建设主管部门备案的工程方可办理交付使用手续，进入使用管理。

### (四) 商家入驻阶段

商家入驻阶段的主要工作是完成招商选商、业态引进和地方政府的政务服务等。按照前期街区经济发展的整体定位，合理布局各类业态，通过招商、选商引入主力商家入驻街区。

(1) 招商选商。这是实现商业街运营发展的重要步骤，也是商业街理想业态组合的体现。商业街的项目建设在经营门类选择、品牌引进、商家选择时要重视综合考察入驻商家的信誉、品牌质量、公司业绩和信用度等，优中选优，引入合适商家入驻。

(2) 业态引进。这是指按照功能定位，确定业态布局。在商业街这样一个完整的运行系统内部，各业态只有相互补充、协调布局，才能强化和凸显街区的整体定位。综合型商业街应具有丰富业态，集“吃、住、行、游、购、娱”六大功能于一体；专业性商业街应注重规模化、品牌化和层次性；单一型商业街主要以体现商业街的个性为前提，为客户提供某一类型的多方面服务。主题不同的商业街在业态构成上将会形成不同的组合方式。

(3) 政府扶持。政府作为商业街建设过程中的主导力量，可根据国家及地方相关政策，确定对商家的一系列优惠扶持政策，以引入高品质的商家入驻发展。例如，可根据商业街的发展定位，对经营品种和产品制定优惠准入政策；为投资大、效益好的企业，提供本人、配偶、子女和父母等户籍办理优惠政策等。

### (五) 运营管理阶段

运营管理阶段的主要工作是完成营销推广、品牌塑造和建立运行管理机制等。运营管理是街区经济可持续发展的关键。通过对街区内各商家进行统一管理，把握街区的整体发展方向，为商家提供商品信息、广告宣传等多种服务，使商家实现效益最大化，推动街区经济的繁荣发展，树立本街区独特的品牌形象。

(1) 营销推广。营销推广主要包括营销策划、宣传促销等。运营商通过制定商业街整体营销、竞争策略和阶段性的市场推广计划，对商业街进行统一、有效的宣传推广。通过举办整体和主题促销活动提升商业街区影响力。

（2）品牌塑造。品牌塑造是一个系统长期的工程，品牌知名度、美誉度和忠诚度是商业街品牌塑造的核心内容。一般可通过举办商业街内品牌推广、时装表演、沙龙等活动提升街区的知名度；演绎传播品牌的故事，挖掘街区独有的文化内涵，塑造个性街区；构建商业街诚信体系等提升其美誉度。

（3）建立运行管理机制。建立运行管理机制主要由当地政府和行业组织来负责。加强行业监管，促进行业自律，规范行业协会、市场中介组织、公共服务行业的服务和收费行为等，实现良性的运营管理。

### （六）项目评价阶段

项目评价阶段的主要工作是完成项目建设的过程评价、运营评价、效益评价和总结评价等。根据项目生命周期每个阶段的特点，应用科学的评价理论和方法，采用适当的衡量尺度，评价其是否达到预期目的。一般根据项目生命周期各阶段的不同特点，将项目评价分为三部分内容，即项目前评价、项目中评价、项目后评价。由于这三个阶段的项目管理内容和侧重点不同，其项目评价内容也不同。

商业街开发建设根据项目投资主体不同，其工作任务也有区别。

一是由政府主导，政府出资将商业街作为一个区域实施开发建设，一般商业街策划、区域规划、基础设施配套、房屋征收与土地储备由政府投资完成，然后依据“控制性详细规划”划分为若干个具体项目实施供地，各投资商依法取得土地使用权后分别实施项目建设。

二是由政府主导，商家出资将商业街作为一个整体项目来实施开发，可由政府依照规划要求将建设用地依法公开供应给一个投资商，由投资商取得土地使用权后，再按照规定的程序实施项目的开发建设。

## 二、街区经济建设需把握的几个问题

（1）科学规划是街区经济建设的前提。规划既要具有科学性和前瞻性，也要具有实用性、可操作性和适度的弹性，作好人流、车流、货流的项目规划和符合商业经营规律的建筑产品规划。例如，福州市三坊七巷在改造之前，首先委托同济大学阮仪三教授牵头编制了《三坊七巷历史文化街区保护规划》，委托清华大学张杰教授牵头编制了《福州市三坊七巷文化遗产保护规划》。其中《三坊七巷历史文化街区保护规划》以“政府组织、部门指导、地方调查、强强合作、专家领衔、公众参与”的手段编制，收到了较好的效果，形成了一套行之有效的多部门、多专业、多渠道合作的项目责任运行模式。

（2）创新体制、优化运营模式是街区经济建设的动力。应注重建立长效管理机制，注重管理的实效，借鉴全国各地经验，形成具有自身特色的运营管理模式。例如，厦门市中山路融合了市、区、街三方力量，采用政府主导、企业运营相结合的“以街养街”模式。广州市北京路在市级层面上，成立了北京路商业步行街管委会；在区级层面上，成立了北京路商业步行区管理委员会办公室，全面统筹、协调步行街规划建设和管理工作。

(3) 优化业态组合是街区经济可持续发展的保障。不论是发展较为成熟的商业街，还是正处于不断调整和改进阶段的商业街，合理的业态组合都是非常重要的。城市经济发展水平、城市的辐射能力、城市的人口组成、消费能力、交通的通达性等多种因素都会影响业态和业种的配比，没有一套适用于所有商业街建设的通用模式。因此，需统筹考虑众多因素，“因街制宜”确定最合适的业态组合方式。

(4) 便利的停车场是改善街区服务配套功能的重要方面。随着车辆的不断增多，若能为前来购物的消费者提供足够的停车位置，将吸引更多消费者来购物，也就更具商业竞争力。停车场的规划是商家和政府有关部门必须考虑的问题。

(5) 品牌塑造是提升街区竞争力的关键。依靠品牌聚集商气，努力找准文化与商贸产业发展的契合点，不断提升文化内涵、丰富文化业态，形成高、中、低端业态有机搭配，国际名品、老字号品牌主导的特色街区。例如，在厦门市中山路上，有巴黎春天百货、夏商百货、天虹百货、南中广场、名汇广场等大型综合性商场，以及国际名品阿玛尼、范思哲、巴宝莉、CK、劳力士、卡地亚等众多商家入驻。

## 第四节 传统街区有机更新改造

传统街区是在千百年的历史中不断积累、沉淀和发展起来的，真实涵盖了其建立时代人们的生活方式、商业模式、社会结构及土地利用方式等内容，展现出对自然资源的利用方式，对材料和技术的应用手段（侯寅峰，2007）。然而随着城市建设的快速发展，城市空间布局在新的经济形势下发生了结构性的调整。由于历史变迁，传统街区在现代生活中的矛盾日益突出，其在新的时代浪潮中逐步走向衰落。但这些历经沧桑的老街区最具有本土文化特色和深厚的地方人文思想精髓，最能够唤起长期生活于此的人们认同感和归属感。针对传统街区衰落的现象，在此引入“有机更新”理念，引入生命的有机发展机制，把传统街区当做一个有生命的有机整体，通过有机更新改造，延续这些老街区的传统文化特色并赋予它们新的时代内涵。

## 一、有机更新改造原则

（1）人性化改造。20世纪60年代末兴起的“公众参与城市设计”的思想主张，号召关注居民生活，了解他们的需求。城市街区空间是居民日常生活、人际交往的场所，其更新改造更应充分考虑居民需求。更新改造后的城市街区应能协调城市人关系的不和谐状况，让居民贴近自然并感到一种心灵上的舒适与慰藉，让置身其中的游客有一种轻松舒适的感觉（刘军伟等，2007）。

（2）保护性改造。街区更新改造应尊重历史文化原貌和自然生态状况。更新改造应对街区空间所蕴涵的历史信息加以保护和延续，处理好保护和发展的辩证关系。建筑风格绝不是简单盲目地追求时尚，而应从城市的历史文化、发展需求出发，创造出既能传承历史，又具有时代特征的商业街区。历史文化底蕴能为商业街区营造氛围、聚集人气，使其经久不衰，在获得最大的社会效益的同时，同样能带来丰厚的经济利益（陈己寰，2003）。

（3）有机性改造。街区更新改造不是无序杂乱的，应与旧环境、旧建筑形成有机整体，以“有机更新”的理念与方式来进行更新。吴良镛教授认为：“有机秩序的取得在于依自然之理——持续地有序发展，并以无数具有表现之新建筑创作以充实之。”应认识和把握街区更新阶段的非终极性，更新过程是持续不断的、动态的过程，只要城市在发展，社会在进步，街区更新改造就不会停止。

（4）集约式节约改造。按照“循序渐进、有机更新”的原则，对传统商业街用地进行规划整理，集约利用土地资源。积极盘活存量土地，以市场手段来强化集约，实行经营性用地公开招标，拍卖挂牌出让，加强土地的高效利用，切实利用好、经营好每寸土地。

（5）低碳化改造。以低碳理念为指导，从设计出发，对传统街区的环境进行深入调查研究，了解传统街区中的保护对象，在建筑形式、建筑功能、建筑材料等方面最大限度地节能减排，实现低碳。充分利用太阳能、风能、地热能等可再生能源，减少街区内的碳排放，营造舒适优雅的街区环境。

## 二、更新改造前状况分析

（1）建筑现状调查。商业街与建筑本身就规模范围来看，是整体与个体的关系。调查了解老旧商业街上原有建筑的建筑质量和建筑利用率，是商业街有机更新的重要环节。依据菲奇（Fitch）提出的分类方法，“根据建筑损坏程度确定进行干预的梯度”，分为保存、修复、翻新、重新组建、转化、重建与复制（刘登宇，2011）。商业街中对大多数旧建筑进行修复、翻新或转化，重建与复制只针对个例。

（2）商业现状分析。这主要是针对老旧商业街的商业类型、商业特色及周边的相关配套设施进行调查。老旧商业街一般商业类型单一，休闲娱乐场所与服务设施较少，毫无特色且商业档次较低，需通过调查问卷等形式分析整体商业环境、明确商业发展方向。

（3）交通状况分析。这主要是针对老旧商业街道设施、街道的通达性及停车场设置等情况进行调查分析。根据城市建设及商业街发展的需要在对原有老旧商业街主体要素予以保留的基础上，通过改善街道交通路网，完善街道设施，提高路网智能化水平，使改造后的街道能充分体现现代都市街区的特点。

（4）发展潜力分析。这主要是针对商业街的区位环境进行调查了解，分析周边整体的商业发展环境，以及原有的历史文化资源、旅游资源等，从而对商业街未来的经济发展方向及发展潜力进行预测。

## 三、更新改造思路

针对街区特点，坚持“以人为本”的规划理念，通过坚持尊重居民意愿、保护历史建筑、提高建设强度等原则协调各利益主体关系；通过梳理道路交通、提升街区服务功能、改善街区环境等措施满足现代城市的发展需求；通过保存街区内城市记忆、协调新旧关系等手段延续传统风貌，以此创造既有鲜明地方文化特色，又能适应现代生活需求的城市商业中心区（孟献礼和倪庆梅，2008）。

（1）通过民意调查，了解搬迁意愿。街区更新改造应采取社区居民座谈、住户走访及发放调查表等方式，了解居民对搬迁改造补偿方式及城市环境改善重点等方面的意愿，并将调查结果作为规划编制的重要依据，采取切实可行的规划措施。在规划公示过程中，及时吸纳居民反馈建议，将公众参与贯穿于规划建设的全过程。在民意调查基础上，通过提高住宅拆建比、增加沿街店铺数量等具体做法，满足居民回迁要求；通过用地调整、交通组织、环境整治、公共空间建设、城市步行化等措施改善居民生活环境质量。

（2）根据现状条件逐步改造，避免大拆大建。面对旧城区拆迁日益困难的形势，规划应针对地段的现状特点，运用保留、改造与新建相结合的方式进行综合开发，避免大规模拆建对旧城区的破坏（申雷，2008）。在旧城改造中摒弃大规模居住小区模式，利用原有街巷形成居住街坊，最大限度地提高改造的可行性。对拆迁难度较小、生活条件较差地段采取整体拆迁方式；对拆迁难度较大、生活条件较好地段采取见缝插“绿”的改造方式，利用现有植被及文物古迹建成街头绿地及社区中心，改善居民生活质量；对有保留价值的建筑与环境进行修缮性保护。

（3）延续城市空间机理，构筑“历史文化”与“现代生活”和谐并存、互相促进的规划结构。空间结构是旧城区的发展骨架，其构筑应在满足城市整体功能发展的基础上，充分延续城市空间机理，体现旧城区文脉精华，形成新旧融和的城市新格局（孟献礼和倪庆梅，2008）。面对拆除与新建的矛盾，规划应通过对城市空间的重新诠释，寻找新旧和谐的机遇，在调整用地结构的同时，构筑相应的空间格局，既满足现代交通、土地使用、开敞空间等方面的要求，又延续中心区的传统空间机理，从而适应中心区现代多元功能要求，达到有效复兴中心区的目标（魏科，2003）。

## 四、更新改造内容

具体来说，传统街区有机更新改造主要包括以下四方面内容。

### 1. 改造布局

商业街的功能布局要协调多方面需求，按照街区发展思路，制订合理的实施方案。通过调整空间序列和完善交通设计，有效疏通人流，合理引导人流方向，使顾客用最短的时间到达目的地，最大限度地加深顾客与商业街的接触，延长人们在商业街上的停留时间。

另外，综合运用多种手段，既要维护传统街区的历史性，又要考虑现代城市生活对街区功能的调整要求，创造轻松舒适的购物氛围，构建体现人文关怀的城市景观与生态环境，如扩展街道绿化空间等，特别要重视视觉空间的扩展，使得商业街的各个区域都能形成区域互补和区域互动，激发消费者的购物欲望，引导消费者进行循环消费。

### 2. 交通整治

交通问题是商业街发展的重要影响和制约因素。根据当前现状，合理利用地面、地下、空中空间，实现交通的立体化和网络化，有效解决交通问题。空中的交通流主要来自立交桥和步行天桥，地下的交通流主要来自地铁站及地下停车场。地铁商业的立体式特征使得地上地下形成串联，这是因为地铁所经过的地区大多是社区居住人口或者流动人口高度密集的区域，实现地上地下的贯通非常重要。在人流集中的地铁站点合理规划，打造各种地下大型百货中心、地下超市、地下餐饮娱乐场所等地铁商业，并实行全天候开放，与地面经济形成错位互补，并承担交通转换功能。

### 3. 建筑更新

从建筑的历史文化价值、质量、功能形式、与当前环境的协调程度和城市的规划要求等几个方面，对现有的建筑进行综合评价分类，提出相应的保护更新措施。

第一，重点保护主要针对具有较高文化价值和艺术价值，且代表某一时期的建筑风格，保存较为完整的建筑古迹或是某种传统的民居建筑。例如，福州市的三坊七巷，保留了丰富的文物古迹，保存了一批名人故居和明清时代的建筑。这些建筑的体量和风貌保存较好，个别构件可以加以更换或修缮，使其“修旧如旧”。

第二，立面整修主要针对建筑年代较近且质量较好，但与街区整体风貌不协调的建筑，或者是建筑层数不高、需要增加层高的建筑。一般侧重于对建筑立面的色彩、装饰、屋顶样式及门窗的风格等方面进行整修，如天津市的和平路。

第三，拆除重建主要针对街道沿线的建筑。质量较差、具有安全隐患且难以恢复的传统建筑，宜拆除重建。

第四，规划拆除主要针对规划道路用地范围内的建筑。为了完善街区功能，再塑传统景观和保护历史建筑，应拆除违章建筑，以及乱搭乱建占压红线、绿线的建筑。对这类建筑，原则上应进行成片拆除，形成开敞空间；对住户，应考虑异地安置，或者结合集合住宅项目部分返迁。

4. 街景优化

街景优化包括改善街区景观、扩增绿化范围、完善服务设施、改善城市交通，对建筑破损、墙面构件凌乱、建筑风格和色彩与环境风貌不协调的建筑进行整修、装饰；对重要建筑物、沿街商店和重要地段进行夜景照明设计；对街道内的绿化范围适当扩增，对街区内的配套公共设施进行完善，如沿街灯杆、垃圾箱、电话亭、指示牌、邮筒等。

上海、苏州、西安等一些城市已经进行了许多积极的探索，并取得显著成效。例如，上海市借世博会的契机，提出了“美好环境、美好生活”的目标，在全市范围内开展了大规模的街景整治和建筑物立面刷新改造工作，推进了30项重点任务，商业街区的街景整治效果明显。苏州市按照精细化要求开展市容街景综合整治，自2007年起用4年左右的时间，对古城区千余条设施相对滞后的街巷进行了全面综合整治，整治后的街区呈现出“小桥流水、粉墙黛瓦、粗壮高大的梧桐树、古朴精致的亭台楼阁”的美丽景象。西安市近几年开展城市建设管理大提升，让城市容貌焕然一新，城市街景提升整治工作成效显著，街道立面改造、街区内的门头牌匾整治、沿线围墙改造等一系列街景优化工程，使城市街景更加整洁靓丽，让古城散发出新的风韵。具体来看，街景优化主要从街道立面、街道平面和街道环境设施等三方面进行。

第一，街道立面。立面一般是由沿街建筑、构筑物立面集合而成的竖向界面，主要从色彩、装饰、屋顶样式及门窗的风格等方面进行整修，使单体建筑与街道的传统风貌相协调。

芦原义信在《街道的美学》一书中，把决定建筑本来外观的形态称为建筑的“第一次轮廓线”，把建筑外墙凸出的林林总总的招牌和临时附加的装饰物等构成的形态称为建筑的“第二次轮廓线”，认为由“第二次轮廓线”构成的街道是无秩序、非结构化的，因此，他提出要极力限制“第二次轮廓线”，通过将构成“第二次轮廓线”的物体设计成同样大小并有秩序排列的方式，力求把它们组合到“第一次轮廓线”中（芦原义信和尹培桐，1989）。各种招牌、广告造成街景的杂乱无序，使视觉混乱，遮挡了建筑立面，一定程度上影响了街道的视觉效果和空间感觉。需要根据街区发展定位，适度对构成街道立面的要素在体量、比例等方面进行协调，加强整体识别和形象识别。

第二，街道平面，即街道空间的底界面。地面的铺装方式直接影响到街道的空间感觉，因此，在地面铺装时一般可从安全、舒适和美观三方面进行考虑。在材料选择上，以耐磨、防滑作为街道平面铺装的基本要求。在传统商业街设计中，流传下来的铺装形式有很多，大多采用石材铺设。由于工艺技术因素，表面大都较为粗糙，在改造中，可有选择地改造、再利用，在保持铺装尽量平整的前提下，保留其原有的历史元素。地面的图案和色彩对街道气氛也具有重要的烘托作用，可采用有规律的图案变化使街道显得富有动感，在不同的功能区可选择使用不同的图案，以便于区分。另外，对色彩也要进行合理的组合，可使街道空间有张有弛、动静有序。

第三，街道环境设施。街道设施水平是影响居民进行户外活动的主要因素。街道设施的精心设计和布局，有助于烘托商业街活跃的商业气氛，并作为一种独立的街道空间构成要素给人留下深刻的印象。这些环境设施最直接地反映出商业街的环境品质（史蒂文·蒂耶斯德尔，2006）。按照街道配套设施的使用性质来分，大致可分为以下几类。

（1）休闲设施，主要包括广场、座椅、遮阳物等。休憩场所是街道空间的重要组成部分，在道路沿线或开放空间中设置坐憩设施，便于购物者停歇。另外，街区内一些广场可以为时装表演、促销等活动提供场地。

（2）景观设施，主要包括绿化、水景、雕塑、景观小品等。适当的绿化可以减轻人们的焦虑感，带给步行者轻松的心情。例如，改造后的广州市北京路，一进入街区就可以看到入口处设置的花坛，并在街区各节点处均设置了花钵，花卉和树木的巧妙结合，不仅营造出丰富的景观层次，也提供了供游客休息和活动的树下空间。由于人具有亲水性，一定的水景设施可以使步行街富有灵性和生机；雕塑和小品往往带有更多的人文色彩，展示着商业街的文化内涵，并给人以更多的亲切感。

（3）照明设施，主要包括路灯、地灯、霓虹灯等。富有特色的照明设计可使商业街即使在夜间也富有魅力，而路灯造型在白天也是景观要素之一。在街区改造中，应考虑路灯的样式及序列所形成的景观与街道风格的统一。

（4）卫生设施，如公厕、垃圾箱、饮水处等。这些通常是满足人们最基本需求的设施，也是街区建设中必须设置的公共设施。良好的服务设施能够带给人们愉悦的购物体验。

（5）交通设施，主要包括公共停车场、自行车停放点。便利的停车空间也是吸引顾客的重要因素。

（6）其他公共设施，主要包括电话亭、书报亭、导游图、路标、路牌、地面标志及邮筒等。这些大都为商业街内的信息设施共同构筑了商业街完善的信息传达体系，方便人们获取信息。

# 第七章　街区经济管理系统

街区经济是最小的区域经济单元，但其包含的产业门类和生产经营内容并不单一，往往需要多方面协调配合、多种要素整合。本章在学习借鉴国内外街区经济管理经验的基础上，提出了中国街区经济管理理念，系统分析了街区经济管理问题，重点研究了管理模式、管理体制和机制，并构建了街区经济管理系统模型。

## 第一节　街区经济管理理念

### 一、街区经济管理

街区经济管理，是以街区基本信息流为基础，运用决策、计划、组织、指挥、协调、控制等一系列机制，采用法律、经济、行政、技术等手段，通过政府、市场与社会的互动，围绕街区经济运行和发展进行的决策引导、规范协调、服务和经营等一系列行为。街区经济管理主要包括经营管理、环境管理和服务管理等三方面内容。街区经济管理作用主要如下：实现街区经济效益的最大化，满足吸纳就业人员等社会需求，提供完善的硬件环境和软件环境，满足群众休闲娱乐等多元化需求。

### 二、国内外街区经济管理

从第二章、第三章来看，在历史进程中，街区经济的发展与管理是密不可分的。国外商业街区管理经历了由古代统治阶级的单一监管，到中世纪统治阶层和商业行会共同监管，再到近代较为健全的市场法制体系和商业道德体系的确立，直到现代完善的法制体系、完备的社会管理体系和市场管理机构多元管理的变化过程。从中国商业街的市场管理来看，历朝历代在市场管理机构（人员）设置、货物质量和价格管理、中介组织管理及行业自律管理等方面，都作了大量探索和实践，对当时商品经济的发展产生了积极的促进作用。总体来看，街区经济都经历了由管理薄弱，到政府主导单一化管理，再到政府、中介组织、行业协会等多元主体管理的发展阶段。

在历史的进程中，特色商业街区的管理对街区经济发展起到了重要的推动作用。一是保证了商业活动的公平有序。例如，古希腊和古罗马的商业街区都会有政府派驻的市场监管人，对摊位设立、商品价格等进行监管，以保证商业活动的公平和有序。二是培育市场主体进行自我管理。例如，明代商人们为了谋求生存、发展，往往为自己立下许多训诫、条规。明代行商中有“客商规略”、“为客十要”等，铺店中有行规、店规，包括质量管理制度、商业礼仪制度、商品分级分类销售制度、商业道德规范制度等。自律管理内容非常全面细致，自律管理达到较高的水平，产生了一批天下闻名的店铺，培育了大批著名商业街区。三是促进了世界贸易中心的产生。例如，中国唐代严格的质量管理制度成为唐代商业空前繁盛的重要因素。这一时期，大量西域胡商，以及波斯、大食等外国客商涌入长安市场，即大唐东市和大唐西市，促使唐长安城成为世界经济和贸易中心。四是促进商业经济发展。例如，宋朝时期，政府对商业发展的限制进一步减小，市坊严格分开的制度逐渐被打破，店铺已可随处开设，买卖时间也一改日中为市的限制，允许早晚都可经营，加之商业发展环境较为宽松，商业街区的发展也有了历史性突破，出现了真正意义上的特色商业街区。

目前，中国部分商业街存在规模较小、街区品质缺乏、经营档次不高、配套服务设施不够完善、文化挖掘能力不足、公共服务水平较低等问题。这些问题存在的主要原因在于街区管理主体在理念上注重建设多于管理，注重经济发展多于社会效益和社会服务，注重政府主导管理多于社会公众参与管理，注重采用行政手段多于采用经济、法律手段，注重粗放式管理多于精细化、标准化管理。这些滞后的理念阻碍了街区经济的发展，导致市场交易不规范、对消费者吸引力不足等问题的产生，降低了街区的经济、社会效益。

## 三、中国街区经济管理理念的提出

本章在学习借鉴国外商业街区和中国古代商业街区管理经验的基础上，结合中国街区经济发展的现状，提出街区经济管理应该坚持以下理念。

（1）依法管理。依法管理是现代化管理的基础，是城市管理法制化的需要，也是深化市民守法教育的基础。坚持依法管理，就是要建立健全街区经济管理规章和制度，规范城市管理各类活动，做到依法审批、依法管理、依法监督、依法处罚，实现城市管理活动规范化、程序化和法制化。

（2）标准化管理。标准化管理源于现代工业文明，是保障产品和管理品质化的基础，是现代化管理的前提。街区标准化管理，就是在街区管理中，为了达到经济效益和社会效益最大化，运用现代管理理论，在品牌建设、市容环卫、城管执法等方面建立管理规范和制度并实施管理的全过程。

（3）精细化管理。把精细化管理理念引入街区经济管理中，确立为消费者提供更好的服务意识，强调寓管理于服务之中，细分管理和服务对象，优质高效地提供人性化服务，在经营管理、环境管理、服务等方面，做到精益求精。

（4）管理创新。在坚持规范管理的基础上，强调管理创新。任何管理行为都需要有规范、制度作为保障，但同时也不能满足于现有制度和规范。因为外部环境是不断变化发展的，制度规范往往落后于实际情况，所以必须不断创新管理方法和制度，推动管理规范创新，以适应城市经济的新变化、新发展（王国平，2009）。

# 第二节　街区经济管理系统分析

街区经济管理系统作为街区经济系统的子系统，是指以持续产生经济、社会效益为发展目标，由政府、经营者、中介组织等管理主体，运用决策、计划、组织、指挥、协调、控制等管理手段，对商业街、经营者等管理客体实施优化和控制，实现经营管理、环境管理和服务功能。

## 一、街区经济管理系统结构功能分析

街区经济管理系统的功能主要有经营管理、环境管理、服务等三个方面。按照以上三个方面的系统功能，街区经济管理系统可划分为经营管理子系统、环境管理子系统和服务子系统（图7-1）。

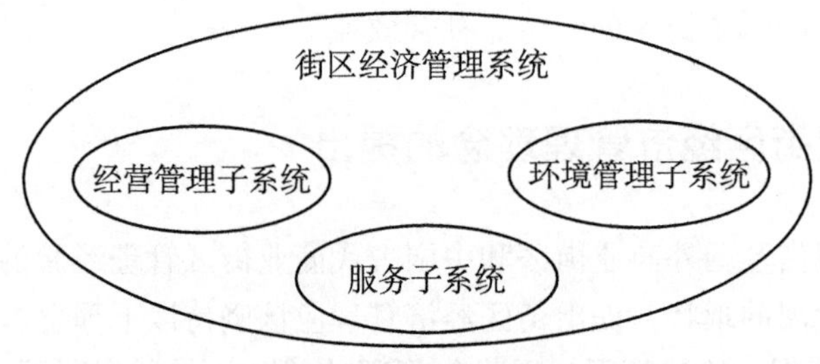


图7-1　街区经济管理系统结构功能图

其中，经营管理子系统主要实现的目标是商业街经济效益的最大化；环境管理子系统主要实现的目标是商业街环境最优，满足消费者多样化的休闲娱乐需求；服务子系统主要实现的目标是为商业街经营者和消费者提供快捷、优质的服务，降低商业街的运行成本和交易成本。

## 二、经营管理子系统

经营管理子系统是商业街投资者或经营主体进行物质生产、流通分配和消费活动的系统，主要通过物质商品生产和供应，满足消费者需要。企业与政府是经营管理子系统的主体，其中企业居于主导地位。经营管理子系统主要包括业态管理、品牌管理、文化管理、营销管理、诚信体系建设等，见图 7-2。

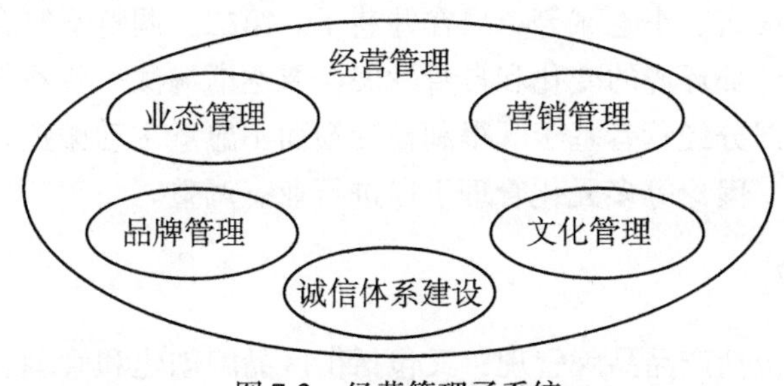


图 7-2 经营管理子系统

### 1. 业态管理

街区差异是指在街区的形成和发展过程中，受地理、历史等因素影响而显现的各具特色的街区自然风貌、产业、文化、形象、功能、管理模式等。街区差异是一个街区区别于其他街区的显著标志，是一个街区独特的魅力所在。街区差异化的集中体现就是业态管理的差异化。消费是市场竞争的基本前提，竞争是市场经济的本质和灵魂。为了得到市场青睐，商品生产者必须不断改进技术、加强管理、降低成本、创新产品与服务。市场需求有最终需求——消费需求，也有中间需求——生产需求，而各种中间需求最终都要转化为消费需求。“只有形成完善的消费市场，使生产的商品、提供的服务都经过消费的检验和认可，而不是生产什么、供应什么，消费者就消费什么，也就是只有确立消费者主导的地位，才能有充分的竞争，才能有完善的市场经济。”（马宏伟，2011）业态的定位要根据服务半径内消费者的收入和需求来确定。

街区经济管理要在突出特色的基础上，注重规模经营，积极引进新兴业态，实现各业态、各店铺之间合理分工；实行专业化经营，以“专、精、特、优”的个性化定位来吸引顾客，通过业态管理推动特色商业街持续繁荣。研究表明，综合型商业街的业态比例中，商品购物占 40%，餐饮（含咖啡、茶座）占 30%，休闲娱乐等占 30%，是相对合理的业态布局。例如，综合性商业街的业态管理，主要是指综合性商业街产品档次的科学定位、经营品种类别的分类布局，以及对不符合商业发展的业态进行调整。第一，引导综合商业街科学定位、合理布局。

通过政府、投资者、经营者三方合力，对产品档次进行科学定位，对产品品牌进行合理布局，实现资源集中配置和分类管理，增强商业街整体活力，提高街区竞争优势。成都市宽窄巷子特色商业街通过积极引导产业和企业集聚，最大限度提高投资强度和产出强度，实现企业优化配置和专业化合作，形成适合中心城区发展的产业体系。宽窄巷子以“成都生活精神”为线索，将三条巷子定位为“宽巷子老生活”、“窄巷子慢生活”、“井巷子新生活”，将中餐、茶文化、传统文化和民俗展示布局在宽巷子，将西餐、简餐、咖啡、特色餐饮、现代艺术布局在窄巷子，将酒吧、夜店、小吃城等布局在井巷子。第二，调整不符合街区发展的业态。随着商业街外部环境的变化和自身发展，要逐渐淘汰一些不符合街区整体定位的业态，但是部分经营者基于既得利益受损而不愿意主动搬走，就需要利用经济、法律、行政、舆论等多元化管理手段进行业态调整。

2. 品牌管理

品牌管理既包括产品品牌管理，又包括街区品牌创建和管理。美国营销学家菲利普·科特勒认为，品牌就是一个名字、称谓、符号或设计，目的是使自己的产品或服务有别于其他竞争者。商标是商品属性的外在表现，是商品区别于其他产品不可缺少的标志。品牌是企业综合竞争力的重要标志，也是企业发展的无形资产。商标凝聚着商品质量和信誉，是品牌的象征。品牌通过商标传播、扩大影响，树立企业形象，占领消费市场，如华尔街已成为最著名的金融街区品牌。

2001 年，杭州市提出了打造“中国女装之都”的战略，成功建立“中国女装看杭州”的品牌。武林路服装产业经过多年市场化运作，已经形成了三个明显的品牌特色：第一是杭州女装品牌，武林路作为杭州女装品牌设计、展示、销售的窗口和平台，已经囊括了杭州市几乎所有的著名女装品牌；第二是原生态的设计品牌，一批知名服装设计师的原创作品和时尚个性的特色服饰店鳞次栉比，很受年轻购物群体的欢迎；第三是慕名而来的国内外知名品牌，进一步丰富了武林路的经营内容。在主营时尚女装的过程中，武林路又逐步衍生发展了一套完整的女性主题服务产业，包括女装设计工作室、服装制作工坊、女性主题会所、女子美容美体俱乐部等。主营产业与衍生产业共同形成了武林路稳定的产业支撑。

商业街不仅具有很强的商业价值，而且大多数兼有形象价值和文化价值等多方面价值，或者具有独特的地理资源，体现浓厚的历史、文化内涵和底蕴。例如，成都市宽窄巷子，利用广播、电视、网络、报纸等媒体，大力推介商业街的文化和理念，形成了较好的社会效应，吸引了大批游客参观旅游；通过参加中国著名商业街评选等活动，以及中国步行商业街管理委员会组织的各种宣传和推介活动，进一步提升了商业街知名度；强化商业街规范化管理，通过对街区商家实行规范化、标准化管理，统一街区售后服务标准，提高特色街区商家的整体经营素质，深化街区特色，形成了商业街品牌效应。

3. 文化管理

现代城市经济的一个主要特点就是文化对经济领域的影响无处不在。文化与经济相互渗透、日益融合，迸发出巨大的创造力。文化资源是建设独特性、差异性街区的良好基础。绝大部分街区都有独特的文化资源，把这些文化资源开发出来就能形成街区特色。认真保护、挖掘、整理好这些文化资源，才能让城市魅力长久留存。商业街文化管理包括文化保护、挖掘和弘扬。

第一，历史文化保护更新。在城市化进程中，旧城改造是其中一项重要内容，部分城市为打造旅游品牌改换古城旧貌，导致历史文化街区被严重破坏。只有通过保护、修复等方法来保存珍贵的物质实体，将历史文化和城市文脉进行传承，才能体现商业街的文化特色。例如，南京市城隍庙从尊重历史、延续历史、传递历史的角度出发，尽可能地保护和利用好街区内江南科举第一考场等历史人文建筑，彰显了本土化的个性特色。

第二，历史文化资源挖掘。老城老街区都有一定的文化烙印、产业痕迹，对形成特色产业非常有利，如上海市的南京路、西安市的北院门风情街、武汉市的汉正街等，都带有鲜明的产业和文化符号。“如何精彩演绎这些文化符号，则需要智慧和创新，需要因地制宜，通过特色商业街等形式，使街道发挥特色产业的集聚效应和规模效应。”（刘文俭，2010）只有通过挖掘一些历史事件和进行历史人物考证，开发街区宗教文化、民族文化、红色文化、民俗文化元素，才能提升商业街的影响力。例如，苏州市李公堤商业街通过编制《堤调》杂志，举行李超琼诗碑、雕塑揭幕仪式等活动，宣传李公堤的历史和文化，推动了街区的发展。

第三，时尚文化弘扬。时尚文化是现代文化的重要组成部分。重庆市解放碑商圈注重吸收时尚文化，将时尚文化融入商业街的消费环境中，引进了星巴克、必胜客等西式特色品，ZARA、PRADA 等服饰品牌，以及 KTV、俱乐部等娱乐休闲场所，满足了消费者对时尚文化的追求。

4. 营销管理

发展街区经济，必须抓好规划、建设、有机更新、招商、管理等方面，特别是把招商作为重点，坚持以招商带规划、带建设、带更新改造、带管理。第一，强化街区招商。通过赴外招商、代理招商、委托招商、以商招商、定期性品牌活动招商、节会招商、专题活动招商、网上招商、利用城市影响力招商、发挥城市竞争力招商、产业-资本合作招商、产业-市场合作招商等方式，引进一批大商、品牌商，进一步提高街区竞争力。第二，打造街区产业集群。打造“大项目-产业链-产业集群”发展模式，按照“建链、延链、补链”要求，找准商业街产业链上下游的空白和薄弱环节，瞄准世界500强企业、国内外行业龙头企业，包装一批附加值高、辐射和带动能力强、处于产业链高端的项目。第三，做好宣传推广工作。利用重大节日举办大型促销活动或开展各类宣传展示活动，如举办美食节、啤酒节，以及艺术节、文化节等来吸引游客，营造浓厚的商业氛围。发挥大事件效应，通过在商业街举办影响力大、辐射范围广的重大公共活动，提升商业街的影响力和知名度。例如，西安市西大街通过举办高峰论坛等活动，提升了街区在国内外的影响力。苏州市李公堤商业街通过持续营销推广，不断聚集人气、商气，先后举办了多项有影响力的活动，包括第57届世界小姐江苏赛区总决赛颁奖晚会、2009年苏州李公堤首届婚庆节等活动，不断提升街区影响力。

5. 诚信体系建设

诚信是市场经济活动的基本道德准则，它要求市场主体在不损害竞争者利益、不损害公共利益和市场道德秩序的前提下追求利益，反对市场主体利用自己优势损害交易方权益。在市场交易中，只有双方都讲诚信，交易才能持续下去。街区经济管理中的诚信体系建设主要包括政府诚信体系、企业诚信体系、消费者诚信体系三个方面。构筑政府诚信体系，主要是指政府履行市场监管职能，维护市场秩序，保证经济正常运行。构筑企业诚信体系，主要是指推行税收信用奖惩制度，开展“商业信用企业”、“星级信用企业”评选活动，加强企业信用认证、信用评级、信息披露和失信惩戒制度建设，形成以质取胜、诚信经营的价值认同感。构筑消费者诚信体系，主要是指加强文明诚信宣传教育，宣传文明诚信知识，倡导文明诚信行为，提高公民的法律意识。

## 三、环境管理子系统

环境是商业街发展的重要基础。优美、整洁的环境，不仅能吸引更多商户入驻，而且会吸引众多消费者来消费。政府与企业是环境管理系统的主体，其中政府居于主导地位。按照管理内容，环境管理可分为市容环卫管理、城管执法管理、公共安全管理、基础设施管理四个方面，见图7-3。

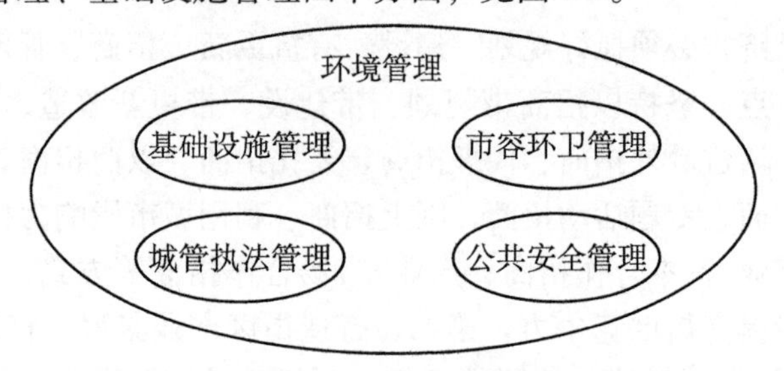


图7-3　环境管理子系统

1. 市容环卫管理

街区经济市容环卫管理包括道路清扫保洁、建筑垃圾管理、生活垃圾管理三个方面。

例如，西安市莲湖区在西大街管理中积极推行标准化管理，即立体化管理，以人的立体生活圈为空间尺度，把管理范围从路面延伸到各种公用设施、街具、建筑立面和屋顶，实现了街区“平、明、绿、美、净、齐”的目标；网格化管理，依托行政区划将商业街划分为若干管理网格，通过加强对单元网格的巡查，实现了管理全覆盖；专业化管理，依靠专业设备和专业队伍，通过加大投入、改进设备、自我研发、提高队伍技能等方式，建立人机联合作业模式；信息化管理，推行信息化管理方式，通过在道路清扫保洁、垃圾清运、车辆运载、监督检查等环节安装信息化设备，实现实时动态监管；精细化管理，实现作业方式由粗放向程序化转变，优化作业流程，通过流程控制，营造清新优美、舒适宜人的城市环境；制度化管理，把建立健全权、责、利相统一的制度体系作为标准化管理的基础，不断完善规章制度，细化工作流程，理顺工作程序，形成“量化管理、督促检查、奖惩分明”的工作机制。

城市垃圾收运是市容环卫管理的主要组成部分，其过程主要包括两部分。

1）对城市生活垃圾产生量进行准确预测

城市生活垃圾产生量是垃圾从清运到最终处置整个系统的关键参数，是合理进行垃圾收运过程的先决条件，如果在城市垃圾清运和处置规划时对其垃圾产生量预测过高会导致投入较大人力和物力，造成资源浪费；预测过低就会导致投入不能满足实际情况的需要，造成垃圾堆积，严重污染环境。此外，垃圾产生量与人口数、生产总值、社会商品零售总值、燃气率、供热采暖面积（经济因素、能源结构、清扫面积）等因素紧密相关。考虑到这些因素对城市生活垃圾产生量的影响，本章运用灰色模型法预测城市生活垃圾的产生量。

一是灰色预测模型的思想及特点。灰色模型是一种研究少数据、贫信息的不确定性问题的新方法。与随机不确定性的概率统计和认知不确定性的模糊数学不同，其研究对象是部分信息已知、部分信息未知的小样本、贫信息不确定性系统，并通过对部分已知信息的生成、开发，帮助人们了解、认识现实世界，实现对系统运行行为和演化规律的正确把握和描述。灰色模型通过累加抵消和减弱随机因素影响，并对原始离散数据进行生成数列的有效处理，从生成数序列寻找系统变化规律来建立相应的模型。灰色模型只需要少量数据，且无须知道原始数据分布的先验特征，而且这种方法原理简单、运算方便，很适合用于对具有复杂性和随机性特点的垃圾产生量的预测。虽然影响城市垃圾产生量的因素有很多，但运用灰色理论建 GM（1，1）模型时，不必罗列影响垃圾产生量的因素数据，而是通过对城市本身的垃圾原始数据进行生成处理，利用有较强规律性的生成数据序列，建立相应的模型，来对系统未来的发展趋势进行预测。

二是垃圾产生量的 GM（1，1）模型。设 $k$ 年的垃圾量历史数据为原始数列：$x^{(0)}(t)=\{x^{(0)}(1), x^{(0)}(2), \cdots, x^{(0)}(k)\}$，对其作一次累加生成数据序列

$$x^{(1)}=\{x^{(1)}(1), x^{(1)}(2), \cdots, x^{(1)}(k)\} \tag{7-1}$$

式中，$x^{(1)}(j)=\sum_{i=1}^{j} x^{(0)}(i)$，$j=1, 2, \cdots$。

灰色模型在数据生成的基础上定义如下微分方程：$\frac{\mathrm{d}x^{(1)}}{\mathrm{d}t}+ax^{(1)}=u$，$a$ 称为发展系数；$u$ 称为灰作用量；$t$ 为时间。

上述方程满足 $t=t_0$ 时，$x^{(1)}=x^{(1)}(t_0)$，则对微分方程求解得

$$\acute{x}^{(1)}(t+1)=\left(x^{(0)}(1)-\frac{u}{a}\right)e^{-at}+\frac{u}{a} \tag{7-2}$$

$$\acute{x}^{(0)}(t)=\acute{x}^{(1)}(t)-\acute{x}^{(1)}(t-1) \tag{7-3}$$

式中，$t=1, 2, 3, \cdots, k$ 模型的参数 $a$ 和 $u$ 通常采用最小二乘法计算。

精度检验是确定模型能否使用的关键，只有模型精度符合要求，才能用于预测数据，应用灰色预测模型，一般采用三种精度检验方法。

（1）残差检验，模型精度按点检验，是一种直观的算术检验。先计算残差序列 *el*，再求出相对误差序列 *xel*，选取平均相对误差 aver*xe* 和相对误差序列 *xel* 中的最大值 Max*xe* 作为相对误差的检验值。

（2）后验差检验（即均方差比值），按残差的概率分布进行的检验，是统计学检验，即分别求出原始数据序列和残差序列的方差 $S_1^2$ 和 $S_2^2$，以 $C=S_2/S_1$ 作为后验差检验值。小误差概率按公式 $P=P\{|e(k)-\bar{e}|<0.6745S_1\}$ 计算，模型的精度通常由 $C$ 和 $P$ 共同刻画，并按其大小对精度进行等级分类。

（3）关联度检验，根据模型曲线与数据曲线的几何相似程度进行的检验，是几何检验。

2）设计最优的垃圾清运路线，可以有效提高效率，降低成本

设垃圾转运站用 $Q$ 表示；有 $n$ 个垃圾清运点，分别用1，2，…，$n$ 表示；需要的清运车数为 $m$，每辆车的载重量为 $d$；每个清运点垃圾量为 $g_i(i=1,2,\cdots,n)$；转运站和各清运点中任意两点之间的运距为 $c_{ij}(i,j=0,1,2,\cdots,n)$；第 $k$ 辆车的行车路线称为第 $k$ 条子路径，其包含清运点的数目为 $n_k$，$p_k$ 表示第 $k$ 条子路径中 $n_k$ 个清运点组成的集合，其中的元素 $p_{k_i}(i=1,2,\cdots,n_k)$ 代表第 $k$ 条子路径中顺序为 $i$ 的清运点；$p_{k_0}$、$p_{n_{k}+1}$ 均表示转运站，即 $p_{k_0}=p_{n_{k}+1}=0$。

$$\mathrm{Min}z=\sum_{k=1}^{m}\sum_{i=1}^{n_i+1} c_{ij}p_{k_{i-1}}p_{k_i}, \quad 1 \leqslant n_k \leqslant n, k=1,2,\cdots,m; \tag{7-4}$$

$$\sum_{k=1}^{m} n_k = n; \ \sum_{i=1}^{n_k} g_{p_k} \leqslant d, \quad p_k = \{p_{k_i} | i = 1,2,\cdots,n_k\}, k = 1,2,\cdots,m; \tag{7-5}$$
$$p_{k_1} \cap p_{k_2} = \varnothing; k_1 \neq k_2; k_1, k_2 = 1,2,\cdots,m$$

一般车辆的优化调度问题属于组合优化领域的 NP-hard 问题，不能用精确算法求解，必须寻求这类问题的有效的近似算法。通常采用启发式算法（遗传算法、粒子群算法、蚁群算法等）来解决 NP-hard 问题。

2. 城管执法管理

城管执法管理主要是对占道经营、户外广告、违法建筑、门头牌匾等问题进行管理。例如，西安市莲湖区在北院门风情街和一些特色商业街管理中积极推行标准化城管执法，即通过实行检查权、调查权、处罚权、强制权“四权”分离，运用标准化执法程序，全面整治出店占道经营、沿街“九乱”等破坏市容秩序的突出问题，其主要做法体现为“八化”：执法前端柔性化、执法行为程序化、自由裁量权标准化、执法过程透明化、职权分离廉洁化、行政强制司法化、执法平台信息化、队伍管理科学化。在“动态秩序标准化执法”基础上，不断充实和完善细节，使标准化执法成为解决街区管理难题的重要工具，使标准化执法真正成为街区管理的重要抓手。通过执法前端柔性化、“四权分离”约束机制、引入城管巡回法庭、构建文明执法等措施，完善标准化执法体系。拓展和延伸执法的覆盖面，将标准化执法的覆盖面由主次干道、固定门店向背街小巷、流动摊贩拓展延伸。

3. 公共安全管理

街区经济公共安全管理包括社会治安管理、食品药品安全管理、安全生产管理三个方面的内容。社会治安管理主要是为商业街活动主体的生命、健康、重大公私财产、公共生产生活及公共利益提供安全保障的强制执法行为，通过以社区警务室为点、以街头巡逻为线，建设公安指挥、监控、信息中心和调度平台，营造良好的安全环境。食品药品安全管理主要是指通过加大对商业街食品药品市场监督，维护人民群众的饮食用药安全。安全生产管理主要是指通过深入开展安全生产执法、治理和宣传教育行动，深化专项整治，加强安全监管，推动安全保障型街区建设。

4. 基础设施管理

基础设施管理包括对停车场、路灯、广告灯箱、公厕、盲道、喷泉、指示牌、雕塑、休闲座椅、电力、供水、供热等方面的管理。基础设施管理既要强调完整性，又要强调美化效果，实现设施管理与周边环境的协调一致性。1983 年日本政府提出的《社区广场构想》指出，商业街不单纯是购物场所，还必须具有“生活广场”的职能。基于这一理念，在现代商业街建设过程中，日本在大量无交通区设置公园、广场、娱乐场等，方便人们游玩。例如，日本六本木新城内交通配套设施特别发达，有12个停车场、2762个停车位，拥有50辆摩托车与332辆自行车的停车位。纽约、伦敦的商业街为了解决交通问题，一般会在城市繁华地带，充分利用地上和地下空间，如地铁、高架桥、空中走廊等，建立三位一体的城市立体交通系统，保障商业街人流、车流通畅。武汉市江汉路建立了巡查制度，坚持每月5日、15日、30日及重大节日前的设施例行检查制度，对街道环境进行了提档升级，每月定人、定路、定时查看路面公用设施的情况，发现问题及时处理。

## 四、服务子系统

街区经济的发展，不仅需要良好的商业基础、优美的经营环境，而且需要良好的服务。政府与中介组织是服务系统的主体要素，其中政府居于主导地位。根据服务内容不同，大致包括社会公共服务、政务服务、信息服务、金融服务、法律服务、行业商会服务等方面，见图7-4。

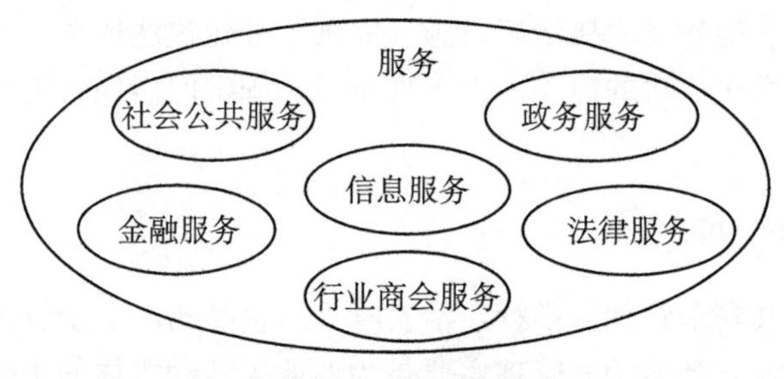


图7-4　服务子系统

（1）社会公共服务。街区经济发展需要大量高素质的人才作为保障。政府要依托区域内的大学、职业学校和人才交流中心，建立人才数据库，做好经营管理等各类人才的储备，为企业提供全方位的人才服务；要提供社会保障服务，为企业员工子女提供教育服务。

（2）政务服务。政务服务主要体现在当地政府政务公开及政务效率，包括开启商业街企业办证绿色通道，简化行政审批程序，将投资服务和便民服务事项纳入政务中心，实行一门受理、单轨运行、限时办结；深入推进行政审批“两集中、两到位”改革，采取整建制或委派首席代表进驻政务中心方式，将分散在部门的政务服务职能全部集中入驻政务中心；建立以政务中心为龙头、以街道便民服务中心为依托、以社区便民服务站为基础的三级政务服务网络体系，为经营者提供高效政务服务。

（3）信息服务。街区管理机构要做好宏观形势和微观经济的监测服务工作，通过定期举办形势分析会、街区发展座谈会等方式，主动向街区企业宣传、讲解宏观政策和市场走向，通报和分析街区经济运行情况，便于企业准确判断和做出科学经营决策；要强化对称式信息服务，主动为企业提供政策、招商、规划、土地等方面的信息咨询服务；要积极搭建专业中介机构与街区企业互动平台，引导企业与政府认可的资产评估、信用评估、规划评审、招投标等专业中介机构建立合作关系，实行信息充分的共享与互动，提高商业街经营主体的决策专业化、规范化水平。

（4）金融服务。资金短缺是制约商业街经营企业发展的重要瓶颈，造成这种情况的因素主要如下：金融机构的“惜贷、恐贷、拒贷”现象，现行上市融资、发行债券、信托融资法律法规和政策不完备，区域性资本市场不健全等。为了解决街区项目投资者或经营户资金短缺问题，政府要搭建好银行与企业对话的平台，通过争取国家和省市产业专项扶持资金、召开银行企业座谈会、运用担保融资和商圈融资等方式，解决街区项目投资者和经营者的资金难题。

（5）法律服务。法律服务主要通过以下几种方式。第一，管理机构邀请专业律师办理经济案件，提高市场的经济运行效率。第二，管理机构做好经营主体维权服务工作，维护消费主体和经营主体的合法权益。第三，管理机构举办法律讲座和现场法律咨询，集中开展法制宣传教育，提高经营管理人员依法管理的水平和员工的法律意识。第四，管理机构依照相关法律法规，开展行政执法活动，维护商业街的正常秩序。

（6）行业商会服务。中国正处于转型时期，政府正在逐步退出竞争性的市场领域，但法律契约的不完备及行政权力的“失位”、“缺位”和“越位”，造成部分地区市场失序，成为制约经济持续发展的重大难题。中国行业商会由市场自发形成，在协调企业利益、维护市场秩序等方面发挥了重要作用。在街区经济发展中，行业商会要在服务、自律、维权、协调等方面发挥积极作用。通过服务，增强行业商会的凝聚力，促进行业的健康发展；通过法律法规、行规行约来约束企业行为，督促企业加强自律，依法经营；健全与政府的协商机制，维护会员合法权益；研究各个行业不同的特点，有针对性地规范民营企业内部的竞争关系，协调企业之间的利益冲突，维护市场的健康与稳定，降低企业的交易成本；引导提高企业的技术水平、管理水平和员工素质，树立企业自有品牌，增强企业的市场竞争；引导企业创建“和谐企业”，认真执行劳动法规，规范用工制度，开展平等协商，注重安全生产，尊重和保护员工合法权益，规范劳动合同；结合政府行政审批制度改革，开展行业统计、行业调查、制定行业发展规划、价格协调和公信证明等工作；加强金融机构的合作，缓解企业的融资难题。

# 第三节 街区经济管理模式研究

## 一、现有街区经济管理模式的比较分析

### （一）按照事权管理方式的分类

街区经济管理模式可以分为两级政府部门按职能管理模式、政府授权管理委员会集中管理模式。

1. 两级政府部门按职能管理模式

市区两级政府部门按职能权限分级管理，涉及公安、消防、发改、城管执法、市容环卫、经贸、政务中心、卫生、统计、信访、物价、规划、国土、国税、地税、工商、环保、食品药监、质检、交警等20个部门，按照各自职能对商业街进行管理。这种管理模式的优点是责任主体明确；缺点是各部门相互之间在职能范围、管理权限上存在交叉重叠，执法过程中难免会出现法律、法规依据不统一，口径不统一现象，降低了管理效能，增加了管理成本，对商业街正常的商业活动产生了负面影响。例如，成都市琴台路步行街采用的就是这种管理模式，由街道办事处和相关部门按照各自职责范围进行管理。

2. 政府授权管理委员会集中管理模式

市区两级政府通过法定形式，给管理委员会授予部分或全部管理权限，成立专门的管理工作机构，组建一支专门的队伍对街区实施管理。政府各职能部门把商业街管理的权力委任给专门的管理机构，这种管理模式的优点是赋予管理机构以实权，管理容易到位，责权利能够统一，变多个部门管理为一个机构管理，克服了多头管理毛病，管理效果比较好；缺点是要增设专门的工作机构，对引入公众参与、社会化参与重视程度不够。例如，重庆市解放碑、武汉市江汉路、苏州市观前街、成都市文殊坊等都是采用这种管理模式。

苏州市观前管理办公室是苏州市政府于2002年8月设立的直属行政机构，受苏州市政府委托，由苏州市平江区人民政府进行管理。观前管理办公室可以向苏州市人民政府直接行文，协调市级相关部门解决观前地区存在的问题。苏州市政府于2002年以市长令发布了《苏州市观前地区管理暂行办法》，明确了观前管理办公室的管理权限和主要职责，确立了市政府各部门对观前管理办公室授权的原则，有效解决了观前地区管理职能分散、交叉的问题。

成都市青羊区成立了区长任组长的特色街区领导小组，参与资源整合、街区

建设的全过程。在管理上，区特色街区领导小组及其办公室负责全区特色商业街管理的总协调。每个特色商业街建立管理委员会，由一名区级领导担任管委会主任，根据街区实际情况制定管理办法。组织和发动商家行业自律，自主管理，成立商会和行业协会，文殊坊商会、琴台路商会、太升路商会相继成立，商会在街区管理中也发挥了一些作用。

### （二）按照街区投资主体的分类

街区经济管理模式可分为政府主导型管理模式、市场主导型管理模式。

#### 1. 政府主导型管理模式

政府主导型管理模式是由政府投资建设、管理运营的街区经济管理模式，如北京市王府井商业街由王府井地区建设管理办公室统一建设、管理运营。这种管理方式的最大好处就是能够体现政府的意志，对商业街的业态管理和建筑风格都能够实现有效控制和利用。缺点是市场作用发挥得不够，可能存在商业氛围不够浓厚等问题。

成都市青羊区政府采取了所有权与经营权相分离的管理体制和运营模式。区政府作为资产所有者，只是从业态调整、确保国有资产保值增值等宏观方面作出一些决策和部署，策划、招商、设计、运营等其他具体事务，全权委托成都市文旅资产运营管理有限责任公司来实施。按照"政府主导、市场运作"的管理运营模式，实行所有权和经营权分离，可以克服过去政府对企业管得过多过死的弊端，专业资产运营机构在具体操作方面有着更加宝贵的经验和先进的技术手段，增加了城区经济的生机和活力。同时，资源和资产所有制性质没有改变，仍然属于国家所有。政府主导既有利于优化产业布局，也有利于政府统一规划后实施开发建设。

#### 2. 市场主导型管理模式

在特色商业街的发展建设过程中，商业街建设和业态调整采取由民间资本投资公司对整条商业街进行统一规划、设计、管理和招商运营的方式，公共事务管理等由相关政府职能部门承担。管理模式的最大优点在于从开始就确定了建筑整体风格和经营业态，在统一招商过程中实现了经营业态筛选。市场主体统一经营，能有力规避商业街建设过程中的风险。例如，全国各地的万达广场商业街均由企业直接建设、经营和管理；苏州市李公堤商业街由江苏圆融集团整体打造建设、运营管理，分为四期进行建设，形成了集食、住、游、购、娱为一体的商业模式，发展成为了苏州人常到、外地人必到的休闲商业街之一。

### （三）按照公共物品供给主体的分类

街区经济管理模式可分为政府供给模式、服务外包模式。

1. 政府供给模式

这种管理模式能够发挥政府在公共物品、服务供应方面的优势。缺点是不能够体现效益，不能够发挥市场主体的作用。目前，西安市西大街采用的就是这种管理模式。

2. 服务外包模式

这种管理模式通过市场外包服务、购买服务、公共服务民营化等形式，为公众提供更高质量的公共物品和公共服务。成都市春熙路就采取这种管理模式，由服务外包公司负责步行街内清洁、绿化，以及公共设施、设备的维护和保养工作。

通过对以上六种管理模式的比较分析发现这几种管理模式都存在各种各样的弊端和不足，仅仅依靠目前的这些管理模式不能够充分满足街区经济管理系统的三大功能需要，必须对现有的管理模式进行改进和提升，提出一种新的管理模式。

## 二、街区经济科学管理模式的内容

本章在政府主导型管理模式的基础上，按照可持续发展理论、新公共管理理论，基于复杂系统的主体层次分析，对商业街管理委员会集中管理模式进行了整体优化，提出了街区经济科学管理模式（表7-1）。

表7-1 街区经济科学管理模式

| 要素 | 传统的街区经济管理模式 | 科学的街区经济管理模式 |
|---|---|---|
| 管理导向 | 以经济效益为目的 | 经济、服务、环境的综合协调管理 |
| 管理主体 | 政府一元化治理 | 政府、企业、社会的多元化治理 |
| 管理过程 | 事后反馈式管理 | 源头导向的全过程管理 |
| 管理绩效 | 单纯以经济增长和扩张为目的 | 关注城市质量发展（城市名片），引入管理成本概念 |
| 管理技术 | 人工化 | 智能化、信息化、人工化相结合 |
| 管理手段 | 行政手段 | 经济手段、行政手段、法律手段等 |
| 管理组织 | 科层制 | 扁平化管理（高度授权、权随事走） |

（1）在管理导向方面，实现经济、服务、环境的综合协调管理。在街区经济科学管理中，改变过去仅仅围绕经济发展指标的单目标管理，提出管理要体现“以人为本”和“科学发展”，既要“见物”，又要“见人”，实现经济发展、环境最优、群众和消费者满意的管理目标。

（2）在管理主体方面，实现政府、企业、公民的多元化治理。多元化治理强调街区经济管理中要引入“治理”和“公共管理”理念，强调管理主体多元化，改变过去政府的一元化管理方式，充分调动各个方面的积极性，动员更多社会阶层参与街区管理，扭转政府过去“一管就好、一放就乱”的局面。政府、企业、公民多元化治理，就是通过舆论监督、决策听证、规划参与等形式，提高社会对特定街区的关注程度。政府治理的过程，不仅仅是政府自主性扩张和能力的展现过程，更重要的是，它是政府与社会、政府与公众之间互动的过程。企业、公民参与不仅可以帮助政府获取有效信息，而且可以作为政府伙伴，提供公共物品，减轻政府的压力。例如，厦门市政府就鼓浪屿岛内街区上的摩托车管理、市民养狗等问题，通过媒体公开向市民征集意见，取得了良好的效果。

（3）在管理过程方面，实现全过程化管理。为了改变过去发现问题后才弥补漏洞的管理方式，管理主体强调从决策、执行、评价等多个过程中全面推行管理调控和监督，由“反馈式管理”向“前馈式管理”转变，实现全程监管、全程调控。在管理过程中，必须要强化流程管理。在街区经济管理中，政府业务流程经常被政府内部独立部门分割成不同的环节，增加了管理成本。业务流程的重塑，去除了存在于不同部门中重叠的流程、重复审批，克服了条块分隔及部门利益对整个流程的不利影响，增强了组织的整体机能。

（4）在管理绩效方面，更加关注城市发展质量。“政府绩效管理可以定义为政府在积极履行公共责任的过程中，在讲求内部管理与外部效应、数量与质量、经济因素与社会政治因素、刚性规范与柔性机制相统一的基础上，获得公共产出的最大化。”（卓越，2007）从价值取向上讲，管理结果不再以税收等为主要指标，而是强调管理中要关注城市质量发展，通过街区经济管理打造城市的名片，提升城市影响力和知名度，提高城市发展质量。从绩效考核作用发挥上来看，实现年度考核与平时考核相结合、定性与定量相结合、领导与群众评价相结合。

（5）在管理技术方面，运用智能化、信息化技术，进一步提高管理效率和管理科学性。街区经济管理是一项涉及面广、变量多、层次多、目标多的综合性管理。随着新技术、新工艺、新材料的广泛应用，商业街的管理手段不断完善，商业街的公共设施功能不断完善，现有的管理方式、养护设备、技术手段和管理者的技能素养，已经很难适应现代城市管理标准化、精细化的要求，严重影响和制约了城市现代化基础设施功能和效用的正常发挥，这就迫切需要加大现代信息技术在城市管理领域的应用研究，实现街区经济管理的数字化、网络化、智能化。管理中要大量应用科学技术的成果，引进物联网技术和网络信息技术，运用传感器与传感器网络、数据分析与数据挖掘、云计算和数据可视化等技术，实现管理决策和执行的智能化、信息化，提高管理效率。

（6）在管理手段方面，实现多元化。现代街区是一个复杂系统，集政治、经济、文化等各种功能于一身，只有变单一性为多样性，实施综合管理，才能适应现代街区的发展。街区经济管理过程，包括调研、决策、计划、实施、协调、反馈等环节。在实际管理实践中，管理手段应该是综合的，应该建立“以法制为规范、以行政为主导、以经济为基础”的街区经济管理体系。①以法制为规范。街区经济管理必须做到依法管理与人性化柔性管理有机结合。各个城市还需依据自己的实际需要，制定街区经济管理的各种法规，如规划管理条例和法规、市容环境管理条例、交通管理条例等法规，使街区经济管理有一个能体现城市整体利益和居民根本利益的、有权威性的行为规范。②以行政为主导。城市的市区政府及基层组织等行政机构，是街区经济管理的承担者和执行者，这是由街区经济管理的性质和特点所决定的，从这个意义上说，街区经济管理就是城市政府对街区的行政管理。③以经济为基础。街区经济管理的大部分工作是调整人与人之间、单位与单位之间的经济利益关系。调整经济利益关系的最好手段就是使用经济手段，如信贷、价格、税收、技术有偿转让、有偿咨询等，辅之以法律手段和行政手段。市场经济的目的是追逐利益最大化，这就使得一些商家为提高利润而采取违法手段，为此，对涉及消费者身心健康的各类产品和假冒伪劣产品要以法律手段和行政手段严格管理。

（7）管理组织结构的扁平化。通过优化管理职能，实现市、区两级政府向管理委员会的授权，实现权、责、利的统一，减少信息在传递过程中的丢失或放大，提高管理效能，调动管理者的积极性，杜绝推诿扯皮、权责利不清晰等现象出现。

### 三、街区经济科学管理模式的特点

街区经济管理模式，可视为政府在经验基础上形成的关于街区经济管理的理论模式和思维方式。一般而言，街区经济科学管理模式具有独特性、整体性、渐进性的特征。一是独特性。不同商业街的资源禀赋、环境条件和经济发展水平等千差万别，发展的基础、潜力、条件，以及进一步发展的机遇和困难更是不尽相同，这决定了街区经济管理模式的相对差异性。二是整体性。任何商业街管理模式必须始终作好宏观与微观、经济与社会、产业与环境、内部与外部的协调，从而保证经济运行的贯通与畅通。三是渐进性。商业街的管理模式不是一蹴而就的，它产生于城市发展的实践之中，是一个不断演变的过程，时间上具有渐进性特征，处于从初级形态向高级形态的不断演变中。

## 第四节　街区经济科学管理体制与运行机制

### 一、街区经济科学管理体制

在借鉴国内外街区经济管理模式和综合各类管理体制优缺点的基础上，为了实现重视服务、弱化管制、精简机构、提高效率等目标，按照街区经济科学管理模式，提出街区经济管理体制的三阶段理论（图 7-5），即多部门管理阶段（初级管理阶段）-政府设立专门部门管理阶段（中级管理阶段）-经济法人管理阶段（高级管理阶段，即公司化运作商业街）。

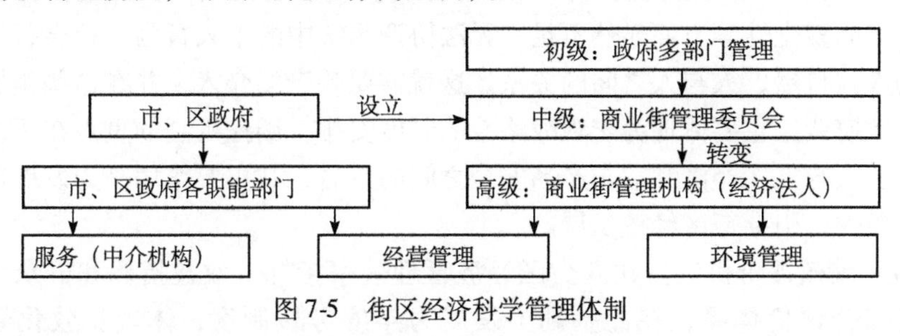


图 7-5 街区经济科学管理体制

## 二、街区经济科学管理体制的运行机制

所谓机制，原指机器的构造方式或工作原理，运用到社会经济活动中是指系统的内在机能和运行方式。街区经济科学管理运行机制是促进系统发展和演化的重要动力，只有明确运行机制才能对街区经济管理系统进行合理调控。这里以科学管理体制的中级阶段——管理委员会集中管理方式为例，剖析街区经济管理运行机制，见图 7-6。

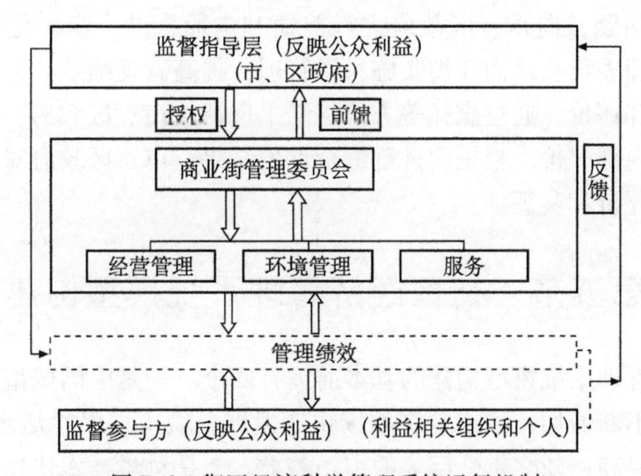


图 7-6 街区经济科学管理系统运行机制

（1）社会经济发展的导向机制。街区经济管理系统的发展演进受制于经济和社会发展，如人口规模和素质的变化、技术进步、产业结构调整、城市化进程等对系统的演进起着重要作用。

（2）市场运行机制。市场是街区经济管理的平台。商业街管理不仅要依靠政府加强对商业街的规划、建设、法律法规制定、技术创新等，而且要按照市场规律进行自组织管理，强调经营户、行业协会的市场主体地位，才能提升商业街的管理水平。

（3）政府管理调控机制。街区经济管理仅靠市场机制，在处理资源、环境问题及产品安全性等方面显然不足，无法协调系统中的个人行为、社会行为及其形成的人与自然、人与人之间的关系。这就需要政府的介入，并在这些领域发挥作用。政府调控主要体现为宏观战略性的制度安排，调控机制的重点在于协调人与自然、人与人、经济利益与产品安全之间的矛盾，其主要作用是为发展街区经济创造条件，引导街区经济发展。

（4）绩效评价机制。建立街区经济管理效率指标、效益指标和群众满意度指标的综合评价体系，在此基础上发展为年度考核制度，体现长效化管理的要求。

（5）监督机制。建立法律监督机制，通过法律手段对破坏街区经济管理的行为进行惩处；建立行政监督机制，把街区经济管理绩效作为考核管理部门的主要指标；建立社会监督机制，通过投诉电话、信箱和群众接待等渠道，随时接受群众监督；建立舆论监督机制，利用报纸、电视、互联网等媒体，接受社会监督。

从图7-6可以看出，市、区政府向商业街管理委员会进行授权，商业街管理委员会对商业街开展经营管理、环境管理和服务等活动。商业街管理委员会针对管理中出现的问题，向市、区政府进行前馈和沟通，进一步优化管理目标和职能。商业街管理委员会对商业街实施科学管理，提高管理绩效。监督参与方对管理绩效进行外部评价，通过媒体等方式将结果反馈给市、区政府。市、区政府对管理绩效进行内部评价。根据内外部综合评价结果，市、区政府对商业街管理委员会进行绩效评价和奖惩。

## 第五节　街区经济管理系统模型构建

街区经济管理系统模型构建的基本前提有四个。一是中国城市化进程继续加快，城市人口不断增加，城市经济继续快速发展，城市居民生活水平显著提升，消费能力不断提高，随之带来巨大的市场需求。二是科学技术快速发展，物联网等新的信息技术迅速运用到城市管理的各个方面，数字化、信息化的城市管理逐步成为一种常态。三是公共服务型政府建设不断加快，政府进一步简化行政审批程序，并将更多的精力投入了公共事业中，持续加大中小企业融资服务力度，中小企业生产经营的软件环境持续改善。四是行业协会、商会等自主管理组织不断发展壮大，对本行业的自我管理能力不断增强。

街区经济管理系统模型的功能主要是：对从外部输入的各类物质、信息、能量，通过组织机构的接受和转换、管理体制机制的优化、管理主体行为的调适，实现经济发展、环境更优、社会效益更好、企业经营成本降低。

纵览第二章、第三章，该系统模型的弹性和适应性主要体现在：系统模型主要适用于管理体制中级阶段（即处于较为成熟阶段）的商业街区，包括成立了管理委员会等专门管理机构的特色街区，这类街区系统对外界环境（如自然、经济、技术、文化等）带来的变化具有较强的适应性。该系统模型（图 7-7）的描述：系统与外部环境之间进行着物质、信息、能量之间的交换。系统根据外部环境变化，不断调整系统运行方式和各类主体之间各种行为规则。

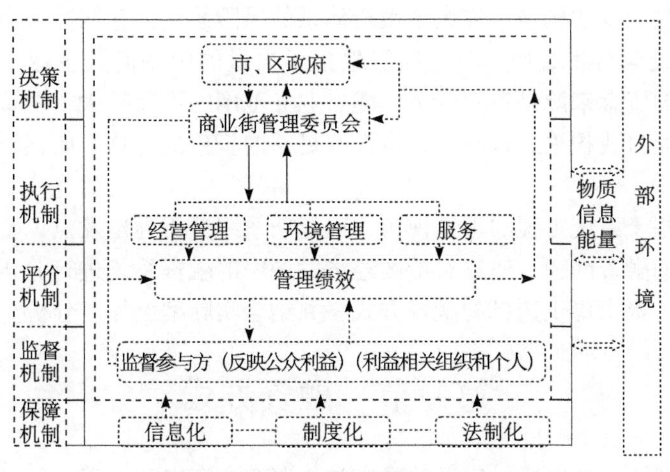


图 7-7　街区经济科学管理系统模型

从系统运行决策机制来看，市、区政府通过授权等方式，将各项管理职能授权于商业街管理委员会，商业街管理委员会定期向市、区政府汇报街区经济发展情况。根据街区经济管理的实际需要，管理委员会进一步争取市、区政府授权和相关支持。从系统运行执行机制来看，商业街管理委员会根据实际工作需要，按照经营管理、环境管理、服务三项职能，依法对街区经济实施管理和服务。从系统运行评价机制来看，商业街管理委员会和监督参与方对管理绩效进行评价，商业街管理委员会根据评价结果进行内部奖惩，市、区政府根据评价结果对商业街管理委员会进行奖惩。从系统运行监督机制来看，相关利益组织和个人对管理绩效（市容保洁、经营秩序、社会治安情况）进行监督。从系统运行保障机制来看，通过采取现代信息技术、制定各项管理制度、依据法律实施管理等方式，确保街区经济高效运转。整个系统的运转过程，包括决策、执行、评价、监督、保障等运行机制，实现了街区管理的动态有效运行。

# 第八章　街区经济融资系统

资金是经济发展的血液。在街区经济发展过程中，如何解决资金来源的问题显得尤为重要。自2008年世界金融危机以来，中国政府40 000亿元人民币经济刺激方案的实施成为中国城市化进程的重要推动力，地方政府融资平台的不断涌现及银行贷款额度的剧增，加大了银行体系的风险系数，存款准备金率创历史性新高，融资成本不断增加。街区经济聚集了大量的中小商贸企业，在发展的初期，其主要的资金来源是自有资金。随着业务范围的不断扩大，融资的需求越来越大，而企业自我积累远远不够，也没有足够的贷款抵押物，向银行贷款融资非常困难。

本章将基于系统工程的理论视角，以复杂系统分析为出发点，全面剖析街区经济发展中的融资问题。通过对街区经济发展中的融资系统进行分析，揭示系统运行的机制，提出可供选择的融资方式，并结合实际案例加以分析。

## 第一节　融资方式

融资，即资金的融通，广义的融资是指资金的筹集和运用；狭义的融资指资金的融入，也就是资金筹集。目前，国内外应用的资本市场融资方式众多，主要分为债权融资、股权融资、内源融资、政策融资和其他融资五大类（郭跃显和李惠军，2007），见表8-1。

**表8-1　基本融资方式**

| 融资方式 | 具体类型 | 融资成本 | 融资额度 | 融资风险 |
| --- | --- | --- | --- | --- |
| 债权融资 | 银行贷款 | 高 | 较高 | 较高 |
| | 集合债券融资 | 较低 | 高 | 一般 |
| | 商业信用担保融资 | 较高 | 一般 | 高 |
| | 民间资本融资 | 最高 | 一般 | 较高 |
| | 租赁融资 | 一般 | 一般 | 一般 |
| 股权融资 | 产权交易融资 | 一般 | 不定 | 一般 |
| | 上市融资 | 较高 | 较高 | 一般 |
| | 风险投资 | 较高 | 高 | 较高 |
| | 股权出让融资 | 一般 | 较高 | 一般 |
| 内源融资 | 票据贴现融资 | 较高 | 高 | 高 |
| | 内部利润留存 | 最低 | 一般 | 最低 |
| | 资产管理融资 | 高 | 一般 | 高 |

续表

| 融资方式 | 具体类型 | 融资成本 | 融资额度 | 融资风险 |
| --- | --- | --- | --- | --- |
| 政策融资 | 专项资金投资 | 一般 | 较低 | 较低 |
| | 产业投资基金 | 较低 | 较低 | 较低 |
| 其他融资 | 信托融资 | 较低 | 较高 | 一般 |
| | 项目融资 | 一般 | 较高 | 一般 |
| | 项目包装融资 | 低 | 高 | 低 |

## 一、债权融资

债权融资是指企业通过借钱的方式进行融资。债权融资所获得的资金分为银行贷款、集合债券融资、商业信用担保融资、民间资本融资和租赁融资等（王铁军，2006）。

（1）银行贷款。银行贷款按信用状况和担保要求分为信用贷款和担保贷款。信用贷款是指根据借款人信用发放的贷款，不需要提供担保物品，贷款手续灵活便捷，但是风险较高，通常针对具有优质信用的长期客户。担保贷款是指根据借款人提供的担保物发放的贷款，根据担保方式不同分为三种：①保证贷款，指由第三人保证，在借款人不能偿还贷款时，由保证人代为偿付，并以此为前提发放的贷款；②抵押贷款，以借款人或第三人的财产作为抵押物发放的贷款，抵押物通常为土地、建筑物等不动产；③质押贷款，以借款人或第三人的动产或权利作为质物发放的贷款。

（2）集合债券融资。集合债券，是指以一个机构作为牵头人，由多个企业为发债主体，向投资人发行的约定到期还本付息的债券，它是以银行或证券机构作为承销商，由担保机构、评级机构、会计师事务所、律师事务所等中介机构参与的新型企业债券方式，通俗地说，也就是“捆绑发债”。债券的购买者和发行者之间是一种债权债务关系。

（3）商业信用担保融资。商业信用担保融资是在商品交易中，交易双方通过延期付款或延期交货所形成的一种借贷关系。商业信用融资主要有三种：一是应付账款融资，对于融资企业而言，意味着放弃了现金交易的折扣，同时还需要负担一定的成本；二是商业票据，企业在延期付款交易时开具的债权债务票据；三是预收货款，买方向卖方提供的商业信用，是卖方的一种短期资金来源，但应用非常有限。

（4）民间资本融资。民间资本融资，是指出资人与受资人之间，在国家法定金融机构之外，以取得高额利息与资金使用权并支付约定利息为目的而采用民间借贷、民间票据融资、民间有价证券融资和社会集资等形式，暂时改变资金所有权的金融行为（冀磊，2010）。民间融资增长快、规模大和融资主体多元化，借贷手续灵活、简便，备受急需资金者青睐，但是利率高、弹性大。由于民间融资的种种便利和在社会经济生活中普遍发挥的现实作用，这种形式已被社会公众广泛认同，使得其逐渐由地下浮出水面，逐步呈现出专业化趋势。

（5）融资租赁。融资租赁是经中国银监会批准经营融资租赁业务的单位和经对外贸易经济合作主管部门批准经营融资租赁业务的外商投资企业、外国企业开展的融资租赁业务。融资租赁与传统租赁的本质区别就是：传统租赁以承租人租赁使用物件的时间计算租金，而融资租赁以承租人占用融资成本的时间计算租金，这是市场经济发展到一定阶段而产生的一种适应性较强的融资方式（李鲁阳，2007）。

## 二、股权融资

股权融资是指企业的股东成员出让部分企业所有权，以企业追加投资的方式引入新股东的融资方式。股权融资所获得的投资资金，不需要还本付息，只需要与新股东分享企业所得利润。

（1）产权交易融资。产权交易融资是企业财产所有者以产权为商品而进行的一种市场经营的融资模式。产权交易包括所有权转让和经营权转让。产权交易融资是产权和资本转化的有效方式，可实现资源的有效配置，已成为企业战略合作的重要形式。

（2）上市融资。上市融资就是通过上市来融通资金，本质上是企业所有者通过出售可接收的部分股权换取企业当期急需的发展资金，依靠资本市场短期的输血促使企业的蛋糕迅速做大。目前境内资本市场包括上海证券交易所 A 股、B 股；深圳证券交易所 A 股、B 股。

（3）风险投资。风险投资是把资本投向蕴藏着失败风险的高新技术及其产品的研究开发领域，旨在促使高新技术成果尽快商品化、产业化，以取得高收益的一种投资过程。风险投资一般采取风险投资基金的方式运作。风险投资基金采取有限合伙的形式，而风险投资公司则作为普通合伙人管理该基金的投资运作，并获得相应报酬。

（4）股权出让融资。企业出让部分股权，以筹集企业需要的资金。出让股权后，企业股权结构、管理权、发展战略和企业收益等方面将发生变化。出让股权融资，也是引入新的合作者的过程，企业必须慎重考虑。股权融资可以分为全面收购（兼并）、部分收购（控股或不控股）等几种方式。

## 三、内源融资

内源融资是指公司经营活动产生的资金，即公司内部融通的资金。内源融资的资本形成具有原始性、自主性、低成本和抗风险的特点，是企业生存与发展不可或缺的重要组成部分（聂力鹏，2011），具体融资方式包括票据贴现融资、内部利润留存和资产管理融资。

（1）票据贴现融资。票据贴现融资是指票据持有人在资金不足时，将商业票据转让给银行，银行按票面金额扣除贴现利息后将余额支付给收款人的一项银行授信业务。这种融资方式的好处在于，银行不需要按企业的资产规模而是依据市场情况（销售合同）来贷款。企业申请贴现融资，远比申请贷款手续简便，而且融资成本很低。此外，票据融资不需要担保、不受资产规模限制，对商家融资尤为适用。

（2）内部利润留存。留存收益是企业缴纳所得税后形成的，其所有权属于股东；留存利润是指企业分配给股东红利后剩余的利润。股东将这一部分未分派的税后利润留存于企业，实质上是对企业追加投资，其中，固定股利、正常股利加额外股利是公司普遍采用的两种基本政策（刘雄，2007）。

（3）资产管理融资。企业可以将其资产通过抵押、质押等手段融资，主要有应收账款融资、存货融资等。主要方式有两种：一是应收账款融资，应收账款融资具有较大的弹性，能够成为贷款担保，并且通过抵押、代理等获得一定的融资信用，但成本较高；二是存货融资，存货是具有较高变现能力的资产，适于作为短期借款的担保品，此外，存货还可通过保留所有权的存货抵押来融资。

## 四、政策融资

政策融资是根据国家的政策，以政府信用为担保，政策性银行或其他银行对一定项目提供的金融支持，主要以低利率甚至无息贷款的形式，其针对性强，发挥金融作用强。

（1）专项资金投资。专项资金投资是指投资于专项用途的资金。为了扶持企业或产业的发展，完善市场经济体制，促进产业竞争力提升，中国各级政府财政出资设立针对特定项目的专项资金。专项资金包括国家设立的中小企业专项资金、产业扶持资金、节能环保专项扶持资金、高新技术产业扶持资金及促进服务业发展专项资金等。在国家出台相关的专项扶持资金的前提下，各省市区也出台了相应的配套政策及配套资金支持。

（2）产业投资基金。产业投资基金是指以信托、契约或公司形式，通过发行基金凭证，将众多的社会闲置资金集中起来，形成一定规模的信托资产，并交由专门的管理机构进行投资管理，获得收益后由投资者按出资比例分享的一种投资工具。其特点是：专指以非上市公司权益为投资对象的投资基金，它既不同于实业投资者，通过企业利润分红获得长期受益，也不同于证券投资基金，根据证券价格的短期波动获取价差，而是把企业作为一种商品，通过买进企业、经营企业和出售企业，来获取投资收益。根据投资模式的不同，产业投资基金包括企业股权投资基金、基础设施投资基金和企业重组基金。目前市场上主要存在两类产业投资基金。一类是数量繁多的企业股权投资基金，另一类是由政府为支持区域和产业发展而设立的产业投资基金，如渤海基金和开元城市发展基金。

### 五、其他融资

（1）信托融资。信托是指委托人基于对受托人的信任，将其所拥有的财产（包括资金、动产、不动产、有价证券、债券等）委托给受托人，由受托人按委托人的意愿，以受托人的名义，为受益人的利益或者特殊目的，对信托财产进行管理或处分的行为。信托融资是以资金和财产为核心，以信任为基础，以委托为方式的财产管理制度。信托机制具有广泛的资金来源（安子明，2011）。

（2）项目融资。项目融资是指项目发起人为该项目筹资和经营而成立一家项目公司，由项目公司承担贷款，以项目公司的现金流量和收益作为还款来源，以项目的资产或权益作抵（质）押而取得无追索权或有限追索权的贷款方式。项目融资主要用于需要巨额资金、投资风险大、现金流量稳定的工程项目（陶有生，2008）。目前具有代表性的融资模式有 BT（建设-转让）、BOT（建设-运营-转让）、PPP（公共部门与私人企业合作模式）、TOT（转让-经营-转让）和 ABS（资产证券化）等。

（3）项目包装融资。项目包装融资是指根据市场运行规律，经过精密的构思和策划，对具有发展潜力的项目进行包装和运作，以丰厚的回报吸引投资者，为项目融取资金，从而完成项目建设。好的项目包装融资应具有科学、充分的准备，将项目的收益展现给投资者，从而吸引投资者。项目包装融资的模式通常包括投资者直接安排的融资、投资者通过项目公司安排融资、以“设施使用协议”为基础的融资、以生产支付为基础的融资等。

## 第二节　街区经济融资系统分析

### 一、街区经济融资系统的环境与目标

系统都存在于一定的环境之中，系统的存在和发展必须适应客观环境。街区

经济融资系统涉及政策环境、法律环境、金融环境、宏观经济发展环境、信用环境和产业环境等六个方面。政策环境是街区经济融资系统发展的导向，政府出台的相关政策是街区融资的基础环境因素；法律环境为街区融资提供法律约束及法律保障；金融环境关系到街区融资的成功率；宏观经济发展环境的稳定是街区融资工作的前提；信用环境是街区经济融资系统的保障，信用环境越好，融资成本越低，反之越高；产业环境是指对处于同一产业内的组织都会发生影响的环境因素，与一般环境不同的是，产业环境的好坏对处于某一特定产业内的企业及与该产业存在业务关系的企业具有重要影响。良好的外部环境是街区经济融资的关键，系统外部环境是动态和不断变化的，街区经济融资就是在不断变化的外部环境中，选取合适的融资方式，使街区经济发展保持可持续增长的活力。政府通过不断优化外部环境，促进系统功能的完善。随着环境的不断优化，为街区经济融资系统的发展提供良好的基础条件。

街区经济融资系统的基本功能是为街区经济发展提供可靠的资金保障。系统的目标包括以下三个方面。

（1）研究全球宏观经济发展动态，把握国家财政政策调整动向，充分利用中央政府扶持资金。

（2）实现地方政府、街区、社会中介机构与金融机构的良性互动。

（3）保持区域经济、社会可持续增长。街区经济融资系统要对其外部环境进行识别与适应，在此基础上，再实现系统内部要素间的关系匹配、业务匹配和职能匹配，最终实现系统整体的目标与功能。

## 二、街区经济融资系统的要素与结构

街区经济融资系统是由商家、地方政府、证券市场、金融机构、社会中介机构等要素有机结合组成的复杂系统，其结构如图 8-1 所示。它是一个由不同层次组成的有机整体，在此将系统结构分为四个层次：第一层次是商家，商家作为微观融资个体，会根据自身发展战略做出相应部署；第二层次指商家与商家之间的交互，在街区发展中，商家数量较大，相互之间会存在一定的资金融通或联合的融资行为，如发行企业集合债券；第三层次是街区与地方政府、证券市场、金融机构和社会中介机构之间的协同进化；第四层次是街区经济融资系统各行为主体与复杂外界环境之间的交互。四个层次相互联系，密不可分，共同构成了街区经济融资系统的多层次结构。

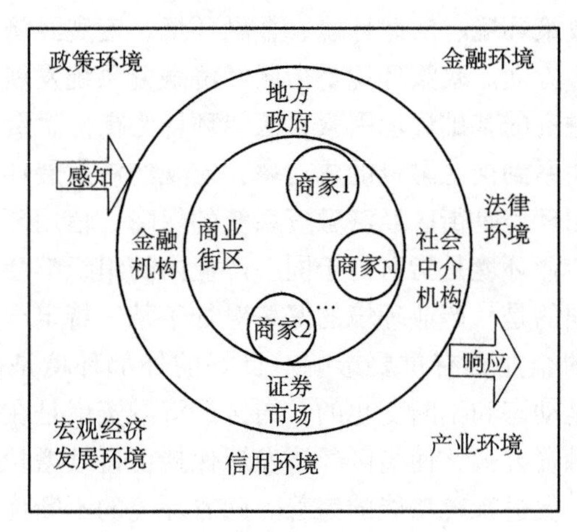


图 8-1 街区经济融资系统结构

系统是由要素结合而成的，各要素在系统中的地位和作用不尽相同，系统要素及其关系决定了系统的本质，也是系统分析的重点。

（1）商家。商家是街区经济的基本组成单元，商家的融资行为构成街区经济融资系统的主要内容，街区经济融资系统运行的本质是扶持并服务于商家融资。

（2）地方政府。地方政府是街区经济融资系统发展的重要支撑力量。在支持商家融资的过程中，地方政府的主要作用体现在政策扶持、法律服务、环境建设、基础设施建设等方面。政策扶持主要是以财政政策、信贷政策、税收政策和减负政策来助力商家发展；环境建设主要是指建设街区经济发展的宏观经济环境、金融环境、企业间信任环境等。

（3）证券市场。证券市场是街区经济融资系统运行的媒介之一，为街区内商家的发展提供更广阔的空间，是直接融资的场所，主要通过支持企业集合债券的发行来促进街区经济系统的良性发展，是街区经济融资构建多层次资本市场的重要基础。

（4）金融机构。金融机构包括商业银行、社区银行、保险公司、基金机构等，它们可以有效利用手中掌握的资金为商家提供资金支持。融资难一直是困扰商家的难题。如何破解商家发展的资金瓶颈？建立稳定有效的银企合作关系和银企融资网络是一种重要手段（Uzzi and Lancaster，2003）。商家管理创新和技术创新的发展需要大量的资金投入，一旦开发成功，所得的收益是巨大的。商家的发展仅仅依靠内源融资是远远不够的，发展银行贷款、上市融资及发行企业集合债券显示了金融机构对解决融资难问题的重要作用。

（5）社会中介机构。社会中介机构主要包括为商家提供信息、技术、管理咨询、资产评估、法律等服务的组织和机构，如各种小额贷款担保公司、商家协会等。这些中介机构的存在，有利于解决资源短缺、人才匮乏、技术落后及资金紧张的问题。社会中介机构是商家发展的重要支柱力量，为街区经济融资提供社会化的服务，是街区经济融资系统发展的保障。

## 三、街区经济融资系统的复杂性

街区经济融资系统由若干具有相对独立行为的主体构成，包括商家、地方政府、金融机构、证券市场和社会中介机构等组织，它们在交互作用与协同发展的过程中表现的复杂性，属于复杂适应系统理论的研究范畴。街区经济融资系统具有适应性、多层次性、开放性、非线性及协同性等特征。

（1）适应性。街区经济融资系统在复杂的环境中具有主动适应性，各主体行为会针对不同的环境制定不同的发展目标，选择不同的发展策略，利用有利的各种资源，不断提高自身适应性，在竞争与合作中保持优势地位。同时，在不断适应的过程中，各主体在与环境的交互过程中将不断地进化升级，体现了复杂适应系统不断发展和演化的特点。

（2）多层次性。街区经济融资系统是一个有不同层次与结构的有机整体，从系统结构分析过程中可以看出街区经济融资系统的多层次性。

（3）开放性。开放性是指系统与其环境发生的物质、能量和信息交换的性能。街区经济融资系统的发展，需要不断与外界环境进行物质、信息、能量的交换。由于各行为主体的目标随着环境的变化而不断调整，主体主动搜寻环境变化的各种信息，主动适应复杂开放的环境变化。街区经济中的融资主体会根据金融市场的变化，收集信息，选择合适的融资方式，使得融资成本最小化，体现了系统的开放性。

（4）非线性。作为复杂适应系统，街区经济融资系统内部各个行为主体之间存在非线性关系，非线性相互作用会通过涨落产生关联放大，如果系统中一个行为主体退出，可能导致系统崩溃或涌现出新的系统特征，如缺乏政府的相应扶持政策可能导致融资成功率降低。

（5）协同性。协同性是系统不同主体基于实现各自目标而连接在一起，通过合作取得整体功能大于各组成部分功能简单叠加的效应，即“1 +1 >2”。街区经济的繁荣发展，需要各主体的协同配合。

综上所述，街区经济融资系统是街区内商家为了达到共同的融资目的，采取特定融资方式，在各个主体之间交互协作进化的情况下，呈现复杂适应性特征的一类复杂适应系统。研究街区经济融资系统，主要是研究商家之间的交互协作，以及商家与地方政府、证券市场、金融机构和社会中介机构等主体之间的行为。

## 第三节 街区经济发展中的融资方式选择

结合前文对融资方式的简要介绍，特别是对街区经济融资系统的分析，发现街区经济融资系统的关键在于商家之间的融资行为。因此本节提出以下几种融资方式，即中小企业集合债券融资、联保贷款融资、商圈担保融资、经营权质押融资和知识产权质押融资等，为街区经济发展提供融资方式选择，具体见表8-2。

**表8-2 街区经济融资方式**

| 融资方式 | 融资优势 | 规模 | 风险 | 政策支持 |
| --- | --- | --- | --- | --- |
| 中小企业集合债券融资 | 发行主体较宽泛，融资成本低，对单个企业的规模、盈利能力、偿债能力的要求较高 | 较大 | 较低 | 《国家发展改革委关于推进企业债券市场发展、简化发行核准程序有关事项的通知》 |
| 联保贷款融资 | 企业互助合作，利益共享，风险共担，放大商家信用，降低银行放贷风险，方便快捷，企业融资成本低 | 一般 | 高 | 《农村信用社小企业信用贷款和联保贷款指引》 |
| 商圈担保融资 | 放大了单个企业的信用，可以增强其融资能力，也降低了金融机构的征信成本，提高其为中小商贸企业服务的积极性 | 一般 | 一般 | 《关于支持商圈融资发展的指导意见》 |
| 经营权质押融资 | 借助核心企业为自身增加信用，获取银行贷款，融资规模较小、期限较短、需求更为灵活 | 较小 | 较低 | 《关于支持商圈融资发展的指导意见》 |
| 知识产权质押融资 | 企业或个人以合法拥有的专利权、商标权、著作权中的财产权经评估后作为质押物，向银行申请融资 | 一般 | 较低 | 《关于加强知识产权质押融资与评估管理支持中小企业发展的通知》 |

### 一、中小企业集合债券融资

2007年，国家发展和改革委员会（简称国家发改委）发布的《关于促进产业集群发展的若干意见》提出，开展以集合式企业债券方式进入资本市场。发行集合式企业债券，俗称“捆绑发债”。捆绑发债的方式，打破了只有大企业才能发债的惯例，开创了企业新的融资方式。

在街区经济发展过程中，利用中小企业集合债券这一直接融资方式具有以下优势：①发行主体较宽泛，企业集合债券的发行主体是多个有发展潜力的商家构成的集合体，而一般企业债券的发行主体是一家企业；②对单个企业的信用要求较低，由于商家的信用等级在集合之后会有所提升，所以从单个商家角度出发，企业集合债券对单个商家的信用要求较一般企业债券对发行企业的信用要求要低；③发行难度较低，由于企业集合债券的发行对单个企业的规模、盈利能力、偿债能力的要求较一般企业债券发行的要求要低，所以在发行难度方面，前者较后者也相对较低；④发行费用相对较低，企业集合债券发行主体的数量决定了发行费用就是发行成本，在分摊到每个商家后也相对较低（洪增林，2011）。

## 二、联保贷款融资

联保贷款是指银行向联保组织内的商家发放的用于技术改造，购建、维护固定资产，以及购买专利权、商标权、特许经营权等知识产权的贷款。联保贷款分为一般联保贷款和特殊联保贷款。一般联保贷款是指由多个商家组成联保小组并签订协议，在借款人不能按约偿还贷款时，由联保小组成员承担连带责任的贷款；特殊联保贷款是指由多个商家共同出资设立风险基金、设定还款责任和损失风险补偿机制，由银行对联保的商家发放贷款。联保贷款具有企业互帮互助、提升信用、方便快捷、融资成本低的特点。

联保贷款这种新的贷款模式有效整合了银行、协会、企业三方资源，借助互保金、企业互相担保机制，帮助优质商家获得银行信任和贷款。联保贷款的一般机制是：由协会向银行推荐有贷款需求的优质企业，经协会、银行初选合格的会员企业，按相互了解与信任的程度进行分组，或者由企业自发组成联合体，各组企业确认信用担保比例并与银行达成贷款协议，组内企业与银行共同签订信用担保协议，相互间签订承担贷款偿还责任书，银行按总贷款额10%～30%的比例暂扣担保金，剩余贷款按约定向组内企业发放。合同期满无违约情况，担保金如数返还企业；如出现违约，银行先从担保金中获赔，担保金不足，由组内企业按约定赔偿（黄复兴，2009）。

## 三、商圈担保融资

为破解长期困扰街区经济内商贸企业特别是中小商贸企业的融资难题，商务部、银监会等部门出台了《关于支持商圈融资发展的指导意见》。最常见的商圈有商品交易市场、商业街区、物流园区、商贸服务业功能聚集区，以及包括上下游交易链条的供应链集群等。商圈融资模式，放大了单个企业的信用，可以增强其融资能力，也降低了金融机构的征信成本，提高其为中小商贸企业服务的积极性。

商圈管理委员会或管理公司对入驻商圈的中小商贸企业进行筛选，然后通过担保公司为其中的合格者担保获取银行贷款。该模式一般出现在资金需求较固定且拥有相对完善的管理和担保体系的生产资料交易市场，商圈管理委员会的介入至关重要。这是由于商圈管理委员会对市场内的商贸企业非常了解，并通过协议和日常管理对其拥有一定的控制力，所以在融资过程中发挥着信用识别和保证的重要作用。例如，浙江省杭州湾钢贸城担保公司运用这种方式，已帮助200多家入驻企业获得担保融资，总金额累计超过30亿元，较好地满足了入驻商贸企业的融资需求。

## 四、经营权质押融资

经营权质押指个体工商户将商铺的经营权、优先续租权向银行质押获取融资。该融资方式一般出现在融资规模较小、期限较短、需求更为灵活的生活资料交易市场。此类市场中的经营主体多为个体商户，不仅没有会计报表，而且缺乏担保手段和抵押物。所以，权利质押便成为有效的融资途径。与分散的商铺相比，位于交易市场内的商铺经营更加规范，商铺经营权的价值不仅更高，也更容易做出准确评估，因此银行更愿意接受此类经营权质押。例如，江苏常熟服装城的商户，在2009年通过商铺经营权和优先续租权质押获得银行贷款2203笔，总额达到20亿元，大大缓解了服装销售企业的融资困难。

## 五、知识产权质押融资

知识产权质押是一种相对新颖的融资方式，是指企业或个人以合法拥有的专利权、商标权、著作权中的财产权经评估后作为质押物，向银行申请融资。知识产权质押融资在欧美发达国家已十分普遍，在中国则处于起步阶段。2010年，财政部、工业和信息化部、银行业监督管理委员会、国家知识产权局、国家工商行政管理总局、国家版权局等部门联合印发《关于加强知识产权质押融资与评估管理支持中小企业发展的通知》，该通知鼓励和引导商业银行等金融机构和各类担保机构开展知识产权质押融资业务。知识产权抵押融资能够有效开展商家无形资产抵押质押，创新街区融资方式，积极推动产权结构优化升级（曹晨，2011）。

目前，中国正在逐渐开展知识产权质押融资业务的试点工作，如上海市和江苏省的知识产权质押融资模式。知识产权质押融资的机制如下：①建立、促进知识产权质押融资的协同推进机制；②创新知识产权质押融资的服务机制；③建立、完善知识产权质押融资风险管理机制；④完善知识产权质押融资评估管理体系；⑤建立有利于知识产权流转的管理机制。

## 第四节 街区经济发展中的融资案例

### 一、成都市荷花池大成市场经营权抵押融资

2010年，中国邮政储蓄银行成都分行与成都市荷花池大成市场签署协议，规定大成市场的个体工商户可以将商铺的10年经营权作抵押获得贷款，最高可贷100万元。商户经营权抵押贷款模式是为大成市场量身打造的，只要拥有大成市场商铺的10年经营权，具有合法实体经营资格的商户均可提出贷款申请。申请人不需要提供个人资产证明材料，只需要提供户口簿、营业执照、税务登记证、商铺经营权使用证、房屋租用合同等材料。市场管理方对申请贷款的商铺进行价值评估，银行工作人员再进行贷款调查，最后签订合同、发放贷款，最快三天内放款。单一借款人单笔最高贷款额可达人民币100万元，贷款期限最长为3年，提前还款无须支付其他费用（佚名，2010）。

大成市场经营权抵押贷款具有三大优点：一是无担保公司介入，利率低，费用低，市场管理方根据工商部门提供的商铺经营好坏和诚信度等信息，对商铺进行综合评估，把价值评估反馈给银行；二是贷款人不需购买保险或交纳保证金，银行根据市场管理方提供的价值评估结果对商铺进行实地调查，决定对商铺的最高贷款额；三是贷款所需手续均在市场内一次性办理，缩短了审核时间，加快了放款速度。

### 二、江西省洪城商圈担保融资

洪城商圈是江西省最大的商贸集聚地，包括洪城大市场及18家专业市场。像全国其他商圈一样，洪城商圈在日益壮大的同时，流动资金的压力也曾相当突出。商圈内大量的经营户经过十多年的发展，不断壮大，由此产生的市场竞争使资金需求增加，加上受金融危机的影响，市场需求疲软，资金回流减慢，从而加大了资金缺口。

面对这种情况，担保公司及时介入，解决了商户们抵押物不足的难题。随着担保公司全面加强与银行的合作及商贸型商家流动资金贷款业务的推广，商贸类企业获得了宝贵的流动资金，并相应地推动了商户所在商圈的发展。2008年，担保公司为商贸类企业担保贷款总额9000多万元；2009年，增资后的担保公司更是为近300家商户提供了2.2亿元的担保；2010年，新增担保余额4050万余元。这些举措有力地支持了商圈的发展，解决和满足了部分商户的融资需求（张

志亮，2011）。

正是在担保公司的桥梁作用下，洪城商圈突破流动资金瓶颈，得到了快速发展。目前洪城商圈经营面积达141.92万平方米，商圈内及周边经营户有4万余户，各类从业人员有30余万人，如再加上商圈“前店后厂”的延伸效应，以及各品牌总代理在全省各地市的分销渠道和各大城市主要商场、超市的辐射效应，还有客货运输、货物配载、货运信息、托运中转及仓储的市场配套行业放大效应，以及对当地衣食住行方面产生的派生效应，洪城商圈所带动和撬动的商贸类交易总额超过千亿元人民币，解决社会数百万人就业。2012年，洪城商圈年交易额突破500亿元人民币。

## 第五节　街区改造中的融资问题

街区经济的形成与发展，有些是因旧城区改造后新建，有些是将原有的商业街立面和街景进行有机更新。旧城区改造后，街区经济的发展方式主要是整合土地资源，通过土地使用权的招标、拍卖、挂牌出让来实现合理运营招商；对原有街区改造升级的融资渠道，主要是政府财政出资或是政府与企业按比例共同承担。下面结合具体案例分析街区改造过程中的融资问题。

### 一、街区经营融资

街区经营融资可以降低商业街管理的成本，减轻政府财政压力。街区经营融资包括广告和开展促销活动的租金。例如，成都市春熙路步行商业街管理的资金来源，主要是整条商业街中心的静态和动态广告收入，以及广场举办各种产品促销活动收取的费用。

### 二、街区街景改善融资

为了提升商业街的品位和档次，营造良好的商业氛围，会聚人气，街景改善是一个重要的途径。街景改善主要包括商业铺面外立面、屋顶墙体、街道路面、广告牌和街灯等外观形象的更新，融资形式包括政府财政拨款和政府与企业共同承担两种。例如，南京市1912酒吧一条街作为南京市的重要名片，其街景改善主要依靠政府每年的财政出资；重庆市解放碑步行商业街的街景改善费用则由政府与企业共同承担，通过舆论宣传，对商家做工作，让商家得到实惠，解放碑中央商务区管理委员会提供专项整治资金，按照50%的比例补偿商家。

## 三、街区商业开发融资

街区商业开发涉及的内容包括土地使用权获取、项目建设、项目运营。街区商业开发主要是采用土地“招、拍、挂”的供应方式，根据开发主体不同，街区商业开发融资方式可分为以下几种：一是企业自主开发融资方式，资金来源于企业，如万达广场由万达集团整体开发；二是政府开发融资方式，如南京市的1912酒吧一条街由南京市1912集团开发建设，产权归属于江苏省政协，是一种经营权与所有权分离的模式；三是政府、开发商、投资商共同开发融资方式，如武汉市的世界城·光谷步行街由政府和开发商、投资商共同实施开发，整合现有土地资源，做到统一规划、连片开发，这是一种投资主体单一化的开发模式；四是多元化投资主体开发融资方式，在全国应用比较广泛，如重庆市解放碑步行商业街实施重点项目建设，引入多元化的投资主体。

# 第九章　街区经济运行评价

在深入分析街区经济建设、管理和融资子系统后，对街区经济运行的综合评价就成为一个重要课题。简单来说，街区经济运行评价就是全面评定不同阶段街区经济系统运行发展的价值。这种价值的准确评定将会为街区经济进一步的发展决策提供有益的导引，因此，建立完善、有效的评价体系，对街区经济持续更好的发展是必不可少的。

## 第一节　街区经济运行评价基础

### 一、评价对象的确定

街区经济本质上是带动当地经济和社会发展的一种城区经济发展形态。这种形态的存在与发展，通过各类具有聚集性、规模性、差异性、开放性、综合性的商业街来体现。对街区经济运行的评价就是对各类商业街规划建设与运行管理效果的综合评价。

### 二、评价主体的识别

评价是按照明确目标测定对象属性，并把它变成主观效用（满足主体要求的程度）的行为，即明确价值的过程，因此，街区经济的评价就是评定具体商业街的价值。商业街的价值，从哲学意义上来讲，就是各评价主体（个人或集体）对商业街在理论和实践方面所具有的作用及意义的认识和估计；从经济意义上来讲，就是各评价主体根据自己的效用观点，对商业街满足某种需求的认识或估计。在具体的评价过程中，由于各评价主体的立场、观点、环境和目的不同，对价值的评定就会有所不同。要获取有实际意义的评价结果，就要综合考虑不同主体对商业街价值的认识和估计，因此需要识别商业街开发建设与发展涉及的各主体。按照街区经济系统的相关分析，得出的主体主要包括政府、投资主体（投资商、开发商、运营商）、经营户、消费者及当地居民等。

### 三、评价目的的明确

对街区经济运行效果进行评价是为了后续更好地决策，具体可从以下两方面来理解。

（1）对商业街后续建设和发展决策的支持。在商业街的后续建设过程中，决策者有时会对商业街存在的问题和要实现的真正目标感到模糊不清，对建设和发展方案感到迷惑不解。评价可使这一切变得清晰、明朗，为决策者提供参考信息。

（2）对商业街后续建设和发展决策行为的说明。决策者对决策采取的行为和后果有了比较明确、深刻的认识，但要让其他群体或个体也能很好地领会、了解，是一件不容易的事情。为了使他人对决策心悦诚服，需要对其进行客观评价，以形成统一的意志。

总之，在商业街发展的不同时期，对商业街的规划建设和运行管理现状进行有效评价，能够为商业街后续建设和发展提供思路和措施，并可以有效获取其他相关群体或个体的支持，为商业街更快、更好地发展提供支撑。

## 第二节　街区经济运行评价指标体系设计

### 一、指标选取的原则

（1）科学性原则。指标体系设计既要对商业街评价指标的含义和范围进行科学的界定，又要客观地反映其与各子系统和指标间的相互关系。

（2）系统性原则。指标体系设计要从系统观点出发，要从商业街系统的投入、产出、内部结构、系统状态和外部环境角度，思考应设立的指标，以保证评价结果全面地、综合地、准确地反映商业街发展的成效。

（3）目标一致性原则。指标体系设计不仅应与评价目标一致，同时指标体系内部二级、三级指标应相互融合，不应把相互冲突的指标放在同一指标体系内。

（4）可行性原则。可行性集中体现在“可比、可测”两个方面。可比性是指评价对象之间或评价对象与标准之间能够比较；可测性是指设置的商业街运行指标体系能在实践中获取足够的信息，使评价对象在项目中的状态能被量化描述。

### 二、指标体系的构成

在参考商业街评价已有研究的基础上，依据评价指标选取原则：一方面，从商业街规划建设和运行管理的集客能力方面来设计指标，包括设施类指标、商业类指标及形象类指标；另一方面，从商业街规划建设和运行管理的综合效果方面来设计指标，包括经济效益类指标和社会效益类指标。

（1）设施类指标。设施类指标衡量的是影响商业街集客能力的设施性因素。设施类指标主要指商业街规划和建设阶段所形成的景观设施、交通设施及其他配套设施。

（2）商业类指标。商业类指标衡量的是影响商业街集客能力的商业性因素。商业类指标指商业街规划和建设阶段设计、引导所形成的数量和多样性方面的指标，具体包括店铺、业种、业态、功能等。

（3）形象类指标。形象类指标衡量的是影响商业街集客能力的形象性因素。形象类指标包括商品信誉、街区环境、街区服务、商店环境。形象并不是简单的视觉形象或外观，而是指外界对商业街运行管理现状的全面评价。

（4）经济效益类指标。经济效益反映了商业街利用资源和市场创造价值的经营业绩，也代表街区今后发展的速度、质量、规模、效益和潜力。经济效益类指标的构建，具体从街区经济运行所影响的主要受益主体——政府、投资主体、经营户、当地居民四个方面来设计。

（5）社会效益类指标。社会效益是从整个社会的角度出发，分析商业街的建设、发展对社会所产生的直接、间接效益。社会效益类指标主要包括城市化率、土地使用、就业等。

## 三、指标体系的设计

以经营类型为划分标准，商业街可以划分为综合型、混合型、单一型、专业型、特许经营型等类型。其中，综合型商业街集吃、住、行、游、购、娱等功能于一体，业态丰富，规模较大，综合性强，能够较好地满足人们的各种需求。

综合型商业街充分体现了现代消费经济的开放性、体验性、互动性，更加契合现代都市人群的消费习惯。国内一线、二线城市纷纷新建、改建和扩建综合型商业街。因此，本书特别针对综合型商业街来设计街区经济运行评价指标体系。

综合型商业街运行评价指标体系以设施类指标、商业类指标、形象类指标、经济效益类指标和社会效益类指标为一级指标，二级和三级指标需要结合商业街的具体特征及所在地域情况进行设计。表 9-1 给出了具有普适性的综合型商业街运行评价指标体系。需要说明的是，其他类型商业街可以参考综合型商业街的运行评价指标体系进行指标的增减，以得到符合实际需求的运行评价指标体系。

**表 9-1　综合型商业街运行评价指标体系**

| 一级指标 | 二级指标 | 三级指标 | 三级指标解释 |
| --- | --- | --- | --- |
| 设施类指标 $A_1$ | 景观设施类指标 $B_{11}$ | 建筑风格 $C_{111}$ | 街区整体及街区内店铺的建筑设计体现出的思想特点和艺术特点 |
| | | 街道的绿化及美化 $C_{112}$ | 商业街的园艺景观和雕塑等 |
| | 交通设施类指标 $B_{12}$ | 内部交通系统设施 $C_{121}$ | 消费者在商业街购物的安全性和便利性，主要的影响因素有道路曲折度、节点数目与多样性、行人流线和景观的结合度，以及无障碍设计等 |
| | | 外部交通系统设施 $C_{122}$ | 消费者能够选择到达商业街的交通方式的多样性和便捷性，主要的影响因素有停车的便捷性、公交的便捷性和道路的畅通率等 |
| | 配套设施类指标 $B_{13}$ | 便民设施 $C_{131}$ | 商业街设置了休息座椅、公共厕所、垃圾箱、信息指示牌等 |
| | | 安全设施 $C_{132}$ | 商业街设置了警卫设施或安全监控系统、消防器材等 |
| | | 信息化、智能化设施 $C_{133}$ | 商业街设置了信息化、智能化的装置或设备等 |
| | | 残疾人专用设施 $C_{134}$ | 商业街设置了盲道等 |
| 商业类指标 $A_2$ | 数量类指标 $B_{21}$ | 核心店铺 $C_{211}$ | 商业街内的主力店的数量（个） |
| | | 老字号店铺 $C_{212}$ | 商业街内开设年代久的商店数量（个） |
| | 多样性类指标 $B_{22}$ | 业种、业态的多样性 $C_{221}$ | 商业街店铺业种、业态丰富（种） |
| | | 功能完备性 $C_{222}$ | 不但能够满足购物需求，还提供多方位的消费体验（旅游、文化、休闲、娱乐、餐饮等多项综合功能）（种） |
| 形象类指标 $A_3$ | 商品信誉类指标 $B_{31}$ | 商品的品质 $C_{311}$ | 商品的质量和外观 |
| | | 商品的性价比 $C_{312}$ | 商品的性能值与价格值比，是反映物品可买程度的一种量化的计量方式 |
| | | 营销服务 $C_{313}$ | 服务质量、服务速度和服务监督等 |
| | | 商品的特色 $C_{314}$ | 地域特色和历史文化特色等 |
| | 街区环境类指标 $B_{32}$ | 街区卫生 $C_{321}$ | 街道、建筑物外立面、公共设施等的保洁清扫和维护 |
| | | 街区安全 $C_{322}$ | 经营户、居民和消费者的人身财产安全 |
| | | 广告宣传 $C_{323}$ | 广告宣传申请的便利性、规范性及实际效果 |
| | 商店环境类指标 $B_{33}$ | 洁净透亮 $C_{331}$ | 经营户内部的卫生、整洁程度 |
| | | 商店格局 $C_{332}$ | 经营户的格局设计和货品的陈设情况 |
| | | 服务态度 $C_{333}$ | 经营户的服务礼貌、热情等 |
| | 街区服务类指标 $B_{34}$ | 街区管理 $C_{341}$ | 对各种活动的组织协调及商业街行政事务的处理能力 |
| | | 公共服务 $C_{342}$ | 对经营户、居民及消费者所遇问题的处理能力 |

续表

| 一级指标 | 二级指标 | 三级指标 | 三级指标解释 |
| --- | --- | --- | --- |
| 经济效益类指标 $A_4$ | 政府指标 $B_{41}$ | 经济密度 $C_{411}$ | 单位面积的商贸业零售总额（万元/平方米） |
| | | 对财政的贡献 $C_{412}$ | 对财政收入的贡献（万元） |
| | | 商贸业零售总额增长率 $C_{413}$ | 商贸业零售总额的增长速度（%） |
| | | 总资产贡献率 $C_{414}$ | 全部资产的获利能力（%） |
| | | 商贸业劳动生产率 $C_{415}$ | 根据商贸业价值量指标计算的从业人员单位时间内的人均价值量（%） |
| | 投资主体指标 $B_{42}$ | 实际利润率 $C_{421}$ | 实际利润与资金投入的比值，反映盈利能力的静态评价指标（%） |
| | | 实际财务内部收益率 $C_{422}$ | 项目在整个计算期内各年财务净现金流量的现值之和等于零时的折现率，反映盈利能力的动态评价指标（%） |
| | 经营户指标 $B_{43}$ | 经营户营业额变化 $C_{431}$ | 平均营业额变化（万元） |
| | | 经营户利润变化 $C_{432}$ | 平均利润变化（万元） |
| | 居民指标 $B_{44}$ | 居民收入变化 $C_{441}$ | 商业街周边范围内原住居民平均收入变化（万元） |
| 社会效益类指标 $A_5$ | 直接类指标 $B_{51}$ | 就业实现率 $C_{511}$ | 实际吸纳的劳动力与计划吸纳的劳动力之比（%） |
| | | 特色风貌保护 $C_{512}$ | 现存历史建筑与文物保护单位的建筑面积（平方米） |
| | 间接类指标 $B_{52}$ | 促进城市化进程 $C_{521}$ | 增加的城市居民数量（个） |
| | | 城市知名度与美誉度 $C_{522}$ | 能够代表地区整体形象和美誉度，起到城市名片的作用 |
| | | 实际容积率 $C_{523}$ | 总建筑面积与项目总用地面积的比值 |

# 第三节　街区经济运行评价与结果分析

## 一、评价方法的选择

在比较了几种常见的系统评价方法之后，根据街区经济发展的特征，本书提出面向街区经济发展全过程的效用评价方法，对商业街的规划建设与运行绩效进行综合评价。

效用是后果价值的量化，也可泛指人们消费物质、从事工作及对某项事物发展的满意程度，满意度大小一般取决于感受人的主观评价，而效用评价理论正是尽力通过量化的方式去描述这一主观评价的结果。效用值具有客观性和主观性。效用值的客观性是以决策者现状为基础的，相同的事物对不同决策者具有不同效用值的原因在于不同决策者的现状不同。效用值的主观性是指其大小取决于决策者的价值观及对待风险的态度。

用效用来决策是由美籍数学家诺依曼和摩根斯坦所创立的方法。他们首先发现人们是用效用期望值而不是损益值进行决策的。当某决策者认为策略 $A$ 优于策略 $B$ 时，无非认为 $A$ 的效用更高一些。评价是决策的一部分，效用可以用来决策，自然也就可以用来评价事物。

效用是策略和决策者的函数

$$A = f(st, dm) \tag{9-1}$$

式中，$A$ 表示策略的效用；$f$ 表示效用函数；$st$ 表示策略；$dm$ 表示决策者。

效用函数一般通过调查方法获取，然后通过数据拟合成函数形式，有时也利用现存函数形式作为效用函数。

## 二、指标权重的确定

本书采用层次分析法（analytical hierarchy process，AHP）完成指标权重的确定。层次分析法是美国匹兹堡大学运筹学教授萨迪（T. L. Saaty）于20世纪70年代初提出的。层次分析法将人们的思维过程和主观判断数学化，不仅简化了系统分析与计算工作，而且有助于决策者保持其思维过程和决策原则的一致性，最适宜解决那些难以完全用定量化方法进行分析的决策问题。当属性满足价值独立条件时，可以采用以层次分析法确定权重的方法来确定属性间的权衡系数。

依据层次分析法的基本原理和步骤，笔者邀请商业街规划建设和运行管理领域的专家，完成了商业街评价指标对比矩阵的确定，并全部通过一致性检验。完整的综合型商业街的一级及二级指标权重计算结果如表9-2所示，从权重结果可以看出，经济效益类指标权重最大，这表明专家对商业街作为一种城区经济发展形态是认可的。同时，设施类指标权重相对较大，形象类指标权重相对较小，这说明景观、交通和配套设施是目前综合商业街建设的重要方面，这符合目前中国综合型商业街发展处于发展完善阶段的客观现实。最终的三级指标权重计算结果见表9-3。

**表9-2 一级、二级指标权重计算结果**

| 一级指标 | | 二级指标 | |
|---|---|---|---|
| 指标 | 权重 | 指标 | 权重 |
| 设施类指标 $A_1$ | 0.1155 | 景观设施类指标 $B_{11}$ | 0.0083 |
| | | 交通设施类指标 $B_{12}$ | 0.0322 |
| | | 配套设施类指标 $B_{13}$ | 0.0750 |
| 商业类指标 $A_2$ | 0.0414 | 数量类指标 $B_{21}$ | 0.0069 |
| | | 多样性类指标 $B_{22}$ | 0.0345 |

续表

| 一级指标 | | 二级指标 | |
|---|---|---|---|
| 指标 | 权重 | 指标 | 权重 |
| 形象类指标 $A_3$ | 0.0761 | 商品信誉类指标 $B_{31}$ | 0.0433 |
| | | 街区环境类指标 $B_{32}$ | 0.0112 |
| | | 商店环境类指标 $B_{33}$ | 0.0063 |
| | | 街区服务类指标 $B_{34}$ | 0.0153 |
| 经济效益类指标 $A_4$ | 0.4639 | 政府指标 $B_{41}$ | 0.2164 |
| | | 投资主体指标 $B_{42}$ | 0.0778 |
| | | 经营户指标 $B_{43}$ | 0.1383 |
| | | 居民指标 $B_{44}$ | 0.0314 |
| 社会效益类指标 $A_5$ | 0.3031 | 直接类指标 $B_{51}$ | 0.2253 |
| | | 间接类指标 $B_{52}$ | 0.0778 |

**表 9-3　三级指标权重计算结果**

| 指标 | 权重 | 指标 | 权重 |
|---|---|---|---|
| 建筑风格 $C_{111}$ | 0.0017 | 商店格局 $C_{332}$ | 0.0005 |
| 街道的绿化及美化 $C_{112}$ | 0.0066 | 服务态度 $C_{333}$ | 0.0046 |
| 内部交通系统设施 $C_{121}$ | 0.0107 | 街区管理 $C_{341}$ | 0.0038 |
| 外部交通系统设施 $C_{122}$ | 0.0215 | 公共服务 $C_{342}$ | 0.0115 |
| 便民设施 $C_{131}$ | 0.0374 | 经济密度 $C_{411}$ | 0.0490 |
| 安全设施 $C_{132}$ | 0.0217 | 对财政的贡献 $C_{412}$ | 0.1074 |
| 信息化、智能化设施 $C_{133}$ | 0.0064 | 商贸业零售总额增长率 $C_{413}$ | 0.0088 |
| 残疾人专用设施 $C_{134}$ | 0.0095 | 总资产贡献率 $C_{414}$ | 0.0324 |
| 核心店铺 $C_{211}$ | 0.0052 | 商贸业劳动生产率 $C_{415}$ | 0.0188 |
| 老字号店铺 $C_{212}$ | 0.0017 | 实际利润率 $C_{421}$ | 0.0389 |
| 业种、业态的多样性 $C_{221}$ | 0.0230 | 实际财务内部收益率 $C_{422}$ | 0.0389 |
| 功能完备性 $C_{222}$ | 0.0115 | 经营户营业额变化 $C_{431}$ | 0.0346 |
| 商品的品质 $C_{311}$ | 0.0234 | 经营户利润变化 $C_{432}$ | 0.1037 |
| 商品的性价比 $C_{312}$ | 0.0108 | 居民收入变化 $C_{441}$ | 0.0314 |
| 营销服务 $C_{313}$ | 0.0024 | 就业实现率 $C_{511}$ | 0.1347 |
| 商品的特色 $C_{314}$ | 0.0067 | 特色风貌保护 $C_{512}$ | 0.0674 |
| 街区卫生 $C_{321}$ | 0.0030 | 促进城市化进程 $C_{521}$ | 0.0232 |
| 街区安全 $C_{322}$ | 0.0072 | 城市知名度与美誉度 $C_{522}$ | 0.0655 |
| 广告宣传 $C_{323}$ | 0.0010 | 实际容积率 $C_{523}$ | 0.0123 |
| 洁净透亮 $C_{331}$ | 0.0012 | | |

## 三、各类社会主体权重的确定

街区经济运行的评价需要政府、投资主体、经营户和消费者多主体的参与。各类社会主体权重可以通过专家直接确定，但过于简单和主观。本书采用委托过程的方式来确定各类社会主体的权重。委托过程的主要思想是：让每个评价者 $P_k$ 对其余决策者 $P_t$（$t \neq k$）分别指定权重 $W_{kt}$，要求满足条件

$$\begin{cases} 0 \leqslant W_{kt} \leqslant 1 \\ \sum_{t=1}^{p} W_{kt} = 1 \\ W_{kk} = 0 \end{cases} \tag{9-2}$$

$$(k=1,\ 2,\ \cdots,\ p;\ t=1,\ 2,\ \cdots,\ p)$$

记 $W = (W_{kt})_{p\times p}$。若存在正整数 $\bar{n}$ 使得权重矩阵 $W$ 的 $\bar{n}$ 次乘方 $W_{kt}(\bar{n})_{p\times p} = W^{\bar{n}}$ 中的所有 $W_{kt}(\bar{n}) > 0$，则方程组

$$\sum_{k=1}^{p} W_{kt}\beta_k = \beta_t (t = 1,2,\cdots,p) \tag{9-3}$$

满足的 $\beta_k > 0, \sum_{k=1}^{p} \beta_k = 1$ 的唯一解 $\beta = (\beta_1, \beta_2, \cdots, \beta_p)^{\mathrm{T}}$ 就是多人决策群体中决策者的权重向量。具体的 $W_{kt}$ 矩阵计算见表 9-4。

表 9-4 $W_{kt}$ 矩阵

| 权重 | 政府 | 投资主体 | 经营户 | 消费者 | 居民 |
|---|---|---|---|---|---|
| 政府 | 0 | 0.4 | 0.3 | 0.2 | 0.1 |
| 投资主体 | 0.5 | 0 | 0.2 | 0.1 | 0.2 |
| 经营户 | 0.4 | 0.1 | 0 | 0.4 | 0.1 |
| 消费者 | 0.3 | 0.2 | 0.3 | 0 | 0.2 |
| 居民 | 0.5 | 0.3 | 0.1 | 0.1 | 0 |

显然存在 $W_{kt}$ 的平方值均大于零，所以依据式（9-3），各社会主体权重计算结果见表 9-5。

表 9-5 各社会主体权重

| 公众类型 | 政府 | 投资主体 | 经营户 | 消费者 | 居民 |
|---|---|---|---|---|---|
| 权重 | 0.2975 | 0.2104 | 0.1953 | 0.1712 | 0.1256 |

## 四、指标数据的获取

关于街区经济发展评价指标的数据获取，主要通过访谈、问卷调查和实地调查三种途径。

（1）访谈。访谈的对象有两类，第一类是对商业街经营户访谈，此类访谈侧重对经营户眼中的商业街整体形象的评价、商户效益等形象类和经济效益类指标的调查；第二类是对街区管理委员会工作人员和专家的访谈，此类访谈侧重对设施类、经济效益类及社会效益类指标的调查。

（2）问卷调查。问卷调查采用随机调查、实地发放的方式，调查对象是商业街的消费者，涉及指标有商品品牌、商品特色、商品价格、商家服务等形象类指标。

(3) 实地调查。实地调查主要针对街区或商业街的一些设施类、商业类、形象类指标，如特殊设施的数量，以及专卖店和其他零售业态商铺的数量等。

## 五、综合效用的计算

### (一) 街区经济运行评价三级指标效用值的确定

要完成街区经济运行评价三级指标效用值的确定，关键是对各指标效用函数的确定。

由于每一类评价主体对每个评价指标都有自己的效用函数，都具有自己的效用函数特征，所以每个评价主体的指标效用函数的特征是确定函数的基本依据。指标（属性）效用值的确定，需要对评价主体进行提问，分析其效用思想和效用特征，据此绘制效用曲线和建立效用函数，最后确定各指标（属性）效用值。本书所采用的效用函数的最大值为1，最小值为0。

通过研究街区经济运行评价指标的具体内涵，分析各个三级指标的相对确定性、绝对不确定性、模糊性等特征，将指标分为两种基本类型：确定型指标和模糊型指标。

(1) 确定型指标的指标量通常为一确定数值，而其效用函数也通常用此值表示或加以标准化，它可解释为效用曲线的特殊形式——直线型。

(2) 模糊型指标的效用函数拟选择该指标的某一模糊集的适当隶属函数表达，建立隶属函数至今仍无统一方法可循，主要根据实际经验来进行对应法则的探求。

函数关系建立得正确与否，标准就在于是否符合客观规律，这是确定隶属函数的原则。隶属函数是人们在客观规律的基础上综合分析、加工改造而成的，是客观本质属性通过人脑加工后的表现形式。建立隶属函数的常用方法包括五点法、模糊统计法和指派法等。

### (二) 街区经济运行评价二级、一级指标综合效用计算

在获取到不同主体对各项指标的评价结果后，就涉及去三级指标效用综合区获取二级指标的效用值，同理继续综合获取到最终的效用值评定。常见的效用函数合成模型包括以下三种。

1. 加法合成模型

$$I = \left( \sum_{i=1}^{n} W_i X_i^k \right)^{\frac{1}{k}} \tag{9-4}$$

式中，$W_i$ 表示权重，为了研究方便，假设权重已经进行了标准化处理（下同），$\sum_{i=1}^{n} W_i = 1$；$X_i$ 表示标准化处理后的指标值；$K$ 表示幂次，取值一般为正整数或负整数；$I$ 表示指标总得分。

理论上，$K$ 可以取值为任意正整数和负整数，甚至小数，但基于人们的思维习惯和实际评价需要，通常用三种函数形式就足以满足评价需要。当 $K=1$ 时，式（9-4）变为加权算术平均合成模型（简称加法合成）；当 $K=-1$ 时，式（9-4）变为加权调和平均合成模型（简称调和平均）；当 $K=2$ 时，式（9-4）变为加权平方平均合成模型（简称平方平均）。

2. 乘法合成模型

所谓乘法合成，其一般形式为

$$I = \prod_{i=1}^{n} X_i^{W_i} \tag{9-5}$$

3. 对数合成模型

将式（9-5）取对数

$$\log(I) = \sum_{i=1}^{n} W_i \log X_i \tag{9-6}$$

对数合成是在乘法合成的基础上进行的转换，权重系数 $W_i$ 是弹性系数，表示当指标 $X_i$ 提高 1% 将会导致总指标值提高 $W_t\%$，非常易于理解和运用。对数缩小了指标数据的大小，在一定程度上可以降低异常值的影响。

三种模型中，加法合成模型通常被认为是指标间可以互相取长补短的一种合成方法，如果一个指标偏低，只要其他指标值较高，就可以弥补单个指标偏低的差距。乘法合成模型通常被认为是要求各指标全面发展的一种合成方法，如果一个指标偏低，它和其他指标相乘后必然导致总指标值变小；反之，一个指标偏高，也会带动总指标值提高。对数合成模型兼有乘法合成模型与加法合成模型的一些特点，在评价中极少遇到，但在经济计量学中有很广泛的用途。很显然，对数合成模型和乘法合成模型的排序是完全一致的。具体的合成方法根据需要来选择。

### （三）街区经济运行多主体综合效用的计算

求出各类社会主体的效用值后，利用加权和方法求出项目的综合效用

$$U = \sum_{k=1}^{k} W_k I_k \tag{9-7}$$

式中，$U$ 表示街区经济运行评价的综合效用值，$W_k$ 表示评价主体 $K$ 对整个相关评价主体的权重；$I_k$ 表示评价主体 $K$ 对街区经济运行评价的效用值。

本书采用各指标值的最优值的效用为1，最差指标值的效用为0，所以效用值的值域为［0，1］。

通过计算确定街区经济运行综合效用值，并根据表9-6判断街区经济运行效果。

**表9-6 街区经济运行效果行档次划分**

| 街区经济运行综合效用值 | 街区经济运行效果 |
| --- | --- |
| 0.8~1.0 | 良好 |
| 0.6~0.8 | 一般 |
| 0.0~0.6 | 较差 |

## 六、结果分析

评价指标的选取是为把握商业街开发和发展的两个阶段及运行效果而设计的。通过评价不仅可以获取对具体商业街的总体评价结果，更重要的是获取各个二级指标及三级指标的评价结果。依据这样的结果可以掌握不同主体对商业街规划建设和发展总体现状的认知，可以掌握各个分指标系统（包括三级）的建设和发展情况，为下一阶段街区或商业街的建设和发展提供思路和对策。

# 第十章　街区经济发展中的土地集约利用评价

街区土地是城市土地的重要部分。城市街区土地由于区位条件较好，土地质量相对较高，交通便利，发展优势较强，在城市中处于开发利用的重要区位，在城市经济发展中发挥着越来越重要的作用。科学评价街区土地集约利用的程度，是促进城市土地合理利用、提高城市街区土地利用效率、改善区域投资环境、实现土地资源可持续利用的重要手段。

街区经济发展中的土地集约利用评价，是在调查街区的土地资源状况、分析影响土地集约利用因素的基础上，全面掌握土地集约利用的程度，推动区域土地利用管理基础信息建设，为街区经济的发展、动态调整及有关政策制定提供依据。

## 第一节　评价对象及数据来源

### 一、评价对象

为了全面反映街区经济发展中土地集约利用的程度，根据综合性原则、主导因素分析原则、地域分异原则、定量与定性分析相结合原则等，把街区经济发展中土地集约利用评价分为整体评价和分类评价。

整体评价是指以评价区的全部街区为研究对象，在全面收集影响街区经济发展中土地集约利用因素因子的基础上，应用地理信息系统（GIS）技术和方法，建立评价信息系统，根据因素因子相似性和差异性，运用多因素综合评价法评价街区土地集约利用的程度。分类评价是指根据街区的不同功能，选取具有代表性的街区为研究对象，根据其发展特点和未来规划标准等，收集影响土地集约利用的因素因子，运用多因素综合评价法测算出各街区的土地集约利用程度。

### 二、评价对象数据来源

#### 1. 评价资料

街区经济发展中土地集约利用评价资料如下：街区土地资源的类型、数量、质量、分布、结构等；上一级行政区域的土地资源状况特征，以及利用现状数据和信息；街区土地资源利用历史和现状；街区的经济社会发展状况；街区土地资源开发及其利用的科学研究成果；街区土地资源利用的政策和措施；各种调查研究评价结果。

2. 收集方法

收集方法主要采取问卷调查法（设计4份调查问卷，完整包括需要评价的内容）、实地调查法，还可以采用收集、汇总、分析各有关行业、部门、单位和个人的调查研究成果等方式。

3. 其他相关资料来源

其他相关资料来源如下：政府部门的数据档案，如统计年鉴、经济发展年鉴、城市统计年鉴、社会经济发展计划、工作总结、研究报告等；各部门、各行业的规划、计划资料，如土地利用总体规划；典型调查数据资料，如统计资料、人口资料、土地资源大调查资料等；各相关机构、研究单位及内部使用的图片等，如土地利用现状图、地籍图、航空相片、卫星图像等；各类法律、法规等。

街区经济发展中土地集约利用评价比较复杂，而且有多种评价方法。本书采用多因素综合评价法和聚类分析法对街区土地集约利用情况进行评价。

## 第二节 评价程序

### 一、整体评价程序

#### （一）评价指标体系及其权重确定

街区经济土地集约利用评价指标体系是由一系列相互影响、相互联系的能反映街区经济土地集约利用的因素构成的。构建指标体系时，除考虑土地集约利用的特点外，还应综合考虑选取具有典型代表性、客观合理、便于量化计算和易获取的指标。土地集约利用评价指标体系的建立是一项基础工作，因素因子选择合理与否，直接关系到整个评价成果的客观实用与否。

街区土地集约利用评价以系统工程理论、区位理论、中心地理理论和城市有机更新理论等基本理论为指导，从土地集约利用的角度出发，对评价体系进行初步分析后，设计了目标层和指标层两层指标体系，指标层分为因素层和因子层。因素层综合表达街区经济土地集约利用的内部关系结构，选取了商业繁华程度、土地利用效益、土地利用状况、地下空间利用状况、交通条件状况、基本设施状况、环境状况、社会效益八个评价因素；因子层采用可以测算的、可以获得的指标，即根据各因素在土地集约利用中的特点，选用了24个因子指标，全面系统地对街区经济发展中土地集约利用程度进行定量评价，见表10-1。

**表10-1 街区经济发展中土地集约利用评价指标体系**

| 商业繁华程度 | | | | 土地利用效益 | | | | 土地利用状况 | | | | 地下空间利用状况 | | 交通条件状况 | | | 基本设施状况 | | 环境状况 | | | 社会效益 | |
|---|---|---|---|---|---|---|---|---|---|---|---|---|---|---|---|---|---|---|---|---|---|---|---|
| 商业网点数 | 限额以上商贸业数量 | 商业集聚度 | 日均客流量 | 地均商业零售额 | 地均商业利润 | 地均商业税收 | 商业地价实现水平 | 平均商业容积率 | 平均商业建筑密度 | 平均商业宗地临街宽度 | 平均商业宗地进深 | 地下空间利用率 | 地下与地上建筑面积比率 | 道路通达度 | 公交便捷度 | 街面通道密度 | 基础设施完备度 | 公用设施完备度 | 绿地覆盖率 | 广场密度 | 低碳节能水平 | 就业人数 | 商业街知名度 |

（1）商业繁华程度。商业繁华程度反映了城市商业地段的繁华程度。商业繁华地段是人流、物流、资金流、信息流集聚的区域，它对土地集约利用起着关键性作用。商业繁华程度是反映土地经济区位最重要的指标之一，是土地集约利用评价中一个十分重要的因素。商业繁华程度主要通过商业网点数、限额以上商贸业数量、商业集聚度和日均客流量来衡量。商业网点数是指评价区内商业经营户的个数；限额以上商贸业数量包括四类，即批发业一般年销售额2000万元以上、零售业年销售额500万元以上、住宿年营业额200万元以上、餐饮业年营业额200万元以上；商业集聚度反映商业在一定范围内的集中程度，商业集聚分为同类商业集聚和不同类商业集聚，商业集聚度等于商业用地面积与街区面积的比值；日均客流量指街区每天的客流数量，客流量越大说明商业越繁华。

（2）土地利用效益。土地利用效益反映土地经济收益和产出水平，包括地均商业零售额、地均商业利润、地均商业税收、商业地价实现水平。地均商业零售额等于商业零售总额与街区土地面积之比（元/平方米）；地均商业利润是指商业利润总额与街区土地面积之比（元/平方米）；地均商业税收是指单位商业用地上征收的税额（元/平方米）；商业地价实现水平是指商业用地单位面积基准地价水平（元/平方米）。

（3）土地利用状况。土地利用状况反映土地微观利用的程度，包括平均商业容积率、平均商业建筑密度、平均商业宗地临街宽度、平均商业宗地进深。平均商业容积率等于宗地内商业建筑总面积与商业土地总面积的比值；平均商业建筑密度等于商业用地内建筑物基底总面积与商业土地总面积的比值；平均商业宗地临街宽度是指商业用地临街一面的长度（米）；平均商业宗地进深是指商业用地距离街道的距离（米）。评价时选取街区平均临街宽度和平均临街深度来进行对比评价。

（4）地下空间利用状况。地下空间利用状况包括地下空间利用率、地下与地上建筑面积比率两个指标。地下空间利用率等于地下空间利用的面积占街区土地总面积的比例，该指标为正向指标，指标值越大说明地下空间利用状况越好，土地利用越集中，反之越差。地下与地上建筑面积比率也是正向指标，指标值越大说明土地利用越集中。

（5）交通条件状况。交通条件状况反映到达街区的便捷程度，包括道路通达度、公交便捷度和街面通道密度。城市内部道路通达度越好的地段，其市场保证、商业聚集、人们出行和产品运输等方面的条件越优越，周围土地利用越集中。公交便捷度直接影响市民和流动人口的出行，同时影响一个地段的人流量；公交线路、公交站点多的地段，对商业服务业和金融业的集聚程度有积极作用；公交便捷度用该街区经过的公交线路数来表示，如果街区经过的公交线路数越多，则公交便捷度越高，对土地集约利用程度的影响越大。街面通道密度是指每千米内过街天桥、地下通道及地铁口的数量，密度越大则此街道的通行力越强。

（6）基本设施状况。基本设施状况包括基础设施完备度和公用设施完备度。

基础设施是对土地经济区位和物化劳动投入量的量度，主要指供水、供电、排水、通信、供气、供热、网络等设施的完善状况，可以从设施类型是否齐备、设施水平的高低及保证率的高低三个方面来衡量，分为不完备、基本完备、完备三个等级。公用设施状况考虑公用服务设施项目齐全的程度，主要是指与日常生活密切相关的停车位、银行、医院、公厕、垃圾筒、座椅、文体设施、影剧院等公用设施的分布状况和完备水平，分为不完善、基本完善、完善三个等级。

（7）环境状况。环境状况是指区域环境建设的状况，包括绿地覆盖率、广场密度、低碳节能水平。绿地覆盖率是指区域内绿地总面积占街区土地总面积的比率；广场密度是指在评价区域内供居民休闲娱乐的广场的数量（个/千米）；低碳节能水平是指有无应用节能新技术，包括建筑节能、照明节能、暖通节能、交通节能等，分为差、较差、较好、好四个等级。

（8）社会效益。社会效益包括就业人数、商业街知名度。就业人数是指此商业街区解决就业的人数；商业街知名度分为知名度高、较高、一般、较低、不知名。

街区经济发展中土地集约利用评价的各项指标权重由层次分析法来确定。

### （二）指标标准化处理

本评价主要采用极差标准化法和均值标准化法来进行标准化处理。

极差标准化法，即

$$f_i = 100(x_i - x_{\min})/(x_{\max} - x_{\min}) \tag{10-1}$$

式中，$f_i$ 表示被量化指标分值；$x_i$ 表示评价街区被量化指标的实际值；$x_{\min}$ 表示评价街区被量化指标的最小值；$x_{\max}$ 表示评价街区被量化指标的最大值。

均值标准化法，即

$$f_i = \frac{x_i}{\bar{x}} \tag{10-2}$$

式中，$f_i$ 表示被量化指标分值；$x_i$ 表示评价街区被量化指标的实际值；$\bar{x}$ 表示评价街区被量化指标的平均值。

### （三）评价单元的划分

街区经济发展中土地集约利用的整体评价主要采用网格法来划分评价单元，地籍资料划分作为辅助手段来完善划分的评价单元。具体做法是，一般选用大多数较小宗地的面积（5m×5m）~（10m×10m）作为网格的大小。地籍资料划分评价单元就是利用地籍管理资料，将宗地直接作为评价单元进行评价。

### （四）评价单元分值计算

评价因素按其分布类型及对网格点的影响方式分为点状因素、线状因素和面状因素，分别选择不同的计算方式。

点状因素对网格点的影响方式一般为线性衰减，即

$$f_i = F_i(1 - r) \tag{10-3}$$

式中，$f_i$ 表示点状因素对一网格点的作用分；$F_i$ 表示该点状因素的功能分；$r$ 表示该点状因素至网格点的相对距离，如公交站点分值计算。

线状因素对网格点的影响方式为指数衰减，即

$$f_i = F_i^{(1-r)}\ (r<1) \quad 或 f_i = 0\ (r=1) \tag{10-4}$$

式中，$f_i$ 表示线状因素对一网格点的作用分；$F_i$ 表示该线状因素的功能分；$r$ 表示该线状因素至网格点的相对距离。

面状要素对网格点的方式一般无衰减，直接计算其对空间上各点的作用分，采用极值标准化法，如绿地覆盖度分值计算。

### （五）单元总分值计算

单元总分值计算是指求各评价因素因子对网格作用分值的加权平均值之和。总分值采用

$$S_j = \sum_{i=1}^{n} F_{ij} \cdot W_i \tag{10-5}$$

式中，$S_j$ 表示评价单元 $j$ 的土地集约利用总分值；$F_{ij}$ 表示 $j$ 单元的 $i$ 因素分值，其中 $i = 1,2,\cdots,n$；$W_i$ 表示 $i$ 因素的权重；$n$ 表示评价因素的个数。

### （六）评价结果划分

街区土地集约利用评价结果划分的依据是各评价单元（网格）的因素因子

作用分值及其作用总分值在空间分布上的变化规律。划分的评价结果应充分反映评价区内土地的区位条件、社会经济效益、土地集约利用状况在区域内的差异。

准确地划分土地集约利用水平的关键在于正确分析多因素综合作用总分值及总分值图，分析方法一般采用总分频率曲线法。将评价区域内每个网格作为统计单元，依次计算总分值在1～100分内各分值的网格个数和频率，形成频率直方图图形数据库，然后由软件绘制总分频率直方图。

## 二、分类评价程序

### （一）确定分类评价街区

根据评价区域内街区功能的不同，选择具有代表性的街区进行分类评价。

### （二）分类评价方法确定

根据指标对评价对象的不同作用方式，评价指标可以分为三类，即正向指标、逆向指标及适度区间指标。正向指标是指标值越大对评价结果影响越好的指标；逆向指标是指标值越小对评价结果影响越好的指标；适度区间指标是指标值越接近某个区间对评价结果影响越好的指标。正向指标、逆向指标标准化选用极差标准化法公式，适度区间指标选用适度区间标准化公式。最后根据 $S_j = \sum_{i=1}^{n} F_{ij} \cdot W_i$，计算出街区土地集约利用评价的总分值。

### （三）街区分析评价及评价指标体系建立

分析评价街区的发展现状及其未来发展趋势，结合整体评价中建立的因素因子体系，考虑到资料的可获得性，建立不同街区的评价指标体系，共确定商业繁华程度、土地利用效益、土地利用类型、交通条件和社会效益五项因素。为突出街区土地利用功能及其结构，分类评价中根据不同街区选择了不同类型用地的比率指标。

### （四）分类评价测算及评价结果分析

根据分类评价方法进行测算，分析评价结果，提出街区未来发展建议。

# 第三节　评 价 实 例

本书以西安市莲湖区所辖范围为对象，共选择了38条主要的街区。之所以选择此实例主要有三个原因：一是该区域是西安市城六区之一，区域位置好，交通便利；二是该区域传承汉、隋、唐、五代、明清等历史文化，历史延续性好；三是街区经济发展较好，已经建成了特色化、专营化、聚集化和规模化的商业街，为第三产业发展、市场繁荣、区域经济发展创造了良好的基础，评价区的经济发展及成果详见第十二章相关内容。

## 一、整体评价

### （一）评价因素因子及其权重的确定

街区经济土地集约利用评价受多种因素影响，指标体系建立采用特尔斐法，由专家确定出影响土地集约利用评价的因素因子后，再通过层次分析法，确定各指标的权重。权重值的高低说明了各评价指标对土地集约利用影响的大小。通过分析整理，评价指标体系层次结构及其权重见表10-2，均通过一致性检验。

表 10-2 土地集约利用整体评价因素因子及其权重表

| 因素名称 | 权重 | 因子名称 | 权重 |
|---|---|---|---|
| 商业繁华程度 | 0.2158 | 商业网点数量 | 0.0513 |
| | | 限额以上商贸业数量 | 0.0420 |
| | | 商业集聚度 | 0.0845 |
| | | 日均客流量 | 0.0380 |
| 土地利用效益 | 0.2003 | 地均商业零售额 | 0.0436 |
| | | 地均商业利润 | 0.0971 |
| | | 地均商业税收 | 0.0239 |
| | | 商业地价实现水平 | 0.0357 |
| 土地利用状况 | 0.1411 | 平均商业容积率 | 0.0855 |
| | | 平均商业建筑密度 | 0.0156 |
| | | 平均商业宗地临街宽度 | 0.0284 |
| | | 平均商业宗地进深 | 0.0116 |
| 地下空间利用状况 | 0.0814 | 地下空间利用率 | 0.0366 |
| | | 地下与地上建筑面积比率 | 0.0448 |
| 交通条件状况 | 0.1127 | 道路通达度 | 0.0728 |
| | | 公交便捷度 | 0.0286 |
| | | 街面通道密度 | 0.0113 |
| 基本设施状况 | 0.0878 | 基础设施完备度 | 0.0606 |
| | | 公用设施完备度 | 0.0272 |
| 环境状况 | 0.0774 | 绿地覆盖率 | 0.0321 |
| | | 广场密度 | 0.0154 |
| | | 低碳节能水平 | 0.0299 |
| 社会效益 | 0.0835 | 就业人数 | 0.0500 |
| | | 商业街知名度 | 0.0335 |

## （二）评价单元各指标分值计算

### 1. 商业繁华程度指标的分值计算

商业网点数量：根据调查数据进行分析。商业集聚度：根据研究区地籍调查图，对各街区内的商业用地面积进行量算，用商业用地面积除以该街区土地总面积。限额以上商贸业数量和日均客流量根据调查数据分析。在街区经济评价中涉及的人口资料主要为日均客流量，日均客流量一般在老城区中心商业街最多，在一般商业街较多。

繁华程度的量化处理采用极差标准化法进行，利用 Excel 软件初步计算。将繁华程度指标量化结果输入评价系统中，采用指数衰减方式进行扩散。

### 2. 土地利用效益指标的分值计算

根据不同街区，分别调查统计了各街区 2007 ~ 2011 年连续五年的商业零售总额、商业总利润、商业总税收，分别测算出年均值，再用年均值除以各街区土地面积，得到地均商业零售额、地均商业利润、地均商业税收指标值。商业地价实现水平以 2010 年西安市商业用地基准地价作为衡量地价实现水平的依据，基准地价反映了土地间接产出的状况，涉及五个级别的基准地价，分别为 9600 元/平方米、6450 元/平方米、4500 元/平方米、3150 元/平方米和 2250 元/平方米。

土地利用效益的量化处理采用极差标准化法。将土地利用效益指标量化结果输入评价系统中，采用线性衰减方式进行扩散。

### 3. 土地利用状况指标的分值计算

根据西安市 2010 年土地级别与基准地价更新成果，商业服务用地容积率平均为 2.5，根据计算把评价区的平均容积率分为 3.5、3、2.5 三个档次。2007 年以来，西安市中心市区供应的商业服务用地的建筑密度主要集中在 30%、35%、40%、45%、50%，尤以 35%、45% 最多，商务金融用地为主的商业服务用地建筑密度平均为 35%，商业综合服务为主的商业服务用地建筑密度平均为 45%，故评价区的平均建筑密度分为 45%、40%、35%、30% 四个档次。平均商业宗地临街宽度、平均商业宗地进深根据地籍资料测算。

平均商业容积率、平均商业建筑密度的量化处理采用极差标准化法；宗地临街宽度、宗地进深因子量化处理，由地籍资料来计算平均临街宽度和临街深度，根据均值标准化法来量化处理。将土地利用状况指标量化结果输入评价系统中，采用线性衰减方式进行扩散。

### 4. 地下空间利用状况指标的分值计算

地下空间利用状况指标包括地下空间利用率、地下与地上建筑面积比率两个指标。根据调查资料计算，评价区内地下空间利用率不高，因为许多街区没有地下建筑。

地下空间利用状况指标的量化处理采用极差标准化法。指标量化处理后输入评价系统中，采用线性衰减方式进行扩散。

5. 交通条件状况指标的分值计算

道路通达度根据区域道路类型划分为生活型、混合型和交通型主干道三类，生活型、混合型和交通型次干道三类，支路，共七类，其中，步行街或单行街按其相应类型的一半赋值。根据评价区经济发展的状况及道路对区域的贡献，将区域道路作用指数确定如下，道路通达度分值的计算式为

$$e_{ij}^{R} = (f_i^R)^{1-r} \tag{10-6}$$

式中，$e_{ij}^{R}$ 表示 $i$ 道路对 $j$ 级街区经济功能的作用分；$f_i^R$ 表示 $i$ 道路或同类道路的功能分；$r$ 表示 $j$ 点到 $i$ 道路的相对距离，见表 10-3。

**表 10-3 评价区交通条件作用分值表**

| 道路类型 | 主干道 | | | 次干道 | | | 支路 |
|---|---|---|---|---|---|---|---|
| | 生活型 | 混合型 | 交通型 | 生活型 | 混合型 | 交通型 | |
| 作用分/分 | 100 | 90 | 60 | 60 | 60 | 40 | 30 |

公交便捷度根据评价街区内经过的公交线路数（包括地铁线）的多少确定。通过统计后分为三级，分别赋予作用分值：≥10 条公交线，赋值 100 分；5 ~ 10 条赋值 80 分；≤5 条赋值 60 分。

根据调查数据，街面通道密度包括每千米内过街天桥、地下通道数量及地铁口数量，通过数据统计后分为四级，分别赋予作用分值：街面通道密度≥3，赋值 100 分；1 < 街面通道密度 < 3，赋值 80 分；0 < 街面通道密度≤1，赋值 60 分；评价街区没有街面通道，赋值 0 分。

道路通达度和公交便捷度指标采用指数衰减方式进行扩散；街面通道密度指标采用直接赋值，无衰减方式扩散。

6. 基本设施状况指标的分值计算

基本设施包括基础设施完备度和公用设施完备度两个指标。根据评价街区的调查资料，基础设施和公用设施较好，没有不完备等级，故基本设施完备度分三个等级：完备、基本完备、一般，分别赋值 100 分、80 分、60 分。基础设施完备度指标采用直接赋值，无衰减方式扩散；公用设施完备度指标采用线性衰减方式进行扩散。

### 7. 环境状况指标的分值计算

环境状况包括绿地覆盖率、广场密度、低碳节能水平三个指标。绿地覆盖率根据调查资料分为三级：绿地覆盖率≥50%，赋值100分；30%≤绿地覆盖率<50%，赋值80分；绿地覆盖率<30%，赋值50分。广场密度通过统计后分为三级，分别赋予作用分值：广场密度≥2，赋值100分；1≤广场密度<2，赋值50分；广场密度<1，赋值20分。低碳节能水平通过统计后分为四级：好、较好、较差、差，分别赋值100分、80分、50分、20分。环境状况指标采用直接赋值，无衰减方式扩散。

### 8. 社会效益指标的分值计算

社会效益包括就业人数和商业街知名度。由于评价街区长度和面积都不相等，所以根据单位长度内的就业人数来进行量化处理。商业街知名度分为高、较高、一般、较低、不知名5个等级，分别赋值100分、80分、60分、40分、20分。社会效益指标采用直接赋值，无衰减方式扩散。

## （三）评价单元指标总分值计算

单元总分值计算是指求取各评价因子对网格作用分值的加权平均值之和，即将各评价因子作用分值进行叠加计算，求取各评价单元的总分值，作为土地集约利用评价的依据。利用因素作用分值数字的成果，采用空间数字叠置技术，按因素权重进行加权求和，自动计算参评因素对土地集约利用评价综合影响的作用分，评价单元指标总分值计算如图10-1所示。

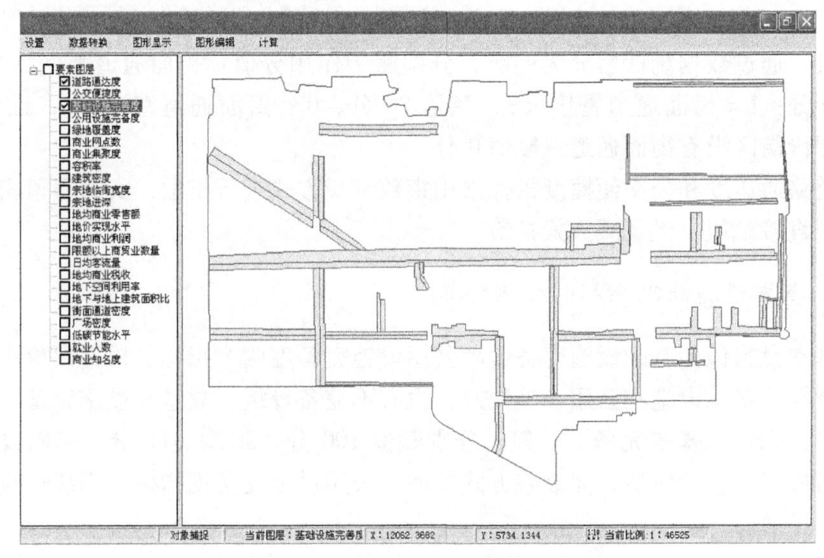


图10-1　评价单元指标总分值计算图

## （四）评价结果划分

将评价区域每个（5 米 ×5 米）网格（评价单元）作为统计单元，依次计算总分值在 1 ~ 100 分内各分值的网格个数和频率，形成频率直方图图形数据库，然后由软件绘制总分频率直方图，如图 10-2 所示。

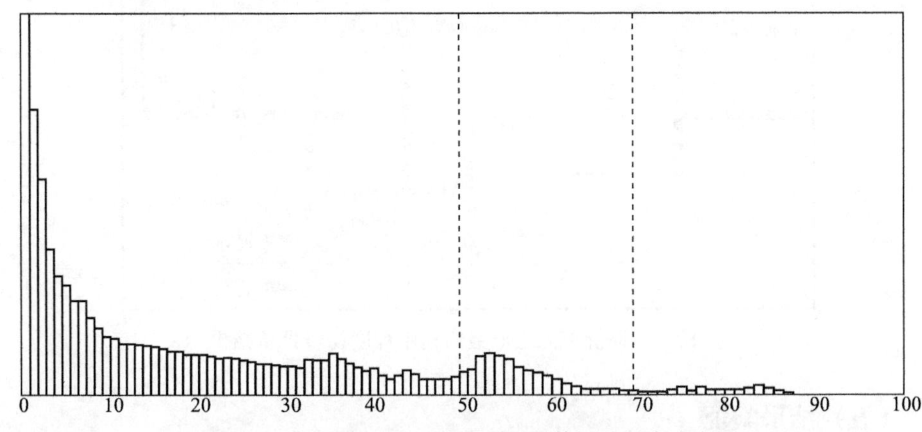


图 10-2 评价街区土地集约利用整体评价频率直方图

根据评价街区内土地集约利用的实际情况，删去变化较小的分界点，合并较小的分值区间，最终确定分界点。根据分界点总分值，确定土地集约利用的分值区间。据此，将评价区内的土地集约利用程度分为三个等级，分界点的总分值是 70 分、50 分。根据分界点总分值，确定区域土地集约利用评价的分值区间，见表 10-4，土地集约利用程度初步结果如图 10-3 所示。

表 10-4 评价街区总分值与土地集约利用程度对照表

| 土地集约利用程度 | 总分值/分 | 含义 |
|---|---|---|
| 较好 | ≥70 | 街区经济发展中的商业繁华程度高、土地利用效益好、交通条件好、基本设施完备、土地利用状况良好、环境相关建设良好、社会效益好 |
| 一般 | 50 ~ 70 | 街区经济发展中的商业繁华程度较高、土地利用效益较好、交通条件较好、基本设施较完备、土地利用状况较好、环境相关建设较好、社会效益较好 |
| 低度 | <50 | 街区经济发展中的商业繁华程度低、土地利用效益较低、交通条件一般、基本设施状况一般、土地利用状况较差、环境相关建设较差、社会效益较低 |

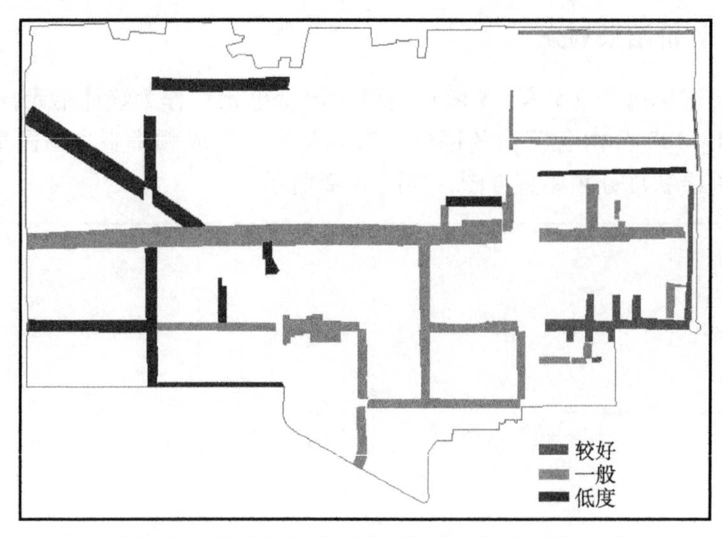


图 10-3　评价街区土地集约利用程度初步评价结果

### （五）结果验证

将评价街区土地集约利用程度评价的初步结果、中间成果及数据分析成果一并提交相关部门、相关专家，由熟悉评价街区情况的专家进行论证。通过专家讨论，认为五星街土地集约利用评价结果和现状具有一定的差异。经过实际调查，五星街街区长 300 米，街区面积 8302 平方米，通过各项指标理论计算后平均分值较高，和实际土地集约利用情况有较大偏差，故把五星街土地集约利用程度调整为一般。

### （六）评价结果的确定

在对评价街区土地集约利用程度初步的评价成果验证的基础上，再对初步划分的土地集约利用程度进行实地踏勘，最终确定土地集约利用程度评价结果图，见表 10-5。

### （七）评价结果分析

根据评价结果，被评价的 38 条街区的土地集约利用程度分为较好集约利用、一般集约利用和低度利用三个等级，街区土地集约利用结果见表 10-5。

**表 10-5　街区土地集约利用程度评价结果**

| 土地集约利用程度 | 街区名称 | 数量/个 |
| --- | --- | --- |
| 较好 | 西大街、北大街、北关正街 | 3 |

续表

| 土地集约利用程度 | 街区名称 | 数量/个 |
|---|---|---|
| 一般 | 劳动南路、五星街、龙首北路、自强西路、星火路、西北三路、青年路、从新巷、莲湖路、北院门、西华门、含光路、东梆子市街、西梆子市街、丰庆路、桃园南路、桃园中路、西关正街、环城西路南段、沣镐东路、沣镐西路、大庆路、劳动北路、环城西路北段 | 24 |
| 低度 | 环城北路西段、昆明路、团结南路、汉城南路、沣惠南路、红光路、枣园东路、枣园西路、汉城北路、大兴西路、西站街 | 11 |

被评价街区整体评价的总分值在 70 分以上，说明街区土地较好实现了集约利用，共有三个街区，主要分布在评价区内的商业繁华区，对全区经济发展具有带动作用。西大街、北大街、北关正街是评价街区中商业服务业繁华的地段，商业区位较好，交通便利，地价实现能力强，商业街知名度高，是传统的商业街区或传统的文化街区，流动人口较多。在 50 ~ 70 分的街区，土地实现一般程度的集约利用，共有 24 个街区，主要分布在商业比较繁华的区域，对经济发展具有较大的影响，主要表现为商业繁华程度较高，商业服务业面向区域，土地利用效益、交通通达性和土地利用状况较好，但有些街区需要通过一定的改造后才能进一步提高经济发展能力。在 50 分以下的街区土地低度利用，共 11 个街区，主要分布在经济发展水平一般的区域，基本属于城市综合改造区，对区域经济发展目前具有限制作用，但发展后劲较强，这些街区通过区域产业结构调整、城中村和棚户区综合改造，未来发展前景较好，将成为区域经济发展的新增长极。

通过以上评价，提高莲湖区街区土地集约利用的途径主要有三个方面。一是提高区域整体经济发展水平。通过区域内交通设施、基础设施和公用设施等进一步建设和完善，提高土地自身的承载力，改善环境，提高区域经济整体发展水平，增加人流、资金流、信息流和商品流，提高商业繁华程度，促进街区经济快速发展。二是在街区经济发展中，提高商业用地在整个街区中所占的比例。可以通过土地置换等手段，把机关、事业单位用地和住宅用地置换到街区之外，用置换出来的土地发展商业，经重新规划后进行特色经营或专业经营，提高街区土地的利用效率。三是提高街区商业用地的容积率。应在规划和政策允许的范围内，适当增加街区土地的容积率，以此提高街区土地利用水平、效益潜力和土地资产潜力等，从而增加土地利用的效益。

## 二、分类评价

根据街区功能不同，选取具有代表性的街区进行具体的土地集约利用程度评价。

### （一）分类评价街区选取

在评价区内，由东向西，根据繁华程度、区位、交通、街区经济发展状况等选取了三条具有代表性的街区，即仿唐综合商业街区——西大街、文化产业街区——劳动路、综合改造商业街区——汉城路。

西大街是一条再现盛唐风采，以恢弘大气的仿唐建筑为表现形式，展现西安历史文化独特魅力的集休闲、购物、旅游、观光、餐饮、娱乐等功能于一体的仿古商业街，获“中国著名商业街”、“百城万店无假货示范街”称号，是西安市著名的商业街区。劳动路已进行了全面规划，将建成集办公、酒店、商业餐饮、休闲娱乐等功能于一体的文化产业一条街，故以劳动路全段为评价对象（包括劳动南路、劳动北路和劳动路）。汉城路将发展成为土门地区综合改造后的主要商业发展轴线，故选择了汉城路作为评价对象（包括汉城南路和汉城北路）。

### （二）评价因素因子确定

由于各街区发展特点不同，影响因素也各异，根据指标可获取性，参考整体评价因素因子及其评价结果，针对不同街区选择不同的影响因素，采用多因素综合评价法评价街区土地集约利用水平。

根据西大街的发展定位，即集休闲、购物、旅游、观光、餐饮、娱乐等功能于一体的仿古商业街，为了凸显这些功能，从土地利用的角度，选取购物餐饮用地比率、休闲娱乐用地比率、旅游观光用地比率三个土地利用类型因子，其他因素因子与综合评价相同，见表10-6。

**表10-6　西大街街区经济发展中土地集约利用程度评价因素及测算表**

| 因素 | 因子 | 权重 | 实际值 | 标准值 | 指标分值 |
|---|---|---|---|---|---|
| 商业繁华程度 | 商业集聚度/% | 0.13 | 61.73 | 80 | 0.100 3 |
| | 日均客流量/（人次/天） | 0.11 | 41 011.00 | 60 000 | 0.075 2 |
| 土地利用效益 | 地均商业零售额/（元/平方米） | 0.12 | 8 878.05 | 2 000~6 000 | 0.206 3 |
| | 地均商业利润/（元/平方米） | 0.12 | 617.39 | 500~800 | 0.047 0 |
| 土地利用类型 | 购物餐饮用地比率/% | 0.09 | 26.47 | 20~25 | 0.116 5 |
| | 休闲娱乐用地比率/% | 0.09 | 5.61 | 5~20 | 0.003 7 |
| | 旅游观光用地比率/% | 0.08 | 5.08 | 5~20 | 0.000 4 |
| 交通条件 | 道路通达度 | 0.09 | 100.00 | 0~100 | 0.090 0 |
| | 公交便捷度 | 0.07 | 100.00 | 0~100 | 0.087 5 |
| 社会效益 | 商业知名度 | 0.10 | 100.00 | 0~100 | 0.100 0 |
| 综合指数 | | | | | 0.8268 |

根据劳动路的发展定位，凸显购物、休闲娱乐、旅游、金融这些功能，从土

地利用的角度，选取购物餐饮用地比率、休闲娱乐用地比率、旅游文化用地比率、商务金融用地比率四个土地利用类型因子，其他因素因子与综合评价相同，见表 10-7。

**表 10-7 劳动路街区经济发展中土地集约利用程度评价因素及测算表**

| 因素 | 因子 | 权重 | 实际值 | 标准值 | 指标分值 |
|---|---|---|---|---|---|
| 商业繁华程度 | 商业集聚度/% | 0.12 | 19.62 | 80 | 0.029 4 |
| | 日均客流量/（人次/天） | 0.10 | 11 519.00 | 40 000 | 0.028 8 |
| 土地利用效益 | 地均商业零售额/（元/平方米） | 0.11 | 1 305.08 | 1 000 ~ 1 500 | 0.067 1 |
| | 地均商业利润/（元/平方米） | 0.11 | 413.34 | 300 ~ 500 | 0.062 3 |
| 土地利用类型 | 购物餐饮用地比率/% | 0.08 | 12.24 | 5 ~ 13.88 | 0.065 2 |
| | 休闲娱乐用地比率/% | 0.08 | 7.10 | 5 ~ 10 | 0.033 6 |
| | 旅游文化用地比率/% | 0.08 | 9.65 | 5 ~ 10 | 0.074 4 |
| | 商务金融用地比率/% | 0.07 | 5.93 | 5 ~ 10 | 0.013 0 |
| 交通条件 | 道路通达度 | 0.09 | 90.00 | 0 ~ 100 | 0.081 0 |
| | 公交便捷度 | 0.06 | 100.00 | 0 ~ 100 | 0.075 0 |
| 社会效益 | 商业知名度 | 0.10 | 80.00 | 0 ~ 100 | 0.080 0 |
| 综合指数 | | | | | 0.609 9 |

根据汉城路的发展定位，凸显餐饮、商业金融这些功能，从土地利用的角度，选取餐饮用地比率、商业金融用地比率两个土地利用类型因子，其他因素因子与综合评价相同，见表 10-8。

**表 10-8 汉城路街区经济发展中土地集约利用程度评价因素及测算表**

| 因素 | 因子 | 权重 | 实际值 | 标准值 | 指标分值 |
|---|---|---|---|---|---|
| 商业繁华程度 | 商业集聚度/% | 0.14 | 1.63 | 50 | 0.004 6 |
| | 日均客流量/（人次/天） | 0.12 | 800.00 | 5 000 | 0.019 2 |
| 土地利用效益 | 地均商业零售额/（元/平方米） | 0.13 | 202.53 | 100 ~ 500 | 0.033 3 |
| | 地均商业利润/（元/平方米） | 0.14 | 36.80 | 20 ~ 100 | 0.029 4 |
| 土地利用类型 | 餐饮用地比率/% | 0.10 | 1.12 | 1 ~ 5 | 0.003 0 |
| | 商业金融用地比率/% | 0.12 | 1.74 | 1 ~ 5 | 0.022 2 |
| 交通条件 | 道路通达度 | 0.09 | 60.00 | 0 ~ 100 | 0.054 0 |
| | 公交便捷度 | 0.08 | 100.00 | 0 ~ 100 | 0.080 0 |
| 社会效益 | 商业知名度 | 0.08 | 60.00 | 0 ~ 100 | 0.048 0 |
| 综合指数 | | | | | 0.293 7 |

### （三）评价数据来源

评价指标的实际值通过调查问卷和实际调查获取，参照《建设用地节约集约利用评价规程（TD/T 1018—2008）》。第一种方法为专家咨询法，由专家参考整体评价结果来确定标准值，如商业繁华程度、土地利用效益、交通条件和社会效益等因素因子的标准值采用专家咨询法分为三个层次。日均客流量的标准值确定为 60 000 人次/天、40 000 人次/天、5000 人次/天；地均商业零售额的标准值确定为2000～6000元/平方米、1000～1500元/平方米、100～500元/平方米；地均商业利润的标准值确定为500～800元/平方米、300～500元/平方米、20～100元/平方米；道路通达度、公交便捷度和商业知名度的标准值根据整体评价，确定为0～100。第二种方法是根据区域未来规划确定标准值，土地利用类型指标的标准值根据各街区规划确定，结果见表10-6、表10-7、表10-8。

### （四）分类评价

#### 1. 仿唐商业街区——西大街土地集约利用评价

（1）评价范围。西大街位于钟楼以西，东起钟楼，西至西门（安定门），全长2088米，街区面积0.146平方千米。

（2）评价因素因子测算。根据式（10-1）和式（10-5），西大街街区经济发展中土地集约利用程度评价测算结果见表10-6。

（3）评价结果分析。西大街街区经济发展中土地集约利用程度综合指数为0.8268，接近1，说明土地集约利用程度较高。该街区以零售业大商场为主，商业类型主要有百货、金融、酒店、餐饮、娱乐、影剧院、医药等，百盛、民生等商场周围客流量大，商业繁华。西大街的西段主要分布着银行金融业，但由于在西大街还分布着较多的非商业机构，道路宽度有限，竹笆市口至钟楼段东西方向单向禁行，道路中央设置隔离带，这些因素限制其发展。未来发展中应该增加商场数量，拓宽马路，增加停车位，完善休闲公共设施，提高休闲娱乐用地和旅游观光用地比率，减少行政事业单位用地，通过土地置换等措施，增加商业用地比率，进一步提高土地集约利用水平。

#### 2. 文化产业街区——劳动路土地集约利用评价

（1）评价范围。劳动路文化产业街区东临环城西路，南接南二环，西连桃园路，北临大庆路。地处西安市古城区与高新技术产业开发区的咽喉要地，与明城墙毗邻，距市中心钟鼓楼仅3000米，属西安市商业繁华地带，区内有目前国内唯一在原址上重建的大型商贸与旅游主题区——大唐西市。大唐西市是综合性商贸旅游项目，被列为“陕西省、西安市‘十一五’重点工程建设项目”、国家文化产业示范基地与4A级旅游景区。劳动路文化产业街区以劳动路为主轴，划分成四个产业功能片区：丝路商业文化功能片区、休闲娱乐功能片区、创意设计功能片区、文化欣赏功能片区。

（2）评价因素因子测算。根据式（10-1）和式（10-5），劳动路街区经济发展中土地集约利用程度评价测算结果见表10-7。

（3）评价结果分析。劳动路街区经济发展中土地集约利用程度综合指数为

0.6099，说明土地集约利用程度一般。该街区以零售业、餐饮业和汽租维修业为主，用地单位类型主要有餐饮业（28.75%）、零售业（28.35%）、汽租维修驾校（13.5%）、娱乐休闲业（7.1%）、行政事业单位（6.25%）、服务业（3.75%）、医药体检业（3.5%）、银行（2.93%）、航空旅游业（2.93%）、学校（0.4%）、其他行业（2.9%）。但由于劳动路还分布着较多的行政单位，限额以上商业较少，以小型餐饮和零售业为主，分布较散，没有形成产业链，可充分利用的资源有限，所以限制其发展。未来发展中要充分利用有限资源，发展高校教育培训产业，咨询、规划、设计等产业，汽车服务等行业，形成产业发展链，借助大唐西市4A级旅游景点的发展优势，发挥大唐西市的引领、示范、窗口和辐射作用，大力打造大唐西市商业板块，带动整合周边资源发展，充分凸显劳动路的文化产业潜力，着力将劳动路打造成西安著名的文化产业一条街。

3. 综合改造商业街区——汉城路土地集约利用评价

（1）评价范围。根据西安市土门地区规划，汉城路为中心轴带商业区。南至昆明路，北至陇海铁路，位于区域的西部，以商业金融、餐饮、居住等混合功能为主。

（2）评价因素因子测算。根据式（10-1）和式（10-5），汉城路街区经济发展中土地集约利用程度评价测算结果见表10-8。

（3）评价结果分析。汉城路街区经济发展中土地集约利用程度综合指数为0.2937，土地集约利用程度低。该街区由于地处土门综合改造区，商业网点较少，商业就业人数少，商业建筑面积只有1389平方米，2007～2011年连续5年平均月租金水平为59元/平方米，平均营业额为232.8万元，平均利润为71.34万元，平均税收为11.82万元，商业用地效益较低。由于汉城路还分布着较多的工业企业，无限额以上商业企业，基础设施较差，该街区正处于综合改造期，所以影响了街区经济的充分发展。未来发展中应以西安市土门地区规划为引领，打造汉城路中心商业带，挖掘土地利用潜力，调整土地利用结构，增加商业金融、餐饮用地比例，提高商业集聚度，完善基础设施，打造环境优雅、协调有序的高品质新街区。

# 第十一章　街区经济发展的典型案例介绍

近年来，上海、深圳、杭州、青岛等东部城市都意识到街区经济对区域发展的巨大推动作用，相继出台了一系列扶持街区经济发展的政策，在资金投入、产业发展等方面给予倾斜和支持，催生了如上海南京路、天津古文化街、重庆解放碑、杭州河坊街等一批特色街区。在国外，美国纽约第五大道、英国伦敦牛津街、日本东京银座、法国巴黎香榭丽舍大街等享誉世界。国内外实践证明，街区经济已经成为推动区域经济发展的重要途径，成为城市经济发展的重要方面。本章主要列举在历史资源挖掘、品牌经营、规模扩张、管理优化、民族特色展示等方面具有较强代表性的10个街区作为案例进行探讨。

## 第一节　西安大唐西市——依托挖掘历史文化资源形成的街区

大唐西市的建设发展主要依托挖掘唐长安城西市遗址的历史文化资源，以盛唐文化、丝绸之路文化为主题，统筹考虑遗址保护与商业开发项目建设，再现盛唐时期的历史文化、经济人文风貌、民俗生活、丝绸之路贸易，打造具有历史文化特色的商业街区。

大唐西市位于西安市古城墙西南方唐长安城西市遗址，地处西安市古城区与高新技术产业开发区的咽喉要地，与明城墙毗邻相望。大唐西市项目占地约500亩，总建筑面积128万平方米，总投资45亿元。项目分两期进行开发。一期工程占地约300亩，建筑面积66万平方米，其中九宫格板块占地176亩，规划有金市广场、大唐西市博物馆、丝绸之路中国及日韩风情街区、国际古玩城、国际旅游纪念品交易中心、精品百货超市等。二期工程占地约200亩，建筑面积62万平方米，规划有丝绸之路风情街区、国际商务场馆、五星级酒店、文化交流及会展区、大型人文住宅等功能板块。

大唐西市作为“国际丝绸之路”旅游线的起点，基于物质文化遗产与非物质文化遗产并重、显性文化资源与隐性文化资源并重、参与性旅游项目与观赏性旅游项目并重的原则，通过弘扬盛唐商业文化精髓，全方位展现大唐的商业盛景、市井民俗和国际风情，塑造西安个性鲜明的城市特色，有效地保护、传承、弘扬灿烂的盛唐商业文化和著名的丝绸之路文化，努力使隐性文化显性化，成为可视、可感、可消费的文化产品。它的建成对保护开发历史资源、展示古城文化风貌、推动社会经济发展、打造特色旅游经济、促进西安历史文化资源优势转化为社会经济发展优势具有重要意义。

大唐西市的建设发展有以下两个特点。

（1）注重历史文化的挖掘。商业街作为一个城市的中心地带，是一个城市的名片和会客厅，它承载的不仅是商业功能，而且还有展示城市个性特色的功能，没有特色、没有内涵的商业街犹如无源之水、无本之木。大唐西市在建设、改造过程中传承城市文化，尊重城市历史文脉，对本地文化进行历史性挖掘，使西市具有独特的内涵。

（2）推进文化与商业的有效融合。文化与商业的结合就是要利用商业项目的历史遗存、文物古迹、纪念塑像等开展生动活泼的文化活动，使静止的建筑、设施焕发生机和活力；利用各种创新的手段和方式将城市商业历史传统、文化渊源、民俗传说表现出来，赋予它们全新的主题和生命内涵，迎合现代消费者的情趣，给人们留下独特的印象，形成对传统文化的亲切感、认同感和归属感。

## 第二节 青岛啤酒街——依托品牌特色经营驱动发展的街区

青岛啤酒街主要依托城市特色、啤酒产业特色、商业特色，把本地区的历史、文化、建筑遗产有机地融入商业街中来，聚集了众多著名啤酒品牌，使历史与现代、文化与商业和谐交融，名人轶事、名牌老店和名牌产品交相辉映，形成商业街鲜明的个性特征，给商业街的发展带来勃勃生机。

青岛啤酒街位于青岛市北区登州路，东起延安二路，西至寿光路，街长约710米，现共有各类门店约50处，其中酒店、啤酒吧、饭店20余处。闻名中外的青岛啤酒厂就坐落于此，啤酒文化特色鲜明，有较高的品牌知名度。据统计，青岛啤酒街自2006年以来，每年夏季接待中外旅游消费者高达300万人次之多，且正以年均10%左右的增幅快速增长（蒲万毅和杨宝民，2011）。

青岛啤酒街的建设和发展有以下两个特点。

（1）注重在差异化中谋求特色品牌。青岛啤酒街具有其自身的定位与独特的资源，用差异化发展的思路寻求特色，将与啤酒有关的元素融入街区每个细节，将啤酒这一特色资源塑造成体现当地历史、符合当地文化的特色品牌。

（2）加强对商业街的规范化管理。青岛市北区政府制定了统一的商业街管理办法，建立长效管理机制，规范商业街的管理工作。按照“属地化管理”的原则，明确职责，加强对商业街的监督管理和协调服务，使包括啤酒街在内的众多商业街在经营特色、购物环境、经营行为、商品质量、街市街貌、安全卫生等方面都得到市民和游客的好评。

## 第三节 南京1912商业街——依托经营管理品牌输出的街区

南京1912商业街通过制定商业街管理标准而形成街区品牌，以输出经营管理品牌，实现各地以1912命名街区的运作标准化、正规化，成为商业街品牌输出的主要典范。

南京1912商业街位于南京市长江路与太平北路交汇处，由17幢民国风格建筑及4个街心广场组成，总面积30 000多平方米。青灰色与砖红色相间的建筑群，风格古朴精巧，错落有致地呈L形环绕总统府，成为以民国建筑为特色的商业建筑群。

1912商业街的成功运营显著拉动了区域内土地和住宅价格的上涨。1912商业街正式运营后，商业租金价格平均上涨超过每天2元/平方米，创造了南京平均租金上涨速率之最。周边文化、休闲、餐饮商业面积迅速增加了80 000平方米以上，直接提供了就业岗位5000多个，间接创造相当数量的就业机会。一线品牌芝华士、百威等每年在街区投放广告总额数千万元，占品牌商在南京总投入的50%以上。1912商业街正式运营后，激活了南京的夜间经济，拓展了夜间消费的规模，使南京夜生活延长了4个小时以上，城市夜间消费由此成为常态。

南京1912商业街在运营管理中有以下四个特点。

（1）街区管理的标准化。规定街区服务规范的术语及其定义、总则、服务人员要求、服务质量要求、卫生与安全标准、投诉受理和处理流程、服务质量评价标准等。

（2）打造特色服务。为了提升商业街的服务水平，商业街管理委员会利用各种方式为商家提供对称式服务，专门制定了《商家服务手册》，以引导企业按照商业街的发展要求进行经营。

（3）民营企业投资，政府部门承担公共事务管理。在新建街区的发展建设中，商业街的建设和业态调整，由一家民营公司对整条商业街进行统一规划、设计、管理和招商运营，公共事务管理等由相关政府职能部门承担。这种投资管理模式的最大优点在于，从一开始就确定了建筑整体风格和经营业态，同时在统一招商过程中实现了经营业态的筛选。

（4）注重品牌输出。南京1912商业街的影响力不仅仅局限于南京市，它在中国拥有了越来越多的“姊妹篇”。为此，南京1912商业街出台了《南京1912旅游休闲特色街区服务规范》，将标准化的管理在全国1912商业街运营中进行推广。2007年，无锡、扬州1912商业街正式开街；2008年，苏州1912商业街开街；2011年5月，南京百家湖1912商业街开街；2011年9月，合肥1912商业街和常州1912商业街相继开街。

## 第四节 成都宽窄巷子——运用有机更新理论方法改造的街区

成都宽窄巷子的建设秉承有机更新理念，按照城市内在的发展规律，顺应城市肌理，通过对原有建筑进行保护性或抢救性改造，赋予其新的内涵，再现了老成都的历史文化风貌。

宽窄巷子占地面积近300亩，包括核心保护区和环境协调区。其中，核心保护区主要是地处支矶石街以南、井巷子以北的宽巷子、窄巷子两个街坊，这片区域占地80多亩，剩下的200多亩为环境协调区。此外，两个区域的着重点不同，核心保护区强调的是保护，环境协调区侧重开发。具体做法是，核心区采用产权买断、调换等方式，获取该区域内所有房屋的产权，并外迁原所有人和使用人；对原建筑中的大约40%予以保留，按照原有的特征进行修复，并完善内部设施，剩下60%的建筑在保持原有建筑风貌的基础上进行改建。环境协调区原有的大部分建筑予以拆除，纳入重新开发建设的范围内，新开发的建筑为独立仿古宅院式别墅，其风格、尺度、材料与核心保护区保持一致。

成都宽窄巷子的建设和发展有以下两个特点。

（1）注重把握好改造建筑与原有文化的兼容性。宽窄巷子的开发建设注重体现整体特色，防止把特色街的风格孤立化，游离于城市风格之外，不但不能凸显自身反而干扰整个城市的主调与风貌。商业街建筑的平均高度、体量、格局，以及建筑的形式、色彩等方面，都兼顾地方原有文化的特点，并与城市风貌浑然一体，相得益彰。

（2）从集中展示、立体重现、恢复与弘扬等三个层面来赋予商业街新的文化内涵。集中展示是指通过收集、研究、整理有关历史文化的物质载体，利用陈列和集中展示的方式表现悠久深厚的城市文化。在文化遗址留存区周围可以利用原有的历史建筑建立陈列馆，挖掘、整理、展示历史文化。宽窄巷子中专门设置了一些区域用来展示一些早已失传或将要失传的古老艺术和文化，如蜀绣、蜀锦、竹编及漆器工艺等，还修建了一些具有特色的纪念馆、旧时的画馆、文馆、茶馆、戏馆等，并且邀请一些顶级艺术家及文化名人来这里从事创作。

## 第五节 上海田子坊——创意产业街区

上海市田子坊通过对上海市最典型的里弄和工厂混杂的街坊进行改造，发展创意产业，延续和创新社区发展的非物质层面，既改善了街区的居住生活条件，又促进了街区经济发展。

田子坊位于上海市打浦桥地区的泰康路210弄。20世纪30年代，石库门房子是上海市独具特色的里弄住宅，是老百姓的栖身之地，里面有形形色色的人物、五花八门的行当，生动地展现了上海的市井百态。黄金地段加上便捷的交通，田子坊被很多投资人看好。1998年，上海市卢湾区政府将泰康路上的马路集市迁到田子坊内，对泰康路进行重新铺设，使田子坊外部环境得到改善，并依托该区文化产业优势，将田子坊老街区打造成为新文化产业的集散地。上海艺术家陈逸飞、尔东强等人将田子坊内闲置的厂房改设为工作室，此后田子坊开始脱胎换骨。由上海市民，以及田子坊内的居民、企业、艺术家、投资商等组成的投资群体看中了这里的文化氛围，不断有人到这里投资，渐渐形成了一种小规模、多元化、渐进式、动态性的城市更新模式，使得这个老街区的发展始终具有鲜活的原创性与原生态性，在原来的上海里弄文化基础上产生了许多创意，形成了一个创意产业群。

上海市田子坊在建设和发展中具有以下两个特点。

（1）政府扶持和推广。随着经济的全球化，创意已经成为经济发展新的支撑点和竞争力，已经成为一个国家和地区持续创新能力和经济发展能力的体现。国内创意产业基本处于萌芽和初级状态，自身生存能力较弱，盈利方式单一。在上海田子坊的前期建设中，政府起主导作用，学习欧美、中国台湾等地的先进经验，引导创意产业向多元化和系统化发展。

（2）文化创意与商贸旅游有机结合。创意街区可以主做文化保护，也可以主做文化创意。不管做哪一项，街区的定位都是依据消费者而定的。田子坊做到了创意生活化、生活创意化，以氛围聚人群、以人群构文化、以文化带旅游、以旅游促经济，最终形成了一条实体创意型街区。

## 第六节　西安李家村万达广场——大型城市综合体

西安市李家村万达广场通过整体、有步骤地进行旧城改造，提升优化原有商业街的软硬件设施及环境，从一个服装制作、批发、零售集散地发展成为一个集购物、娱乐、休闲等多种业态为一体的大型城市综合体。

李家村万达广场位于西安市南二环内的李家村，面积88亩。改造前，这里的服装生意吸引了大批的浙江服装商投资，村民和浙江商人建起的房屋达21万平方米，平均高度为5.5层。李家村存在的安全隐患，最先引起消防部门的注意，公安部曾将其列为全国十大消防隐患地之一。2003年，国务院要求陕西省委和省政府立即对李家村进行改造，西安市碑林区政府适时出台了《李家村综合改造工作实施方案》。这套方案的价值在于，把改造与发展结合起来，超越了单纯的拆迁和整治，成为一次彻底改变旧貌、从根本上改善村民生存环境、全面提升区域经济发展质量的大变革。2008 年万达广场开业，成为当时西安市历史上投资额最大、占地面积最大、停车位最多的商业项目。项目总投资为 20 亿元，总建筑面积超过 35 万平方米，其中商业建筑面积 17 万平方米。

李家村万达广场的建设发展有以下两个特点。

（1）生活系统完备。为满足消费者居住、消费、休闲、娱乐、社交多种形式的高品质生活需求，万达广场建设了齐备的生活系统，包括具备一定规模的大型购物中心、星级酒店和国际化写字楼，具有特色经营发展趋势的商家等。

（2）交通便捷。城市综合体与城市的经济有着密切的联系，这需要有便捷的交通网络做纽带，保证综合体内办公人员出行的便利性。交通的便利将为城市综合体项目带来大量的人流和物流，特别是为零售业吸引持续不断的人流，保证所有资源使用率的最大化。

## 第七节　丽江四方街——规模效应发展形成商业街群

丽江四方街由若干个具有一定规模的商业街组成，通过产业适度集中、业态错位或专业经营，形成具有较强区域竞争力和辐射力的商业街群。

四方街是云南省丽江古城的心脏，交通四通八达，周围小巷通幽。这里是茶马古道上最重要的枢纽站，明清以来各方商贾云集，各民族文化在这里交汇生息，是丽江经济文化交流的中心。四方街向四面延伸出四大主街，直通东南西北四郊，又从主街岔出众多街巷，如蛛网交错，往来畅通。街道全用五彩石铺砌，平坦洁净，晴不扬尘，雨不积水。四方街沿街逐层外延的稠密而又开放的格局，不同于中国传统的四四方方的井字形街道，古城中至今依然大片保持明清建筑特色，“三坊一照壁，四合五天井，走马转角楼”式的瓦屋楼房鳞次栉比，被中外建筑专家誉为“民居博物馆”。

四方街是丽江最传统的购物集市。丽江境内有包括纳西族在内的 20 多个少数民族，众多的民族旅游工艺品成为丽江旅游购物的亮点，有民族纺织品、木雕、瓷器、壁画等，其中最为著名的是纳西族的纺织品，具有浓厚的民族气息，而且多数都绣有或印有东巴的象形文字。

丽江四方街在发展中有以下两个特点。

（1）基于不同层次的消费需求，将原有街区改建成特色街区。根据消费层次和消费对象的不同，既注重发展新型业态，在周围吸引或建设一批不同档次、有带动效应的项目或具有高附加值的特色街区；同时，又运用现代流通方式和手段对现有的街区进行改造升级，发展一批以当地居民消费为主、向周边城区辐射的、有一定品位的特色街区，逐步形成层次清晰、特色鲜明的街群。

（2）注重街群的扶持培养。在有关专家建议、政府发展规划和市场发展情况调查的基础上，由地方政府主导设计商业街群的产业发展战略，并制定出相应的优惠政策和产业调整措施，吸引企业入驻，逐渐形成区域性商业街，在前期引导产业逐步步入良性发展轨道之后，由市场经济规律进行自主产业调整（王丽娟，2006）。在市场经济的调整过程中，政府根据发展情况给予政策性扶持，以加快产业的整合、升级、扩张，形成规模更大、辐射范围更广的街群。

## 第八节　苏州观前街——科学管理示范街区

苏州观前街以“一流的服务、一流的管理，一流的环境”为目标，运用科学管理理念和方式，形成了以街区管理委员会为主体的创新管理模式，以创新管理模式推动街区经济可持续发展。

苏州观前街位于苏州市中心城区平江区，面积约 0.56 平方千米，以江南最大规模的千年道观玄妙观而闻名。观前街位于观前地区核心位置，玄妙观南侧，是苏州市最负盛名的百年商业老街。1999 ~ 2002 年，苏州市委、市政府以创建国家卫生城市为契机，投入 10 亿元，对观前街及周边地区组织实施了大规模改造，整治更新了道路、广场、建筑、绿化、灯光、广告等，构建了合理的交通网络、基础设施，增加了休闲旅游功能，形成了传统与现代相融合的风貌，使观前地区成为苏州市名副其实的商业、文化、旅游中心。目前，观前地区拥有松鹤楼菜馆、采芝斋食品店等百年老店 150 余家。

观前街可供其他街区学习借鉴的管理经验有以下三个方面。

（1）实行市与区“双重领导”的管理体制。观前管理办公室（简称观前办）是苏州市政府 2002 年 8 月设立的直属行政机构，受苏州市政府委托，由苏州市平江区人民政府进行管理。观前办可以协调市级相关部门解决观前地区存在的问题，从而使观前办综合协调的层面更多、范围更广、力度更大。

（2）具有相对集中的管理职权。苏州市政府于 2002 年以市长令发布了《苏州市观前地区管理暂行办法》，明确了观前办的管理权限和主要职责，确立了市政府各部门对观前办授权的原则，有效解决了观前地区管理职能分散、交叉的问题。

（3）实施以监督和协调为主的管理方式。对街区市容、治安、规划、卫生等工作，观前办只进行监督并不进行具体的整治和处罚。一方面，避免了与各职能部门在观前地区事权划分上的矛盾；另一方面，一旦该地区管理出现不到位的现象，观前办有权督促协调各部门管理，并可直接请示市政府协调处理，达到了及时补位、堵塞漏洞的目的。

## 第九节 拉萨八角街——展示藏族聚居区民族特色产品街区

拉萨八角街以展销西藏及周边藏文化区域特色商品为依托，充分挖掘宗教文化旅游资源，凸显地域文化优势，形成一条以地域文化和民族文化为主题的特色产品汇集商业街区。

八角街以大昭寺为中心，西接藏医院大楼，南临沿河东路，北至幸福东路，东连拉萨医院河林廓东路。八角街是四条大街组成的多边形街道环，周长1000多米，街内岔道较多，有街巷35个。现在，八角街的概念已经扩大，包含了围绕在大昭寺周围的一整片旧式的、有着浓郁藏族生活气息的街区。街内遗存的名胜古迹众多，有下密院、印经院、席德寺废墟、仓姑尼庵、小清真寺等寺庙和拉康12座，有松赞干布行宫曲结颇章、黄教创始人宗喀巴的佛学辩论场松曲热遗址、原拉萨市治安机构及监狱朗子厦等。

八角街保留了拉萨古城的原有风貌，街道由手工打磨的石块铺成，旁边保留有老式藏房建筑。街道两侧店铺林立，有120余家手工艺品商店和200多个售货摊点，经商人员1300余人，经营商品8000多种，有铜佛、转经筒、酥油灯、经幡旗、经文等宗教用品，卡垫、围裙、藏刀、藏帽、酥油、甜茶、奶渣、风干肉等生活日用品，唐卡绘画、手绢藏毯等手工艺品，以及古玩、西藏各地土特产等富有民族特色的商品。

在市场经济体制下，特别是在全球化的竞争中，城市及其中的民族社区都发生着巨大的变化。当城市之间进行激烈竞争时，稀缺的文化资源，尤其是少数民族文化资源就变得更有价值了，而且还能为城市的发展带来显著的多重影响。城市旅游在凸显民族文化、维护民族关系中扮演着重要的角色，城市旅游的发展又为少数民族在城市中生存和发展创造机会（徐红罡和万小娟，2009）。拉萨八角街作为一个城市旧城中心的少数民族聚集区，在应对城市发展和更新的潮流下能够完整地保留自己的民族文化，旅游在其中起到了很重要的作用，其关键在于旅游经济与民族经济的融合，民族文化与整个城市文化的融合。

## 第十节 深圳欢乐海岸——体验式旅游商贸街区

深圳欢乐海岸以海洋文化为主题，以生态环保为理念，以综合商业为主体，通过旅游与文化的有机结合，凸显了旅游文化的主导功能和作用，形成一条主题商业与旅游、休闲娱乐和文化创意融为一体的体验式旅游街区。

欢乐海岸地处深圳湾商圈核心位置，位于深圳华侨城主题公园群与滨海大道之间，总占地面积125万平方米，由欢乐海岸购物中心、曲水湾、椰林沙滩、度假公寓、华侨城湿地公园五大区域构成，并以区域内自然环境资源为依托，形成各具特色的主题发展模式。购物中心总建筑面积约7.8万平方米，除了零售、餐饮、娱乐业态外，还建有拥有世界最大水母主题展示区和国内最大活体珊瑚主题展示区的海洋奇梦馆，形成最具娱乐体验的商业空间。曲水湾位于项目东区，建筑面积约6.5万平方米。以"找回深圳消失的渔村"为故事主线，采用独栋环水街区式布局及"现代都市商业+历史文化渔村"交融组合概念，用近1000米的蜿蜒水系和7座景观桥串联起区域内的特色建筑群落，形成小桥流水、庭院步道、绿树簇拥、碧水环抱的现代岭南文化渔村建筑风格，集中展现深圳这座创新城市的建筑艺术。

深圳欢乐海岸的发展具有以下两个特点。

（1）将无形的文化通过有形的物质载体展现出来。主题街区的存在与周边环境的烘托是分不开的，文化是主题街区的灵魂（别林娜，2008）。这个文化可以有海洋文化、民俗文化、宗教文化等多种理解。在这里，既可以感受以深圳湾畔生意盎然的红树林为创意元素的"深蓝秘境3D水秀"，也可以参加狂欢节、龙舟赛、城市风雅文化节、欢乐海岸音乐节、中国城市生态旅游论坛等众多大型城市级活动。

（2）注重人的尺度和需要，街区经济的发展始终围绕人的需要。商业街作为一个城市与民众的纽带，应以其无限的亲和力取胜，与周围的环境、人文融为一体。因此，要围绕顾客的喜好，营造主题式全景身心体验，涉及听觉、视觉、味觉、嗅觉、触觉等各个方面。欢乐海岸以城市规划和生态环保为出发点，将深圳湾开发和华侨城生态湿地保护纳入城市生活版图，最大限度地赋予项目人文及公益的价值，既促进城市发展和生活品质升级，又为广大市民和游客创造出独特的滨海生活体验。

# 第十二章　西安市莲湖区发展街区经济的探索与实践

本章重点阐述西安市莲湖区在发展街区经济中积累的规划、建设与管理等方面的经验，供实践者参考借鉴。

## 第一节　莲湖区概况

莲湖区地处西安市市区的西北部，是古城西安的中心城区之一，行政辖区面积43平方千米，常住人口69.86万人①，辖9个街道办事处、134个社区。近年来，莲湖区紧紧抓住西部大开发的历史机遇，围绕“三五七”经济发展战略，大力发展街区经济、总部经济、楼宇经济三大经济形态，做大做强商贸服务业、文化旅游业、现代工业、高新技术产业、建筑和房地产业五大优势产业，着力打造大兴新区、土门地区、劳动路文化产业街区、历史文化街区、西大街北大街综合商贸街区、桃园开发区、大明宫遗址保护莲湖区域七大经济板块，有力地促进了各种生产要素的合理调配和顺畅流动，区域经济快速增长，社会事业全面进步，人居环境不断改善。

### 一、经济持续快速发展

“十一五”规划期间，莲湖区经济呈现出持续快速、健康发展的良好态势，各项经济指标都达到了较好的发展水平（表12-1）。五年来，地区GDP保持年均14.6%的增速，2011年达到437.18亿元，占西安市总量的11.3%；全社会固定资产投资年均增长27.3%，累计完成1293亿元。地方财政收入年均增长27.4%，2011年完成28.13亿元，总量连续五年位居全市区县第一。发展基础良好，竞争优势突出，连续五年被评为陕西省城区经济社会发展五强区。

---

① 西安市统计局．西安市2010年第六次全国人口普查主要数据公报。

表 12-1 2007 ~ 2011 年莲湖区主要经济指标及增速统计表

| 年份 | 财政收入 | | 固定资产投资 | | 地区 GDP | | 社会消费品零售总额 | |
|---|---|---|---|---|---|---|---|---|
| | 绝对额/亿元 | 增速/% | 绝对额/亿元 | 增速/% | 绝对额/亿元 | 增速/% | 绝对额/亿元 | 增速/% |
| 2007 | 11.55 | 37.7 | 154.51 | 38.0 | 230.76 | 15.4 | 144.57 | 17.5 |
| 2008 | 15.47 | 33.9 | 208.95 | 35.2 | 293.13 | 16.9 | 169.62 | 24.0 |
| 2009 | 18.22 | 17.8 | 268.05 | 28.3 | 330.38 | 14.0 | 197.99 | 19.7 |
| 2010 | 22.35 | 22.7 | 347.93 | 29.8 | 376.99 | 14.5 | 233.31 | 18.6 |
| 2011 | 28.13 | 25.9 | 377.88 | 29.5 | 437.18 | 13.4 | 280.09 | 17.5 |

资料来源：西安市莲湖区统计局 2008 ~ 2012 年政府工作报告

## （一）三大经济形态有序发展

（1）重点发展街区经济。坚持特色化发展，充分挖掘历史文化街区宗教文化、特色餐饮等资源，扶持发展北院门等一批民族文化风情特色街。坚持专营化发展，依托大唐西市和大清真寺等旅游景点，培育发展大唐西市金市广场等一批文化产业和旅游纪念品经营街。坚持聚集化发展，积极引导商贸、餐饮等第三产业聚集发展，繁荣发展西大街等一批综合性购物休闲街，打造西关正街等一批特色餐饮街。坚持规模化发展，围绕五金机电、汽车配件等生产资料供应基地，不断壮大环城西路和大庆路五金机电汽配、枣园西路酒店用品贸易等经营规模。2007 年以来共培育商业街 23 条，街区经济的快速发展，为现代服务业提供了良好的载体。

（2）培育壮大总部经济。制定促进总部经济发展的优惠政策，通过提供良好的政策、法制、科技、信息、人才等公共服务，完善道路、绿化、通信、水电气暖等市政基础设施，吸引国内外知名企业的销售中心、研发机构和外省市办事处进驻，加快培育壮大总部经济，提升区域竞争力和城市能级。目前全区共有各类企业总部 29 家，2010 年销售额 424 亿元，实现利税 9.57 亿元。

（3）大力发展楼宇经济。根据产业政策导向和区域发展功能定位，促使楼宇经济进一步与招商引资、企业引进、产业结构调整、区域发展需求相结合，提高楼宇经济发展的规模和效益。加大桃园高新技术产业开发区、西大街、北大街、北关正街、玉祥门周边、西二环等区域商业楼宇的招商力度，不断加大商业楼宇对区域经济的贡献。目前，全区正在招商的楼宇项目有 64 个，入驻企业总数 3013 家，年销售额 366.11 亿元，2010 年实现利税 4.59 亿元，占全区地方财政总收入 52.79 亿元的 8.7%。

## （二）五大优势产业支撑强劲

2007 年以来，莲湖区经济快速发展，形成了商贸服务业、文化旅游业、现代工业、高新技术产业、建筑和房地产业等特色鲜明的优势产业，产业基础雄厚。

（1）商贸服务业繁荣发展。全区有商业网点 2.5 万个，经营面积达到 265 万平方米，年营业额在 5000 万元以上的商贸企业达到 41 家。西大街成为全省首条中国著名商业街，商贸销售额连续跨越20亿~60亿元5个台阶，荣获全国商业文化贡献奖和中国重点示范商业服务业聚集区。

（2）文化旅游业快速发展。大唐西市累计完成投资31.2亿元；国际古玩城、西市博物馆、大润发超市开业运营；承办了“西部非物质文化遗产项目展演”系列活动；成功创建国家4A级旅游景区和国家文化产业示范基地；建成历史文化街区旅游文化散步道，化觉巷清真大寺、都城隍庙、广仁寺等一批精品旅游景点，知名度不断提高。全区累计接待游客2200万人次，实现旅游收入94亿元。

（3）现代工业经济提质增效。规模以上工业增加值保持年均15.1%的增长，2011年达123亿元，西电公司、法士特公司已跨入年产值过百亿元的企业集团行列。单位GDP能耗降低23.35%，可持续发展能力不断提高。

（4）高新技术产业实力增强。莲湖区投入科学研究与发展资金4155万元，扶持5批122个科技项目，取得国家、省、市科技立项98项，累计实现新增产值24.34亿元。桃园开发区营业收入从69亿元增长到138亿元，园区销售额过千万元企业达到30余家。

（5）建筑和房地产业健康发展。莲湖区引进了龙湖、融侨和天朗等一批知名房地产企业，累计完成投资280亿元，商品房销售面积达到510万平方米。

随着城市化进程的不断推进，莲湖区的产业结构发生明显变化。从表12-2中可以看出，莲湖区第二产业和第三产业在国民经济中占据举足轻重的位置。2007~2011年，第二产业产值占莲湖区GDP的比重一直在47%左右，但随着服务业的崛起，第二产业占GDP的比重呈现逐年下降的趋势，由2007年的47.63%下降至2011年的45.63%。第三产业呈现出蓬勃的发展势头，5年间，占GDP的比重由2007年的52.30%上升到54.37%，已逐步发展为莲湖区经济的主要增长点。随着第二产业产值占GDP的比重的下降和第三产业的快速发展，莲湖区的经济结构由第二产业占绝对主导地位发展为第二、第三产业协调全面发展，符合中心城区的产业结构优化调整步伐不断加快的趋势。

**表12-2 2007~2011年莲湖区第二、第三产业发展情况统计表**

| 年份 | 地区GDP/亿元 | 第二产业增加值/亿元 | 第二产业比重/% | 第三产业增加值/亿元 | 第三产业比重/% |
|---|---|---|---|---|---|
| 2007 | 230.76 | 109.90 | 47.63 | 120.68 | 52.30 |
| 2008 | 293.13 | 140.60 | 47.97 | 152.53 | 52.03 |
| 2009 | 330.38 | 150.28 | 45.49 | 180.10 | 54.51 |
| 2010 | 376.99 | 174.84 | 46.38 | 202.15 | 53.62 |
| 2011 | 437.18 | 199.48 | 45.63 | 237.70 | 54.37 |

资料来源：西安市莲湖区统计局2008~2012年政府工作报告。

### （三）七大经济板块引领的格局基本形成

莲湖区坚持以七大板块为发展载体，不断挖掘板块资源禀赋，强化板块间的轮动与协调，实现了齐头并进、协调发展的良好势头，推动全区经济健康快速发展（图12-1）。

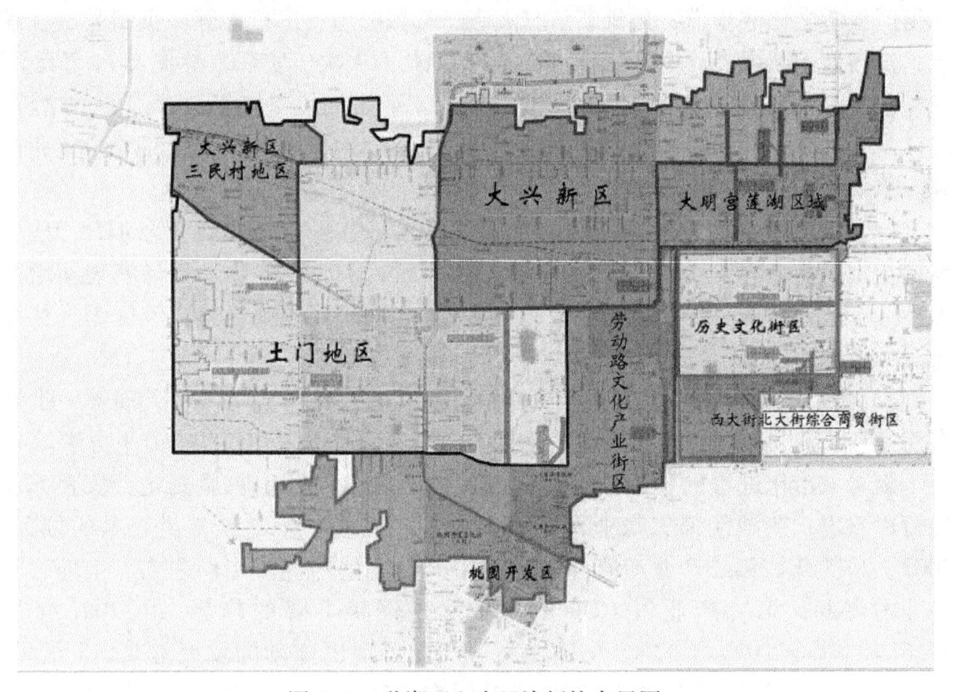


图12-1 莲湖区七大经济板块布局图

（1）大兴新区板块。大兴新区紧密结合西安市北部新城的发展，统筹规划产业、交通、生态、文化、服务等功能，以建设商贸聚集区、低碳示范区、高品质生活区为重点，打造板块经济发展引领示范区。

（2）土门地区板块。土门地区充分运用棚户区改造、城中村改造、工业企业搬迁等相关政策，加快产业结构调整步伐。以建设西安国际化大都市国际（核心）商务区为目标，通过政府主导、规划引领、产业升级、项目带动，将土门地区建设成为总部经济和高端服务业聚集区、工业文明和都市文化创意体验区、绿色时尚居住和社会管理创新活力区。

（3）劳动路文化产业街区板块。劳动路文化产业街区以大唐西市为依托，以劳动路为主轴向南北延伸，连结西安古城区与高新技术产业开发区，将周边西北工业大学教育培训产业、科研单位规划设计产业的文化资源进行整合，打造成为具有鲜明文化特色的文化产业街区。大唐西市已经成功创建国家4A级旅游景区和国家文化产业示范基地。

(4) 历史文化街区板块。历史文化街区板块占地约2.4平方千米，是西安城内保护最完整、最能体现古城历史文化风韵、最具魅力的商贸文化旅游区。莲湖区按照“保护历史、彰显人文、突出特色、打造精品、有机更新”的思路，推动历史文化街区整体规划和改造。围绕历史文化街区现有资源，打造北院门—西羊市—庙后街—大学习巷—西大街“回”字形历史文化散步道、都城隍庙旅游观光商贸区、西五台佛教庙宇旅游观光区、环城墙文化休闲带四个重点区域。

(5) 西大街北大街综合商贸街区板块。西大街北大街是由钟楼商圈中心向西、向北延伸的两条商业大街。西大街已经打造成为陕西省首条“中国著名商业街”、“中国重点示范商业（服务业）聚集区”，被中国商业联合会授予“全国年货购物节示范商业街”。今后还将引进有实力的企业入驻，营造浓厚的商业氛围，形成西大街、北大街联合发展格局，使其成为集旅游观光、购物、休闲娱乐等功能于一体的大型综合商贸街区。

(6) 桃园开发区板块。桃园开发区板块作为莲湖区高新技术产业示范基地，占地0.2667平方公里，坚持“两头在内，中间在外”模式，促进经济发展方式转变。2011年营业收入达到138亿元，园区销售过千万元企业达30余家，将建设中国中西部电子信息总部基地、现代商务商贸服务示范区、知识产权交易区。

(7) 大明宫遗址保护莲湖区域板块。大明宫遗址保护莲湖区域板块作为唐皇城复兴计划集中展示区，面积达3.5平方千米，以棚户区、城中村改造为突破口，将大明宫遗址保护区的保护、利用与改善人居环境相结合，努力建设城北新兴的中央商务区和生态居住区。

## 二、社会管理创新成效显现

(1) 服务是最有效的管理。莲湖区牢固树立以人为本、服务为先的理念，围绕与群众密切相关的城市建设管理、行政审批、环境质量、就业等问题，坚持把管理寓于服务之中，在管理中体现服务，在服务中强化管理。

(2) 高度重视人居环境改善。从2008年起，莲湖区对街区开展建筑立面、道路设施、拆墙透绿、门头牌匾、景观照明、雕塑小品、架空线缆等城市要素提升和公共设施综合整治。截至2011年年底，共投入8.95亿元，完成58条道路的街景改善，累计改造楼宇23 456栋、面积263.3万平方米，“平改坡”面积14.86万平方米，拆除违法建设35.9万平方米。增绿补绿121.7万平方米，架空线缆落地10条道路。累计投入建设改造资金26亿元，拓宽改造各类道路80条，面积372.8万平方米，人均道路面积5.1平方米。建成56处休闲广场，新增绿地182.8万平方米，人均公共绿地达到8.65平方米。

(3) 不断提升政府服务水平。莲湖区建立了政务服务中心、人力资源服务中心、城管监督指挥中心、居家养老服务信息中心四个政府服务中心，为群众提供便利、高效、快捷的服务环境。坚持工作重心向基层下移、工作力量向基层聚集，设立区、街道、社区三级群众工作机构，搭建统一规范的服务平台，为群众提供主动入户服务，拓展了服务群众、方便群众、化解矛盾的渠道。积极推行“$N+5$”工作模式（“$N$”就是以小区、居民楼等为单位，把一个社区划分为$N$个责任单元格；“5”就是每个单元格组建由督导员、管理员、协理员、专管员、信息员构成的“五大员”服务团队），实施精细管理，促进主动服务，提升服务群众的水平。

## 三、社会事业协调发展

莲湖区始终把实现好、维护好、发展好最广大人民的根本利益作为一切工作的出发点和落脚点，把满足人民群众不断增长的物质文化需求作为促进繁荣发展的根本依据，坚持为人民群众办好事、办实事、解难事。

城乡居民收入水平迅速提高，生活质量明显改善。居民人均可支配收入由2007年的10 905元增加到2011年的26 962元，人均住房面积从21.8平方米提高到31.3平方米。开展全民创业活动，登记失业率连续5年控制在4.0%以内，荣获陕西省促进就业工作先进区。在西安市率先启动居民养老保险工作，以养老、医疗、失业、工伤和生育五大险种为主要内容的社会保障体系进一步完善。

科技、教育、文化、卫生、人口等各项利民措施扎实推进，人民群众切实享受到发展带来的实惠。5年来举办了20次大型科普活动，建立了9个街道科普工作站、10所社区科普大学和104个科普活动室，荣获全国科技进步考核先进城区和全国科普示范区。不断加大投入，办学条件大幅改善，教育资源有序整合，学校布局更加优化，被授予全省高水平、高质量普及九年义务教育区。西安鼓乐、同盛祥牛羊肉泡馍制作技艺2个项目被列入国家级非物质文化遗产名录，德发长饺子制作技艺、德懋恭水晶饼制作技艺、都城隍庙民俗三个项目被列入省级非物质文化遗产名录，丰富了莲湖区的文化事业。建成10所社区卫生服务中心、11所社区卫生服务站，全面完成社区卫生服务标准化建设，社区卫生服务覆盖率达到95%以上，“15分钟就医圈”基本形成。先后被评为全国中医药特色社区卫生服务示范区、省级社区卫生服务先进区、全国人口和计划生育优质服务先进区、全国残疾人工作先进区。

# 第二节　莲湖区街区经济发展环境的SWOT分析

莲湖区立足区情实际，运用SWOT［strengths（优势）、weaknesses（劣势）、

opportunities（机遇）、threats（威胁）］分析法对街区经济发展情况进行了分析研究，为确定莲湖区发展街区经济的总体思路、制定发展目标和发展措施提供了有益参考。

## 一、莲湖区发展街区经济的优势

（1）区位优势明显。莲湖区是西安中心城区，是驰名中外的“丝绸之路”的起点，是钟楼、鼓楼等西安地标性建筑所在地。境内交通便捷，有道路229条、主干道16条、次干道23条，西安市地铁规划建设6条地铁线中的1号、2号、5号、6号线从区内穿过，有地铁站近20个，距西安火车站只有5分钟车程，距西安咸阳国际机场只有20分钟车程。从辐射周边城市一小时经济圈来看，莲湖区位于都市圈中心位置，已成为关中城市群信息流、资金流、人才流的重要集聚地和最具投资潜力的价值高地之一。良好的区位优势为街区经济发展提供了优秀的人力资源、完备的服务设施及发达的运输通信网络。

（2）区域发展战略思路明晰。2007年以来，莲湖区立足于西安建设国际化大都市的背景，结合中心城区发展实际，制定了“三五七”经济发展战略，提出中心城区应该大力发展街区经济、总部经济、楼宇经济三大经济形态，实现时间、空间、产业三位一体协同发展，体现了中心城区经济发展战略布局的前瞻性、科学性。

（3）商贸服务业集聚效应明显。莲湖区商业网点共有2.5万个，经营面积达265万平方米，年营业额在5000万元以上的商贸企业达到41家。近期还将建成数十个商贸综合体，新增商业面积上百万平方米。西安市历史悠久、商业氛围浓厚，繁华的钟楼商圈位于区域内。世纪金花等50余家大型商贸企业总部和网点遍布全区，西大街荣获“中国著名商业街”荣誉称号，商贸销售额在2005～2010年连续跨越20亿～60亿元5个台阶。社会消费品零售总额年均增长17.5%，2011年实现280.09亿元。

（4）历史人文资源丰富。莲湖区作为十三朝古都的核心区域，是一个历史文化、宗教文化、红色文化与现代文化交相辉映的文化大区。汉代的辟雍和明堂均在莲湖境内，莲湖还是隋代大兴城、唐皇城、五代京兆府、明清西安府的重要组成部分，有古建筑、古墓葬、古石刻、古遗迹等文物古迹125处。区域内有29个少数民族，约3.6万人，其中回族群众约3.4万人，是全省最大的回族聚居区。同盛祥牛羊肉泡馍、贾三灌汤包子、辇止坡老童家腊羊肉等清真餐饮、食品，以及一批名店、名食，已成为西安市饮食文化的一大特色，并以其独特的美味闻名全国。区域聚集了佛教、道教、伊斯兰教、天主教、基督教五大宗教文化，特别是明城墙内2.4平方千米的历史文化街区、13座清真寺和环寺而居的穆斯林群众，形成了各民族和睦相处和各大宗教和谐发展的文化景观。红色文化资源丰富，杨虎城将军纪念馆、玉祥门十二烈士纪念碑、中共情报部西安情报处也位于莲湖区域内。依托这些文化资源优势，将文化与商业深度融合，突出历史底蕴与特色文化元素，以文带街，以街促商，以商兴旅，以商兴文，可以有力推动街区经济的发展。

（5）科技、金融人才会聚。区域拥有科研院所、大中院校和企业研发机构60余家，近年来申报专利达到2020件，认定高新技术企业38家，45项科技成果获国家和省市奖励，荣获全国科技进步先进城区和全国科普示范区称号。依托23家银行机构、300余处金融网点和大量证券、保险公司，实施金融服务计划，搭建银企合作平台，形成引导银行、创投、担保等金融机构支持企业发展长效机制。西安市拥有数量居全国第三的公办高校和数量居全国第一的民办院校，公办大学48所，每年为全国各地输送毕业生约20万人。丰富的科技、金融人才资源，为街区经济发展提供了技术、资金、人才保障。

（6）城市管理水平居全国前列。莲湖区将质量标准引入城市管理中，按照大城管理念，建立了以城市管理标准化执法和市容环卫标准化管理为主体的标准化管理方式，构建了区—街道—社区三级纵向管理网络、部门协同和信息共享的横向联动网格、全方位和立体化的数字城管网络等三个管理网络，形成了依法规范、全面覆盖、资源共享、运行高效的城市管理综合新机制。2011年，全国城市市容环卫工作标准化管理研讨会在莲湖区召开，市政府将莲湖区确定为城市管理综合提升试点区。目前，标准化管理已经在全区各部门展开，为特色商业街科学管理提供了标准化、规范化的制度保障。

（7）投资软环境持续改善。莲湖区注重优化政务环境、人文环境、社会环境等软环境，以一流的综合投资环境助推科学发展。莲湖区不断深化行政审批制度改革，建成区政务中心，统一办理31个职能部门的159项行政审批事项，实施"两集中、两到位"改革，即部门审批事项从多个科室向政务服务科集中，政务服务科向政务中心集中；部门工作人员进驻政务中心到位，部门对窗口工作人员的授权到位。建立区、街道、社区三级政务服务网络，行政审批提速达69%，办结时限从原来平均20个工作日压缩到5个工作日，70%的受理事项达到即办即走。以优惠政策扶持企业发展，制订了《莲湖区扶持中小企业发展规划（2008—2012）》等14项扶持政策，每年平均用于扶持企业发展的资金达到7500余万元，其中，仅科技发展专项资金、创业基金、小额贷款年均分别达到1200万元、1252万元和5000万元。加强针对辖区企业的各类社会服务，为企业提供子女就学、就业、卫生、人口计生等服务，最大限度地降低企业生产经营成本。

## 二、莲湖区发展街区经济的劣势

（1）产业引导和规划性未完全显现。虽然制订了总体规划和具体街区发展规划，但系统观和整体观不强。在街区经济建设过程中，应综合考虑街区系统中市场供方、市场需方、政府、中介组织、商业街、商品-资金-信息六要素与全区经济发展要素统筹，制定各类街区经济建设的指导意见及发展纲要；强化规划布局的导向性、约束性，充分运用行政、法律、经济手段，加强宏观调控力度，引导各级商业中心和商业街形成特色。

（2）区域发展的成熟度不均衡。部分街区单位面积的产出率低，竞争力大的商贸项目较少。发展较好的特色商业街区主要集中于二环以内的西大街、北大街、环城西路等区域，大兴新区、土门地区等正在改造和即将改造的商业街区在竞争力和产业聚集度方面仍有差距，未发挥城市中心区的辐射带动作用。

（3）资源利用效率还不够高。历史文化街区内历史文化资源、宗教文化资源、红色文化资源虽然得到一定程度上的开发挖掘，但是力度还不够，特别是商业利用度不高，尚未形成规模效应和聚集效应。玉祥门区域的机电产品资源、劳动路大唐西市的资源还没有得到充分挖掘，专业化、特色化商业街区建设亟待加强。

## 三、莲湖区发展街区经济的机遇

（1）宏观政策机遇。国家积极调整经济结构、扩大内需、大力发展文化产业等宏观经济政策实施，以及西部大开发战略、关中-天水经济区开发、西安国际化大都市战略和西咸一体化战略的实施，为莲湖街区经济发展提供了良好的政策发展机遇。

（2）区域综合改造机遇。随着区域内 35 个城中村、17 平方千米的大兴新区、14.97 平方千米的土门地区棚户区和城市的综合改造实施，发展国际性经济总部和中央商务区的条件进一步优化，辖区人居和商业环境将得到改善，居住人口增多，为街区经济提供了广阔的发展空间。

（3）莲湖区作为唐皇城复兴核心区的机遇。2005 年，西安市提出了“皇城复兴计划”。位于西安市老城区的市政府行政机构北迁，旧城区规划成为旅游观光区。该计划的范围包含三个部分，第一部分是唐皇城核心区，即环城路以内的区域；第二部分为唐皇城协调区，即环城路外延 200～500 米区域；第三部分为唐皇城相关区，即唐大明宫遗址和唐兴庆宫遗址。莲湖区部分区域位居唐皇城复兴核心区，随着唐皇城复兴计划加快实施，必将推动莲湖区特色商业街区建设。

（4）西安市被确定为国家服务业综合改革试点城市的机遇。国家确定西安、南京、济南和成都等 37 个城市为国家服务业综合改革试点区域，试点期限为 2011～2015 年。陕西省政府从加强组织协调、落实扶持政策、加大资金支持、支持先行改革、完善保障措施等五个方面给予西安市支持，设立了 6000 万元以上的服务业发展专项资金和产业引导资金，用于支持西安市服务业综合改革试点工作，为莲湖区发展街区经济提供了政策、资金和项目支持。

（5）大唐西市被授予国家文化产业示范基地的带动效应机遇。大唐西市项目是国内唯一在唐长安西市原址上重建的以盛唐文化、丝绸之路文化为主题的国际商旅文化产业项目，是西安市唐皇城复兴计划的重要组成部分，已被列为全国光彩事业项目和陕西省、西安市“十一五”重点建设项目。大唐西市每年举办“西部非物质文化遗产项目展演”系列活动，已被评为国家4A级景区、国家文化产业示范基地。大唐西市项目的顺利实施，将带动莲湖区文化产业街区的发展。

（6）省市共建大西安的机遇。2012年，陕西省委、省政府出台了《关于省市共建大西安、加快推进创新型区域建设的若干意见》，从财税、金融、投资和土地等方面提出了一系列涉及面很广、针对性强的支持政策。并将加快推进产业布局调整和结构优化升级，构建现代产业体系，转变经济发展方式，提升经济竞争力作为省市共建大西安的重点任务。这是西安市跨越式发展的新机遇，也是莲湖区进一步加快重点区域综合改造步伐、加快产业结构优化升级、加快街区经济发展的重要机遇。

## 四、莲湖区发展街区经济的挑战

（1）居民消费结构的优化升级和人民生活质量的提高，对街区经济建设的客观要求显著提高。当前街区经济建设不应单纯考虑商业网点的布局，更需要注重营造商业景观、保护生态环境，注重保持历史文化风貌、提供配套完善的购物环境、突出人性化的街区特色等，顺应居民消费的发展趋势。

（2）加强辖区内路网体系建设的挑战。作为西安中心城区之一，莲湖区土地开发强度大，人口密集，人流、车流量大，交通压力较大，对交通路网建设提出了更高的要求。

（3）西安市其他特色街区发展带来的竞争性挑战。随着西安市国际化大都市建设步伐加快，次商业中心圈越来越多。东大街、解放路、小寨等一批商业街改造提升工程逐步实施，将给莲湖区西大街等一批特色商业街区的发展带来挑战。如果不进一步提高莲湖特色街区的影响力，在其他区域商业街区的冲击下，部分街区可能失去核心商业竞争力。

（4）中心城区空间可开发资源的有限性限制了街区经济的发展。作为西安的建成区，莲湖区在城市基础设施建设和配套服务设施完善方面仍有欠缺，加之区域内城中村、棚户区较多，旧城改造和城市更新任务艰巨，街区改造的难度较大、周期较长，在区域之间激烈的竞争中，缺乏抢先一步、率先发展的客观条件。

通过对莲湖区发展街区经济环境的SWOT分析可以看出，莲湖区发展街区经济具有区位、经济、文化、科技、金融、人才、组织管理等方面优势，面临国家宏观政策支持、区域综合改造、国家服务业综合试点区建设、大唐西市荣获国家文化产业示范基地称号、作为唐皇城复兴核心区等历史机遇，同时存在特色街区分布不均衡、历史文化资源利用不足、劳动力和土地成本较周边较高等劣势，以及西安市其他特色街区建设带来挑战、客观条件制约发展的瓶颈问题。正确认识存在的优势、劣势、机遇、威胁，将为下一步莲湖区发展街区经济提供有益的参考。

## 第三节　莲湖区发展街区经济的总体思路和措施

### 一、总体思路

总体思路：立足莲湖区的区位、经济、科技、金融、人才、组织管理等优势，抓住宏观政策、区域综合改造、旧城改造等机遇，将产业的集约化、规模化、专营化、特色化有机融合，坚持把街区经济的发展与统筹城市空间布局、彰显古城风貌相结合；与城市空间和土地资源的合理高效利用相结合；与商业业态改造升级相结合；与提升城市建设管理水平相结合；与营造良好的发展环境相结合；引导街区业态合理布局，呼应互动，形成良好的经济和社会效益（洪增林，2008）。

### 二、发展目标

发展目标：以培育特色、完善功能、加强管理、创建品牌为目标，以市场化、专业化、现代化、国际化为方向，秉承高品位打造、专业化经营、精细化管理、优质化服务的发展理念，实施特色街区建设和提升改造；到2020年，全区建成一批具有较大影响力和经营规模的特色街区，努力争创世界名街、中国名街。

### 三、发展措施

#### （一）加速建设具有国际影响力的综合性商业街区

莲湖区应按照建设国际化大都市的要求，树立“大莲湖、大商贸、大旅游、大文化”的理念，整合辖区各类资源，改造和美化街区及周边环境，吸引更多的投资者和消费者，形成商旅互动、文化底蕴突出的国际性、综合性商业街区。目前已经形成规模和正在建设的综合性商业街有西大街、大兴东路等。

1. 西大街仿唐购物街区

1）基础和条件

西大街位于钟楼以西，东起钟楼，西至西门（安定门），全长2088米，街区面积0.146平方千米，原为唐长安皇城第四横街顺义门的西大街，处于钟楼核心商业圈内。西大街具有悠久的历史文化、丰富的旅游资源，沿街遍布衙门、府第、科举考场、庙宇、寺院等建筑和遗址，以及众多的老字号商铺等，最为知名的是清都城隍庙和西安的标志性建筑钟楼、鼓楼及城墙，形象地再现了盛唐风采，展现出西安历史文化的独特魅力。

2001～2005年，西安市、莲湖区两级政府对西大街全线进行了道路拓宽改造。改造后的西大街，商业建筑面积达70万平方米，道路两侧错落分布着鼓楼西广场、都城隍庙庙前广场等九处景观广场，沿街既有大香港潮粤酒楼、澳门豆捞海鲜火锅等外埠美食，也有同盛祥牛羊肉泡馍、德发长饺子等本地老字号特色佳肴。世纪金花、民生百货、时代百盛、中环广场等大型商场也齐聚此地，引导着古城西安时尚购物的潮流。西京国际酒店、丽晶酒店、美华国际、金唐酒店等高星级酒店，国会壹号俱乐部、莎莎俱乐部、正阳星美国际影城、常春藤咖啡等休闲娱乐场所，为街区注入了丰富的现代商务动感元素。西大街是西安文化积淀的缩影，在繁华的城市商业中心散发着历史文化的气息，“名街、名店、名品”的有机结合，为西大街商贸金街的崛起奠定了坚实的基础。

为加强对西大街商圈的管理，经西安市政府批准成立了西大街综合管理委员会（简称西大街管委会），有效解决西大街管理职能分散、职权交叉等问题，实现了管理职权统一、服务功能强化。设计了服务大厅和决策平台相结合的西大街管委会服务平台（图12-2），负责户外活动审批流程等九项办事流程，有力提高了办事效率与对外影响力，为西大街商贸业的繁荣发展营造了良好的环境（洪增林，2011）。在组织管理与服务机制的不断优化下，西大街2007年被评为“中国

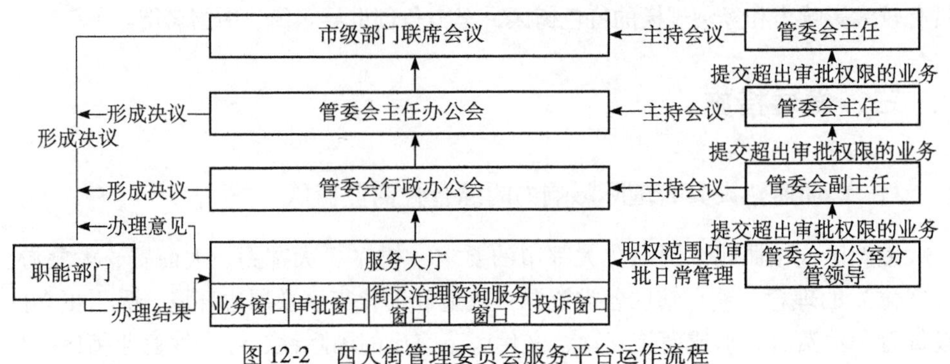


图12-2 西大街管理委员会服务平台运作流程

著名商业街”、“百城万店无假货示范街”，2009 年荣获“全国商业文化贡献奖”。巨大的商业空间，吸引了诸多知名企业入驻西大街，其商贸业零售总额以每年30%以上的速度增长，至2011 年已达到70 亿元，连续成功举办6 届“中国（西安）商业街发展高峰论坛”，经济效益和社会效益逐步显现（图 12-3、图 12-4）。

图 12-3 20 世纪 80 年代的西大街（当时有名的灯塔照相馆）

图片来源：http：//bbs. hsw. cn/read – htm – tid – 2328130 – fpage – 2 – page – 1. html.

图 12-4 2012 年的西大街夜景（原灯塔照相馆位置）

图片来源：http：//tupian. youabc. com/tupian/yaoo/.

2）定位和布局

西大街仿唐购物街区总体定位：继续发挥西大街综合管理机构优势，理顺各种管理职能，打造一流街区管理服务品牌；进一步挖掘区域内的唐文化内涵，加强商贸业发展的规划引导，立足现有商业基础，打造以精品百货、文化休闲为主的现代商贸服务业；对沿街 13 家行政事业单位进行腾迁，优先发展第三产业，提高商业集聚程度；发挥中国著名商业街品牌效应，引进国内外知名百货和中华老字号企业，大力发展酒店服务、休闲娱乐、旅游观光、特色餐饮等业态，全面提升商品品质和街区竞争力，促进西大街成为一条集商贸购物、餐饮休闲、文化旅游等功能为一体的，具有传统建筑风格并与现代商业文明相融合的“中国西部第一金街”。

按照“一轴一圈三心五街”的空间布局发展。一轴，指西大街发展主轴线；一圈，指钟楼商圈；三心，指广济街商业中心、桥梓口商业中心、西门商贸休闲中心；五街，指北院门—西羊市—北广济街—西大街“回”字形商业街、北广济街—庙后街—大学习巷—西大街“回”字形商业街区、大学习巷—庙后街—大麦市街—西大街“回”字形商业街区、桥梓口—西大街—北夏家什字与柴家什字—东梆子市街“回”字形商业街区、四府街与琉璃街—西大街—桥梓口—五星街“回”字形商业街区。

（1）一轴。以西大街为主轴线，向南北两侧延伸，充分挖掘文化旅游资源，整体打造为中国西部第一金街。

（2）一圈。利用钟鼓楼广场周边旅游商贸资源，依托国内外观光游客量的集中优势，充分挖掘、恢复同盛祥、德发长、德懋恭等一批老字号的商业潜力，让其焕发出新的活力；配套发展西京国际、美伦、美华金堂等高星级酒店，为中外游客、商务人士提供高品质服务，形成商贸休闲旅游圈。

（3）三心。①打造广济街商业中心。依托民生百货、时代百盛等已有的商业资源，做大做强传统商业中心。在大型商贸引领高端、时尚、消费的同时，注重休闲、娱乐、旅游功能的开发。②打造桥梓口商业中心。依托上海城时尚购物广场等体量较大商业体的发展基础，积极引进中高端大型知名企业入驻西大街，发展具有较高档次，集购物、休闲、餐饮、娱乐等功能为一体的综合性商业发展核心区。③打造西门商贸休闲中心。围绕安定门广场和周边商贸、餐饮、娱乐等设施，通过调整商业布局和提升品位，形成商贸、旅游、休闲、购物聚集区。

（4）五街。①北院门—西羊市—北广济街—西大街“回”字形商业街区，这是一个成熟度较高的商业街。目前，应发挥北院门回坊文化风情一条街、化觉巷古玩一条街、西羊市、北广济街等商业资源，以及鼓楼、大清真寺、北院门144号高家大院、化觉巷233号安家大院、西羊市77号马家民居等文化旅游资源的品牌效应和龙头作用，促进“回”字形商业街区发展。②北广济街—庙后街—大学习巷—西大街“回”字形商业街区。充分发挥都城隍庙的辐射和带动效应，依托北广济街、庙后街、大学习巷、大学习巷93号大将军年羹尧故居、北广济街南口映祥观等资源，打造一条富有道教文化特色的商业街区。③大学习巷—庙后街—大麦市街—西大街“回”字形商业街区。依托庙后街、大学习巷、大麦市街的商业资源，依托大学习巷清真寺、小学习巷营里寺大殿等旅游资源，进一步挖掘学习巷作为礼部衙署驻地、曾经有大量胡人在此学习汉语和礼仪的历史文化资源，将其打造为富有民族文化、历史文化特色的“回”字形商业街区。④桥梓口—西大街—北夏家什字与柴家什字—东梆子市街“回”字形商业街区。依托北夏家什字、柴家什字、东梆子市街餐饮、小型百货等现有商业资源，注重对民族餐饮和老字号的扶持。因地制宜，从布局、结构、形象、景观方面体现城市文化特色，促进街区的全面发展，满足人们的购物休闲、观光旅游等需求。⑤四府街与琉璃街—西大街—桥梓口—五星街“回”字形商业街区。在琉璃街、四府街现有商业资源的基础上，进一步开发整合，调整商业业态，打造传统“回”字形商业街。

2. 大兴东路汉文化主题商业街

1）基础和条件

大兴东路位于西安市西北部、大兴新区中部，是西安市快速干道的主要组成部分，既是连通二环、三环与中心城区的交通枢纽，又是大兴新区规划的主要汉文化商业街，全长2800米，宽度70米（图12-5）。与大兴东路相交的南北向道路，有永全路、明堂路、劳动北路、桃园北路及杏园路。

大兴东路是在大兴路地区城市综合改造的基础上发展起来的。在改造初期，新区管理委员会就把基础设施建设和公建配套摆在首要位置。目前，大兴东路、桃园北路、劳动北路、永全路、明堂路等的拓宽改造工作已完成，雨水管道、污水管道、中水管道、电力管沟、通信等15条管线约105千米全部铺设到位，绿化、照明、交通控制等配套工程基本完成。大兴广场地上广场建设、雨污水改排工程基本完工。新区内省级标准化小学——陕西师范大学大兴新区小学、总建筑面积2.67万平方米的综合性体育场馆——大兴新区文体中心，以及110千伏变电站、1号热交换站等公建配套项目已基本完成建设，三甲医院——大兴医院已启动建设。目前，该区域建设和发展街区经济的基础和条件已经成熟。

2）定位和布局

大兴东路规划区的总体定位是：西安市城西地区综合性商业中心、西安市汉文化集中体验街区和景观示范大道。按照“一轴一带三区四街”的空间布局来发展：“一轴”，指以大兴东路为商业发展轴线；“一带”，指大兴城市景观休闲街区；“三区”，从西至东依次为总部商务区、文化休闲区及国际商贸区；四街，沿大兴东路两侧自东向西依次打造汉文化体验街（明堂路）、养生休闲一条街（劳动北路）、国际文化交流展示街（桃园北路）、关中风情街（杏园路）共四条特色街。

（a）规划改造前

（b）规划改造后

图 12-5　规划改造前后的大兴东路

（1）一轴：以大兴东路为轴线，向南、北两侧延伸，整体打造为西安汉文化主题商业街和景观示范大道。大兴东路沿线，突出发展国际商贸总部集群，辅助发展高端品牌店、特色餐饮、商务会所等业态。

（2）一带：大兴城市景观休闲街区，东起星火路、西至西二环，长约3000米、宽约40米，建设风格体现汉文化主题，与环城西苑相呼应，共同打造成“西安夜生活新天地”（图 12-6）。大兴城市景观休闲街区项目，突出发展文化旅游休闲集群，辅助发展餐饮、娱乐等业态。以“高起点规划，高标准建设”为原则，建成一条以汉文化为主题，融生态、自然景观和休闲娱乐为一体的城市绿地公园，规划引入具有国际知名度和较强影响力的餐饮、休闲、娱乐品牌和项目。

（a）

（b）

图 12-6　大兴城市景观休闲街区效果图一

图片来源：由西安市规划局大兴新区分局提供。

（3）三区：从西向东依次为总部商务区、文化休闲区和国际商贸区。①总部商务区，西北紧邻汉城湖，大兴城市景观休闲街区穿境而过，旅游资源得天独厚。该区域位于大兴东路西段，大兴立交桥对其的影响较大，多层、小高层建筑容易被高架桥遮挡，宜建设标志性高层建筑，发展总部经济和楼宇经济。区域环境独特，并与国际商贸区遥相呼应，可以满足外来游客及商务人士的休闲娱乐需求。总部商务区的产业项目主要包括以汉文化体验为主题的高星级酒店以及集文化交流、表演艺术、娱乐购物等功能为一体的商贸设施，以及配套服务项目莲湖区公共卫生服务大楼等。②文化休闲区，以传承汉文化理念为指导，以大兴新区文体中心为引领，打造为集运动、购物、旅游、休闲、娱乐、餐饮等为一体的综合性区域。该区域是大兴东路文化、运动与购物体验的集中区，将建成一座6层的体育运动综合场所，以及集企业办公、电子商务、网络信息为一体的多功能商务服务中心，既能吸引区外的旅游人群，又能使消费者享受到一站式消费的欢畅体验。③国际商贸区，呈现大框架、大纵深、大体量的格局，依托西安市的国际商贸基地建设，通过总部大楼、星级酒店、国际会议中心、商业综合体等项目布局，形成功能较为齐备的商业街区、互动性极强的娱乐休闲组合、全面的教育服务体系及独具特色的餐饮中心。

（4）四街：沿大兴东路两侧自东向西依次打造汉文化体验街——明堂路、养生休闲一条街——劳动北路、国际文化交流展示街——桃园北路、关中风情街——杏园路，共四条特色街。①关中风情街——杏园路。该街区位于西二环与桃园北路之间，北起北二环，南至大庆路，长2635米，宽40米，南北向，处于大兴东路的总部商务区内，紧邻汉长安城遗址公园和汉城湖。鼓励发展具有关中特色的餐饮业、住宿业和商品零售业，为商务人士和游客提供体验关中风情的配套服务。②国际文化交流展示街——桃园北路。该街区位于西二环东侧，南北走向，已布局大兴新区文体中心、天朗主题会馆等健身、休闲、娱乐场馆，可承接国内外体育赛事，并定期举办各国文艺交流活动，成为西安市文化交流与合作平台。鼓励配套发展文化、体育用品零售业，金融及综合服务等业态，为总部商务区和周围居民提供服务。③养生休闲一条街——劳动北路。该街区北至北二环，南至大兴东路，两侧有锦花园、蔚蓝锦城、博文苑、大兴裕苑等多个社区，最南侧为大兴医院。适合发展养生休闲等业态，主要围绕膳食餐饮、体验购物、纤体美容、运动健身、保健医疗等功能，提供优质、特色的商品和服务。④汉文化体验街——明堂路。该街区位于劳动北路与永全路之间，南北向，北起北二环，南至博望路，长2017米，宽20米。依托周边独有的文化旅游资源，打造具有汉文化特色的体验街区，既为周边居民提供休闲场所，也为商务、旅游人士提供体验汉风古韵的场所。街区内建有百戏楼、汉杂技和幻术表演馆以及汉代酒馆——酒肆等体验项目，使进入街区的人们充分体验汉文化的魅力。

### （二）建设一批体现专业化、特色化的品牌商业街区

坚持特色化、专营化、规模化方向，围绕主营行业，强化专业优势，做大做

强专业型商业街。专业化特色商业街区拥有数量众多的同质产品，由商业街的开发商、经营商对商业街进行整体包装和宣传，可以使所有商家享受统一宣传带来的市场效果，同时也为需求者提供了宽泛的选择空间，使消费需求弹性增大，达到吸引顾客的目的。目前，已经形成规模的有玉祥门机电汽配精品街区，正在规划建设的有劳动路文化产业街区等。

### 1. 玉祥门机电汽配精品街区

1）基础和条件

该街区由玉祥门盘道向西（大庆路）、向北（环城西路至星火路立交桥段）道路两侧辐射。向西道路两侧区域以经营五金机电产业为主，向北道路两侧区域以经营汽配产业为主。在这两条道路西北片区中，环城西路（玉祥门北段）道路全段以海纳汽配城为主；劳动北路是汽车品牌专卖和专业汽车4S店的专业街区；西站路随着沿街海纳、玉林等汽配市场发展，汽配销售日益成熟。

该街区主要经营物流、汽配、机电业务，当前重点依托现有五金机电和汽配物流产业资源，与大兴新区联动发展，进一步拓展以五金机电、汽车配件、会展交易、物流配送等为主的产业集群，共同打造生产性服务业聚集区。规划建设大型国际汽配城，培育五金机电、汽配、水暖管材等工业品专业市场集群，配套发展商务、休闲、娱乐等产业，打造辐射西北、享誉全国的五金机电、汽车配件产业流通交易平台。

2）定位和布局

该街区的总体布局，包含汽配市场、机电市场、汽车自选市场、汽车4S销售集中区、汽配交易展示区、五金机电交易展示区等。目前正延伸汽配、机电产业链，提升产业结构、改善经营环境，形成工业品专业市场。

（1）汽配片区。以现有的海纳、玉林、公交汽配市场和正在建设中的海纳二期、重信汽配市场为基础，北起火车西站，南至大庆路，东到环城西路，西至重信路，建成汽配市场群，重点以汽配市场建设为主，作为汽配交易、展示平台。

（2）五金机电片区。以现有的蔚蓝国际和蔚蓝二期为主，辅以潘家村路以东至环城西路沿大庆路两侧的临街门面，建成立体式的五金机电交易展示市场群。

（3）汽车自选市场。以玉林汽车自选市场为基础，以发展集汽车自选、配件采购、汽车维修为主，建成一个汽车销售和汽车维修的综合片区。

（4）汽车4S销售集中区。以劳动北路现有的4S店及汽车维修店铺为基础，整街改造成汽车服务4S店集中区。

2. 劳动路文化产业街区

1）基础和条件

劳动路文化产业街区东临环城西路、南接南二环、西连桃园路、北临大庆路，地处西安市主城区与高新技术产业开发区的连接地带，与明城墙毗邻，距市中心钟鼓楼仅3000米。

2）定位和布局

劳动路文化产业街区总体定位是：充分发挥大唐西市国家文化产业示范基地的引领作用，以打造超广域商圈为目标，建设丝路商业文化、休闲娱乐、创意设计、文化欣赏等四个产业功能片区。同时，进一步发展壮大文化创意、工业设计、数字出版、会展服务等文化产业。

（1）丝路商业文化功能片区。以劳动南路（劳动路转盘至丰庆路十字）为轴线，以大唐西市为载体，利用西北工业大学、西北大学等高校和桃园开发区的科技、人才资源，建设文化创意产业园，加快文化创意产业孵化速度。依托盛唐文化、丝绸之路文化，创作反映大唐盛世历程和丝路风情的戏剧、音乐和影视作品。大力发展旅游纪念品设计和生产、音像及电子出版物、文物及文化遗产保护、广告会展、工艺美术等文化创意产业。

（2）休闲娱乐功能片区。以劳动南路（丰庆路十字至西稍门十字）为轴线，依托现有大型商场、餐饮酒店等商贸服务业，优先发展与大众文化、健康消费相结合的文化娱乐业，积极引导休闲、娱乐、餐饮等第三产业聚集发展，大力发展休闲娱乐、特色餐饮、酒店服务、精品百货等业态。

（3）创意设计功能片区。以劳动路（西稍门十字至陇海线）为轴线，依托陕鼓西仪厂区的“飞机楼”和汽车汽配市场，建设国际工业设计中心，形成集工业遗产保护、汽车及零部件设计、展销等为一体的新兴文化创意产业区。

（4）文化欣赏功能片区。以劳动北路（陇海线至大兴东路）为轴线，依托大兴新区规划建设的书店、影城、剧院等文化设施及景观休闲街区等，打造集图书展销、艺术交流、休闲娱乐、数字出版等于一体的文化艺术欣赏与休闲功能区。

### （三）有机更新改造具有影响力的历史文化街区

历史文化街区既是城市历史文化的见证，也是城镇居民的现实生活场所。经文化部、国家文物局批准，中国文化报社、中国文物报社联合举办的“中国历史文化名街”年度评选推介活动，自2008年启动以来已连续举办3届，共评选出30条“中国历史文化名街”。评选推介活动在唤醒民众保护历史文化意识的同时，也积极推动了地方政府强化历史文化街区保护管理的工作。北院门回坊文化风情街，是莲湖区传统文化街区有机更新改造的典型代表。

1. 基础和条件

该街区位于西安鼓楼北侧，南起西大街、北至西华门大街，长545米，宽15米，地处西安市中心北大街与西大街的交汇处，是明城墙内“碑林—书院门—竹笆市—钟鼓楼—北院门—大清真寺”旅游路线的重要组成部分，是西安市乃至全国闻名遐迩的民族餐饮商业步行街。

北院门回坊文化风情街主要经营特色小吃、民间工艺品、传统服饰、艺术品画廊等业态，沿街店铺主要有牛羊肉店、泡馍店、包子馆、糕点干货店、面馆、涮锅店等，有腊牛羊肉、牛羊肉泡馍、灌汤包子、甑糕等一系列具有地方特色的风味食品。其中，老童家腊牛羊肉店、同盛祥饭庄等餐饮名店享誉全国；德懋恭水晶饼、贾三清真灌汤包子馆、德发长饺子馆被认定为“中华老字号”。

改造前，北院门回坊文化风情街沿街建筑虽具有历史特色，但建筑立面参差不齐，招牌杂乱无章，市政管线和排污设施不到位，环境卫生不达标。整个街区交通拥挤，人车混杂，缺乏指示牌、路牌，缺乏绿化景观和配套设施。2009～2010年，莲湖区政府一次性投资1000万元，根据《北院门历史文化街区保护更新利用详细规划》，以历史街区基础设施建设和古宅维护为切入点，通过维护、保持、改善、整饰、更新等措施，对街区进行了提升改造；以高家大院为核心，对该区域内23座居民院落进行梳理和有机更新。

2. 改造内容

（1）沿街建筑立面整修。吸收传统居民的坡顶、小亭子等建筑符号，对街道两侧建筑立面进行统一改造，集中开展了墙面的清洗整修、门窗改造升级、牌匾统一等工作。结合绿化、铺装，构成一个蕴涵传统文化气息、生机盎然的外部空间。

（2）整饰街道。北院门回坊文化风情街街道宽度不变，铺设不变，对损坏的青石进行更换，南北设置隔离墩。日间严禁商户出店经营，夜间允许商户按照统一要求出店摆摊。

（3）新建绿地广场。北院门回坊文化风情街北入口处原为停车场，没有绿地，严重影响标志性建筑牌楼及入口的整体景观。改造时，保持牌楼不变，围绕其建成休闲广场，牌楼北侧设石雕铭文及地面浮雕，重点介绍回坊历史，牌楼南侧以市井杂耍雕塑和绿化突出牌坊，并在景观树间设置休息区。

北院门回坊风情街南入口处原来地面分割凌乱，相邻建筑通道被改用，商业摊位的摆设均使南入口整体协调性减弱。改造后，在化觉巷入口建设小广场，与小牌楼形成完整空间，广场设置市井雕塑，周围以大树环抱。北院门回坊文化风情街经再生性保护改造后，保留了回族群众的经营风俗，延续了店铺式、吆喝式的经营方式，保护了传统的羊肉泡馍、油茶麻花、腊牛肉、腊羊肉业态特色，营造了街区特色，进一步弘扬民族特色文化。街区2010年接待游客在原有基础上增加了20万人次，直接和间接新增近400个就业岗位，对于缓解当前社会就业压力、维护社会安定、促进社会经济又好又快发展具有积极作用（图12-7）。2008年被西安市商业贸易局授予西安特色商业街称号。2010年被西安市建设国际一流旅游目的地城市领导小组评为“2010年度最受游客欢迎的特色街区”。

图12-7 北院门回坊文化风情街

图片来源：http：//nanhai. hinews. cn/thread - 2090107 - 1 - 1. html.

## （四）注重培育具有一定规模的成长性商业街区

成长性商业街区主要是指现状发展较好，同类企业入驻率较高，但是尚未体现整体涌现性，在环境、配套、知名度等方面相对滞后，需要政府重点提升、扩大知名度、增强产业聚集效应的街区。在莲湖区有一批成长性商业街区，如莲湖路综合商贸街区、北关正街特色商贸街区等。对成长性商业街区的培育，多倾向于凸显产业定位，使建筑设计、街景小品等与之配套，强化对外推广。自2008年起，莲湖区坚持街景改善与街区经济发展相结合，立足中心城区特点，按照“建设精品化、管理科学化、服务人性化”的要求，对街区统筹开展建筑立面、道路设施、拆墙透绿、门头牌匾、景观照明、雕塑小品、架空线缆等城市要素提升和公共设施的综合整治。充分利用道路改造中的级差地租、垄断地租效应，将街道两侧的土地及地上建筑物置换为商业用地和商用建筑，增加商业面积，扩大商业经营规模，提高商业经营档次，为发展街区经济拓宽了空间。

1. 莲湖路综合商贸街区

1）基础和条件

莲湖路街区全长2187米，东起北大街、西至玉祥门，是贯通东西的主干道。该街区自明清以来就是西安市主城区的主要居民区，历史文化氛围浓厚，自然人文景点众多，商贸服务业基础良好。

莲湖路处于莲湖区历史文化街区板块，保护与开发并重。目前，街区现有的商贸服务业（属个体经营）存在定位不清、功能单一、布局散乱等问题，且城内居住区的人均消费能力不足，商业氛围不浓，在一定程度上限制了街区进一步发展；在棚户区改造方面，土地集约利用和房屋征收补偿安置成为改造工作面临的新问题；由于内城区限高，建筑物容积率偏低，限制了街区商业业态布局。然而，作为西安市内城区的主要道路，随着唐皇城复兴、区域综合改造、西安成为国家服务业综合试点城市等一系列政策的出台，以及2011年和2013年地铁二号线和地铁一号线的相继开通运营，都为莲湖路的发展带来机遇。

2）定位和布局

莲湖路综合商贸街区的总体定位是：紧紧抓住西安建设国际化大都市的机遇，以推进现代服务业为重点，以现有存量资产换取更多增量资产，聚集一切有效资源，推动历史文化街区协调发展，把莲湖路街区建设成为城市与产业共融共生、人文与历史交相辉映、现代发展理念与区域发展现状高度结合的产业新街、历史新街和人文新街。莲湖路综合商贸街区的发展布局，将整体设计为“一湖、两带、三地、多点”。

（1）一湖：莲湖公园位于莲湖路南侧，为唐长安城“承天门”遗址。莲湖公园由明代朱元璋次子朱樉在此修建的莲花池发展而来，1922年辟建为公园，故称“莲湖公园”。其历史悠久、文化底蕴深厚，是城墙内水域面积最大的公园。其周边有西五台、杨虎城纪念馆、广仁寺等旅游景点及北大街商贸街区，具有打造成西安“后海”得天独厚的地理优势和人文条件。挖掘历史遗迹，扩大文化宣传，重建唐承天门，再现气势恢宏的敲晨鼓仪式，将莲湖公园打造成一流的特色公园。在公园内部及周边，引进主题鲜明的酒吧、茶馆、咖啡厅，建筑风格力求保持老西安的建筑风貌，并增加一些现代元素，在灰砖、红漆建筑结构中彰显时空与环境的完美结合，在内部展现老西安原物收藏品，如旧西安地图、老照片、木雕、石雕和宣传莲湖公园历史的印刷品及相关物品。从街面牌坊直至建筑的外形和内部陈设，包括服务员的装束、言谈举止，都将是唐朝文化生活、社会习俗的复原。依托莲湖公园的优美环境，定期举办“莲湖公园欢乐之湖文化节”等各类活动，丰富群众的文化生活，扩大西安“后海”的影响力。

（2）两带：地铁沿线商贸带和环城墙休闲商贸带。①地铁沿线商贸带。依托地铁沿线的聚集效应，在莲湖路上加快发展现代服务业，引进星级酒店和大型餐饮业，引导现有酒店提高经营管理水平，提升服务品质，发挥规模经济效应。积极引入具有较高知名度和影响力的品牌入驻，合理布局能够突出文化内涵的商业经营项目，使区域内商业更趋特色化和鲜明化。在地铁洒金桥站点建设大型特色产品商场，商场周边大力发展快捷酒店及休闲娱乐项目，形成商贸旅游区；洒金桥站口向北，依托西北三路现有餐饮业，积极发展民族特色餐饮，形成具有一定地方特色菜系的全国地方特色美食聚集区。②环城墙休闲商贸带。根据顺城巷玉祥门至北门段（全长2600米）的现状及周边人文旅游资源，结合“唐皇城复兴计划”，打造以广仁寺为中心，辐射带动周边区域发展的顺城巷庭院式经济、藏文化一条街和休闲文化一条街。改造提升顺城巷沿线现有建筑，突出仿古特色，优化产业布局，积极引进现代新型产业业态，使顺城巷、古城墙、广仁寺、周边人文景观及现代娱乐休闲氛围相融合，打造传统与现代相结合的环城墙旅游文化休闲商贸带。

（3）三地：大力宣传青年路街区丰富的文化旅游资源，重点推介藏传佛教旅游胜地——广仁寺景区、孝文化基地——西五台景区和红色文化教育基地。①藏传佛教旅游胜地——广仁寺。广仁寺是陕西省唯一的藏传佛教寺院，是西北和康藏一带大喇嘛进京路过陕西时的行宫，因此又称“喇嘛寺”。1703年由清圣祖康熙帝敕建，历史上起着促进西北边陲多民族团结的作用。近年来，寺管会在市区政府支持下秉承历史传承，依据历史原貌，先后恢复修建了寺前广场、山门、法物流通处，并修缮了千佛殿、财神殿、千手观音、八宝塔、长寿殿、护法殿、陕西唯一的金瓦殿等。如今的广仁寺已成为人文和谐、建筑雄伟、环境优雅、清净庄严的藏传佛教旅游胜地。②孝文化基地——西五台。西五台本名云居寺，建于唐初，相传是唐太宗为免其母终南山礼佛之劳，在宫城南墙仿南五台而建，故得名。位于莲湖路南侧，东邻洒金桥，西靠明代城墙，东西长约500米。宋代因台建寺，名安庆寺，规模宏大，有“内圣地”之称。该寺是西安市重点文物保护单位。要深度挖掘其历史文化资源的潜力，大力宣传唐太宗李世民为母尽孝的历史典故，树立西安旅游的一张孝名片，建设全国孝文化基地。③红色文化教育基地。这分布了杨虎城纪念馆、中共西安情报处交通联络站奇园茶社旧址、玉祥门十二烈士就义旧址纪念碑。杨虎城纪念馆又称止园，位于西安市青年路止园饭店西侧。1930年9月杨虎城主政陕西时在此修建了传统风格的二层小楼，竣工时由书法家寇遐隶书题匾“止园”，取“止戈为武”之意。这座别墅内陈设有杨虎城将军的遗物和西安事变的部分文件。国务院将其列为中国重点保护文物单位。中共西安情报处交通联络站奇园茶社旧址，位于莲湖公园内。1939年，经中共中央批准，组建了中共中央社会部西安情报处，在莲湖公园内设立了秘密交通联络站——奇园茶社。情报处的同志们在险恶的环境中向党中央提供了大量重要信息，有利配合了解放西北的战争，为西安的解放做出了巨大贡献。2011年8月12日，"中共西安情报处交通联络站奇园茶社旧址纪念碑"在莲湖公园竖立。玉祥门十二烈士纪念碑，位于西安城墙的玉祥门外北侧。1947年3月，国民党在西安逮捕了著名爱国人士、中国民主同盟中央常委兼西北总支部主任委员杜斌丞。随后，在关中地区又逮捕了张周勤等11名共产党员和爱国进步人士。同年10月，12人被集体枪杀于西安玉祥门外。2012年6月26日，玉祥门十二烈士纪念碑正式落成，标志着西安又添红色文化教育基地。

（4）多点：继续做好街区内多个地点的酒店建设和管理工作。当前莲湖路两侧酒店餐饮企业有14家，其中高档星级酒店10家。依托现有的聚集优势，继续规范酒店管理，完善配套服务，适当推出特色文化主题服务业务，多样化文化主题将进一步提升整条街区乃至莲湖区的现代商贸服务功能。

按照"一湖、两带、三地、多点"的发展布局，凸显莲湖路独有的商贸发展优势和人文特色，通过"统一规划、突出重点、分期实施"，弘扬传统文化、改善街区环境、提升街区品位、优化商业布局，将莲湖路打造成集商贸、旅游、文化为一体的特色街区。

### 2. 北关正街特色商贸街区

1）基础和条件

北关正街正对西安市北城门，是西安市南北交通要道，公交线路成熟，地铁2号线穿街而过并有2个地铁口，交通十分便捷。北关正街基础设施较为完善，各项服务设施健全，为街区发展奠定了良好基础。北关正街直通龙首原，历史文化底蕴深厚，中国历史上13个王朝都城的重要宫殿及政令中心大多集中分布于龙首原，可以说北关正街是"龙首之脉"。近年来，随着地区经济的发展，北关正街两侧已集聚了一定数量的大型商贸服务企业，具备发展商贸、文化旅游的产业基础。

2）定位和布局

北关正街特色商贸街区的总体定位：在挖掘历史资源内涵、树立文化品牌形象的基础上，采用"统一规划，分类包装，分块开发，同步实施"的思路，按照"一轴、两圈、八街区"的发展布局，进行全面改造提升，将北关正街打造成集休闲、娱乐、购物、餐饮、居住为一体的特色商贸街区。

（1）一轴：北关正街发展主轴线，承担地区发展轴线的功能，将在街区发展过程中延伸出无限的社会经济价值。可从拓展地上地下空间、增加公共休闲空间、增添主题文化元素等几个方面对街区两侧立面街景实施改造。

（2）两圈：龙首村十字和北关村十字两个地铁商圈。地铁建设将催生地铁经济，拉动地方经济发展。以两个地铁换乘站为中心，在现有零售网点的基础上，通过对业态功能调整优化，使商业网点呈现更为合理的点、线、面相结合的空间分布。利用现有历史文化资源和旅游景点，重点开发配套文化、购物、旅游服务等多种项目，并与环境景观项目的规划实施相结合，打造引领时尚的现代商业窗口和国内外游客的旅游、观光、购物商圈。龙首村十字地铁出口附近用地类型主要为公共事业用地、政府用地、公用设施用地、住宅用地、商业用地，业态结构不够合理，业态分布较为分散。可通过实施综合改造，重点发展休闲、娱乐、餐饮等相关业态，推进地铁出口周围商务楼和写字楼等高层建设，积极引进大中型企业、营运中心和各类现代服务企业入驻。目前，周边已建成的大型商业项目有宫园壹号和赛瑞喜来登大酒店等。北关村十字地铁口附近用地类型主要为商业、住宅、交通及其他公用设施用地，业态分散，且综合性和特色性较差，消费档次较低。为了依托地铁站打造地铁商圈，可通过对周边区域实施棚户区综合改造，结合相关规划对周边业态进行合理引导布局，提高区域整体发展水平。

（3）八街：主要是建成和提升自强路旅游购物一条街、龙首北路餐饮休闲一条街、龙首西路茶文化精品街、龙首南路社区餐饮一条街、农兴路书画工艺品一条街、振华路东段精品女人街、西大巷电动车销售一条街、文景路南段休闲饮食一条街。

通过“一轴、两圈、八街”的打造，北关正街商业发展空间布局将更加错落有致、协调有序。其一，通过变分散为集中，形成多个商业聚集区，解决北关正街辐射轴过长、业态零散等问题。其二，商贸重心由完全落在北关正街的单一核心，转变为多核心和副核心分级支撑的网状布局，为有效解决中心区拥挤问题提供条件。其三，能够分流北关中心商流，调整和完善北关商业布局，使北关商业街结构科学合理，实现可持续发展。

## （五）超前谋划发展一批大型综合商贸街区

大型综合商贸街区包含餐饮、酒店、办公、购物、休闲等业态，既有传统的商业街区功能，也提供开放、围合式的街区空间。随着经济快速发展和居民消费水平的不断提高，购物与休闲相结合的一站式消费越来越为人们所接受。莲湖区将紧紧抓住机遇，积极筹划汉城路综合商贸街区等大型综合商贸街区项目的建设。现以汉城路综合商贸街区为例加以说明。

### 1. 基础和条件

汉城路是莲湖区着力发展的特色街区之一，位于西安市城区西部，是西安市城西的主要干道，分汉城北路、汉城南路两段，呈南北走向，全长3792米，南起昆明路十字、北至大兴西路，由南向北穿过红光路（沣镐西路）、团结西路、大庆西路、枣园路。南北规划地铁1号线（汉城路站）、5号线（汉城南路站），有16条公交线路，与（大兴西路）连霍高速、枣园路、红光路、昆明路等主干道相交，连接二环、三环、绕城高速、机场高速，交通网络快速便捷。

汉城路位于“西咸一体化”的重要连接地带，辐射范围可至高新区、雁塔区、西咸新区，毗邻西安汉长安城遗址公园、阿房宫公园、土门街心公园等，是土门地区综合改造的核心区域之一。在西安众多商业集中区中，汉城路发展较为滞后，尚未形成完整的商业格局。但是，随着沣东新城、大兴新区、土门地区等综合改造的深入实施，该区域作为大西安建设的衔接地，承担着重要的综合服务功能；区域工业企业搬迁改造，将有效促进区域产业结构改造升级，做大做强总部经济、楼宇经济和第三产业规模。同时，土地成本优势将吸引大量的企业投资，利用土地空间优势形成综合、全面的商业载体，为引进不同形态和层次的商贸业提供平台。地铁经济的带动效应和汉城遗址公园的辐射效应，必将推动汉城路地区人流、信息流聚集，提升文化氛围，成为未来商业发展的重要区域。

*2. 定位和布局*

汉城路综合商贸街区的总体定位：按照“政府主导、总体规划、市场运作、产业引领、分步实施、彰显特色”的工作原则，依托土门地区作为西安市新商业中心的优势，以土门地区综合改造为契机，按照“一轴三心”的发展布局，发挥城中村、棚户区改造项目和大型商贸体引领作用，以工业企业搬迁改造为重点，以改造提升现有产业、引进发展新型业态为着力点，充分体现新汉风建筑风格，着力打造总部聚集、医药物流繁荣、综合商贸发达、丝路文化特色鲜明的特色商业街区。

一轴：以汉城路为商业主轴，向东西两侧拓展，按照鱼刺状的辐射方向，向丰镐西路和红光路、大庆路、枣园东西路两侧延伸辐射，带动整个街区繁荣发展。

三心：以药厂十字、大庆西路十字、枣园路十字三个商业中心为节点，合理布局，分步引导中高档居住区和商业网点建设。①药厂十字。以企业总部、信息商务、金融、百货、超市、酒店、餐饮为主。可依城改项目先期推动区域商业发展；加快推进利君集团对沿街商业进行开发并建设总部大厦，鼓励引导社会单位对土地进行整合开发，积极建设大型商贸综合体。②大庆路十字。以医药物流、文化、休闲、娱乐、酒店、餐饮为主。可依托城改项目先期推动区域商业发展；对中航西控三产区、汉城路医药一条街商业进行整合，策划建设大型商贸项目、大型医药及医疗器械销售中心；对大庆路十字东南角沿街建筑进行搬迁改造，积极建设商贸设施。③枣园路十字。以百货、休闲、娱乐、酒店、餐饮及专业批发零售中心为主。可依现有项目先期推动区域商业发展；对中钢西重公司及其三产区进行改造，建设大型商贸设施；借助城西客运站与地铁 1 号线站口优势资源，配套发展批发、物流、酒店、餐饮等商业服务设施。

通过重点项目尤其是城改和棚改项目的引领，大力引进和发展中高档商业业态，在沿线部分插花地带及休闲广场，配套发展小型、零散、社区商业和服务设施，带动整个街区商业格局和商业氛围的形成。根据区域工业企业多的实际，借助西安市工业企业搬迁改造政策，鼓励引导大型工业企业通过土地置换等方式，将工业厂区迁往工业园，保留企业办公、研发和销售总部，合理利用腾迁土地大力发展商贸商务中心、总部大楼等项目，实现汉城路特色街区建设与土门地区综合改造的有机结合。

汉城路毗邻西安汉城遗址公园，应注重传统、兼顾灵活，结合大兴新区“新汉风”建筑风格和土门地区片区规划的定位，将体现历史色彩的古朴典雅建筑风格与现代时尚建筑风格有机结合，以汉文化为主线，打造新颖协调、别具一格的汉文化展示区域与街区文化品牌。具体改造中，对已有项目通过实施街景完善，统一改造，统一风格；对新建项目，从规划上严格控制引导。通过景观走廊、绿地、娱乐休闲等公共服务设施将当代艺术元素融入街区汉文化历史文脉之中，形成汉城路独有的环境魅力、商品魅力和功能魅力，让汉城路成为环境优雅、整洁、明亮、舒适、协调、有序的高品位商业新街区。

## 四、展望

未来，莲湖区将不断总结、提升街区经济的发展经验，进一步创新街区经济发展思路与模式，大力推进街区经济建设，用三年时间构建较为完整的特色街区体系，充分发挥街区经济的示范引领作用，促进莲湖区经济、社会又好又快发展。

# 参考文献

安子明 . 2011. 行政托管的实证研究——以西安市沣渭新区“托管模式”为例 . 行政法学研究，(2)：30 ~ 37

白思俊 . 2009. 系统工程 . 第 2 版 . 北京：电子工业出版社

保继刚. 1995. 主题公园的发展及其影响研究——以深圳市为例. 中山：中山大学博士学位论文

别林娜 . 2008. 对城市旅游主题街区的一点探讨 . 成都大学学报，(5)：52 ~ 54

布瓦松纳 · P. 1985. 中世纪欧洲生活和劳动（五至十五世纪）. 潘源来译 . 北京：商务印书馆：46 ~ 56

蔡辉，段希莹 . 2010. 我国传统商业街区的形态演进 . 城市建设与发展，(8)：42 ~ 47

蔡琳 . 2007. 人工城市空间系统建模与仿真研究 . 西安：西北工业大学硕士学位论文

曹晨 . 2011. 知识产权质押融资打通创新渠道 . 安徽科技，(1)：38 ~ 39.

陈爱珠 . 1994. 魏晋南北朝时期丝绸贸易路的发展 . 兰州商学院学报，(2)：82 ~ 84

陈己寰 . 2003. 商业步行街的传承与创新 . 江苏商论，(3)：34 ~ 35

陈信康 . 2003. 中国商业现代化新论 . 上海：上海财经大学出版社

陈志平，余国杨 . 2006. 专业市场经济学 . 北京：中国经济出版社

戴志中 . 2006. 国外步行商业街区 . 南京：东南大学出版社

恩格斯 . 2003. 家庭、私有制和国家的起源 . 中共中央马克思恩格斯列宁斯大林著作编译局译 . 北京：人民出版社

樊强 . 2006. 步行街（区）外部交通支持系统研究——以济南市经二路西段为例 . 上海：同济大学硕士学位论文

傅乐成 . 2010. 中国通史第九卷-中古时代-明时期 . 上册 . 贵阳：贵州教育出版社

高德步，王珏 . 2001. 世界经济史 . 北京：中国人民大学出版社

高洪深 . 2010. 区域经济学 . 北京：中国人民大学出版社

谷国锋 . 2005. 区域经济发展的动力系统研究 . 长春：东北师范大学博士学位论文

顾朝林 . 1999. 中国城市地理 . 北京：商务印书馆

郭婕 . 2002. 明代商事法研究 . 北京：中国政法大学硕士学位论文

郭跃显，李惠军 . 2007. 中小企业融资结构与融资模式研究 . 哈尔滨：哈尔滨工程大学出版社

韩大成 . 2009. 明代城市研究 . 北京：中华书局

韩僵 . 1960. 妒媒 . 北京：中华书局

韩树伟，史春华 . 2011. 论城市规划设计中的概念性规划应用 . 黑龙江科技信息，(31)：319

何勤华，魏琼.2007. 西方商法史. 北京：北京大学出版社

亨利·皮朗.2001. 中世纪欧洲经济社会史. 乐文译. 上海：上海人民出版社

亨利·皮雷纳.1985. 中世纪的城市. 陈国樑译. 北京：商务印书馆

洪增林.2008-04-10. 浅议街区经济. 西安晚报，第8版

洪增林.2009. 街区经济的特征、发展模式及发展条件. 宁夏大学学报（自然科学版），30（1）：101~104

洪增林.2011. 西安西大街管理机制与街区经济发展研究. 西安社会科学规划基金课题

洪增林，李微山.2011. 街区经济视角下的中小企业融资模式研究. 价值工程，（25）：117~118

洪增林，刘苗苗.2011. 商业街分类研究. 价值工程，36：71~73

洪增林.2012. 发扬尊老孝老传统创新居家养老新路——西安市莲湖区居家养老的探索与实践. 陕西老年学通讯，89（1）：70~72

洪增林，刘苗苗，刘冰砚.2012. 基于复杂系统理论的城市网格化管理. 西安工业大学学报，（9）：739~744

洪增林，史新峰.2012. 商业街评价指标体系研究. 西安工业大学学报，32（1）：68~73

洪增林，翟国涛.2012. 基于复杂系统理论的城市市容环卫标准化管理系统研究. 价值工程，（1）：160~162

侯寅峰.2007. 浅谈历史街区商业街的保护与更新. 山西建筑，（5）：70~71

胡杨.2005. 唐代丝绸之路上的贸易. http：//www.tianshui.com.cn/news/zjts/2005121912053486896.htm［2005-12-19］

黄复兴.2009. 上海中小企业金融服务研究. 上海经济研究，（11）：90~96

黄清明.2008. 传统商业街的形态研究. 武汉：武汉理工大学硕士学位论文

吉罗拉·罗切特尔.1994. 希腊古代货币. 文博，4：31~34

冀磊.2010. 民间融资利弊分析及以检察权为视角的政策建议. 科学时代，（10）：12~13

柯育彦.1990. 中国古代商业简史. 济南：山东人民出版社

科瓦略夫.1957. 古代罗马法. 上海：三联书店出版社

李飞.1997. 步行商业街革命. 中国市场，6：30~31

李飞.2003a. 世界一流商业街的形成过程分析. 国际商业技术，（5）：18~21

李飞.2003b. 零售革命. 北京：经济管理出版社

李鲁阳.2007. 融资租赁若干问题研究和借鉴. 北京：当代中国出版社

李明伟.1991. 丝绸之路贸易史研究. 兰州：甘肃人民出版社

李清凌.1997. 西北经济史. 北京：人民出版社

李占国，孙久文.2011. 中国四大板块产业聚集经济效应探析. 经济问题探索，（1）：53~57

梁江，孙晖.2006. 中国封建传统商业街区的空间形态及模式分析. 华中建筑，24（2）：78~83

林宽.1960. 献同年孔郎中. 北京：中华书局

刘登宇.2011. 历史街区的复兴策略探讨. 城市建设理论研究，（16）：453

刘军伟，张雯雯，叶青.2007. 论由休闲商业街谈上海城市休闲空间更新发展. 消费导刊，

(9)：233

刘世玉 . 2003. 论企业竞争与冲突对行业经济发展的影响 . 财经问题研究，(2)：81 ~ 84

刘餗 . 2000. 隋唐嘉话 . 上海：上海古籍出版社

刘文俭 . 2010. 老城区发展研究 . 北京：中共中央党校出版社

刘雄 . 2007. 我国中小民营企业多元化融资体系研究 . 天津：天津大学硕士学位论文

刘中南，罗建勤 . 2008. 城市商圈企业集群的生成和运行 . 经济导刊，(5)：52 ~ 53

龙多 · 卡梅伦 . 1993. 世界经济史：从旧石器时代至今 . 徐柏熹，等译 . 开封：河南大学出版社

卢文平 . 2004. 步行商业街的空间序列及界面研究 . 沈阳建筑工程学院学报，11：51 ~ 53

芦原义信，尹培桐 . 1989. 街道的美学 . 武汉：华中理工大学出版社

罗小未，蔡琬英 . 1986. 外国建筑历史图说 . 上海：同济大学出版社

马宏伟 . 2011 - 08 - 25. 建设消费社会 . 人民日报，第 6 版

马可 · 波罗 . 2001. 马可 · 波罗行纪 . 冯承钧译 . 上海：上海书店出版社

马小琴. 2007. 构建商业街评价体系指标探索性研究. 长春：吉林大学硕士学位论文

孟献礼，倪庆梅 . 2008. 旧城区的有机更新——以永康市旧城改造规划为例 . 规划师，(11)：47 ~ 49

聂力鹏 . 2011. 中小科技型企业融资路径的选择 . 中国科技投资，(1)：33 ~ 35

潘俊. 2011. 对历史文化街区保护的几点认识. 文教资料，(2)：65 ~ 67

蒲万毅，杨宝民 . 2011. 如何打造特色街区——以青岛啤酒街和天幕城为例. http：//blog. linkshop. com. cn/u/ybmybm/archives/2011/143247. html [2011 - 12 - 27]

齐思和 . 1964. 中世纪西欧的集市与庙会 . 历史教学，8：9 ~ 15

任保平 . 2010. 技术创新最优市场结构的理论争论及其评价 . 西北大学学报（哲学社会科学版），40（1)：75 ~ 83

汝信，陆学艺，李培林 . 2012. 2012 年中国社会形势分析与预测 . 北京：社会科学文献出版社：1 ~ 11

邵志健 . 2007. 产业集群竞争力分析 . 西安：西安理工大学硕士学位论文

申雷 . 2008. 中国步行商业街的发展趋势及创作探究——日照兴业王府大街工程的设计实践 . 天津：天津大学硕士学位论文

沈乐 . 1996. 国外是如何管理市场的？投资北京，12：45 ~ 46

沈满洪 . 2002. 外部性的分类及外部性理论的演化 . 浙江大学学报（人文社会科学版)，32（1)：152 ~ 160

沈燕峰 . 2007. 城市商业街的评价体系研究——基于苏州市山塘特色商业街的实例分析 . 苏州：苏州大学 MBA 专业学位论文

施晓峰 . 2008. 中心商业街魅力要素的研究 . 长春：吉林大学硕士学位论文

施祖麟 . 2011. 我国区域经济发展特点、动力及竞争力研究 . http：//wenku. baidu. com/view/c096a1c20c22590102029d92. html [2011 - 10 - 18]

史蒂文 · 蒂耶斯德尔 . 2006. 城市历史街区的复兴 . 张玫英，董卫，译 . 北京：中国建筑工业出版社

史红帅 . 2008. 明清时期西安城市地理研究 . 北京：中国社会科学出版社

史仲文，胡晓林.1996. 世界古代后期经济史. 北京：中国国际广播出版社

苏联社会科学院.1959. 世界通史. 北京：三联书店

孙健.2000 中国经济通史. 上卷. 北京：中国人民大学出版社

汤姆逊.1984. 中世纪经济社会史（下）. 耿淡如译. 北京：商务印书馆：195～196

陶石.2002. 城市商业步行空间外部环境设计. 重庆：重庆大学硕士学位论文

陶有生.2008. 我国私人银行业务研究. 北京：北京邮电大学硕士学位论文

万后芬，周建设.2006. 品牌管理. 北京：清华大学出版社

汪旭晖.2006. 我国城市中心商业街改造建设的系统性思考. 经济前沿，(10)：16～20

王承仁.1994. 太平天国研究论文集. 武汉：武汉大学出版社

王国平.2009. 城市论. 北京：人民出版社

王骏，王林. 1997. 历史街区的持续整治. 城市规划汇刊，(3)：43～45.

王丽娟.2006. 世界遗产地发展旅游业循环经济研究——以丽江古城为例. 昆明：云南大学硕士学位论文

王守中.1992. 关于中国古代城市起源的两个问题. 山东社会科学，(1)：63～65

王铁军.2006. 中国中小企业融资 28 种模式. 北京：中国金融出版社

王艳明.2010. 我国经济增长动力机制与模式研究. http：//www. ahdc. gov. cn/ dt2111111204. asp? DocID = 2111133108/ [2011－10－18]

王众托.2006. 系统工程引论. 北京：电子工业出版社

魏科.2003. 北京旧城商业街的复兴（上）——王府井大街一期整治. 北京规划建设，(3)：84～85

吴长垣.1981. 宸垣识略. 北京：北京古籍出版社

夏沁芳，冯艳.2011. 北京经济增长动力的量化分析研究. http：//www. bjstats. gov. cn/ tjxh30zn/ cgzs/201007/t20100726_ 179836. htm/ [2011－10－18]

夏志伟.2010. 传统商业街空间形态研究. 重庆建筑，9（11)：42～45

修维华.2008. 西安率先在中国城市中打造城市主题文化. 城市发展研究，(1)：164～166

徐浩.2005. 前工业社会中的城市市场结构与市场导向的商业化. 史学月刊，2：70～74.

徐红罡，万小娟.2009. 民族历史街区的保护和旅游发展——以西安回民街为例. 北方民族大学学报（哲学社会科学版)，(5)：80～85

许慎.1989. 说文解字. 北京：中国书店

宣蔚.2007. 城市设计与营销理念下的现代商业街区设计. 合肥：合肥工业大学硕士论文

亚当·斯密.2006. 国富论. 西安：陕西师范大学出版社

闫海宏.2005. 商业微区位空间竞争模式研究. 上海：上海师范大学硕士学位论文

杨珂珂.2009. 浅析古罗马营寨城的规划模式. 小城镇建设，1：51～56

杨生民.1996. 论春秋战国的市. 历史研究，(3)：5～15

姚秀兰.2002. 论唐代市场法. 河南政法干部管理学院学报，17（15)：66～71

佚名.2010. 成都荷花池大成市场商铺经营权可抵押贷款. http：//news. cd. soufun. com/ 2010－09－01/3735556. htm [2010－09－01]

尹向阳.2008. 宋代政府市场管制制度演进分析. 中国经济史研究，(2)：46～53

于洁. 2010. 城市特色街区的发展趋势与开发策略. 中国对外贸易（英文版），(12)：152

于茂高 . 2007. 城市次中心商业街区建设模式研究 . 南京：南京农业大学硕士学位论文

余永红 . 2009. 街区经济若干影响因素及分类探究 . 天津：天津大学硕士学位论文

袁敏 . 2004. 湖南地区城市商业步行街使用后评价研究 . 长沙：湖南大学硕士学位论文

袁阡佑 . 2006. 东北产业集群研究——基于长三角产业集群的经验 . 上海：复旦大学硕士学位论文

张金锁，康凯 . 2003. 区域经济学 . 天津：天津大学出版社

张萍 . 2012. 历史商业地理学的理论与方法及其研究意义 . 陕西师范大学学报（哲学社会科学版），(4)：28 ~ 34

张松 . 2011. 中国古代市场管理法规概述 . http：//www. docin. com/p - 114995767. html [2011 - 01 - 05]

张新龙 . 2007. 明清时期华北地区商路交通及其经济作用 . 太原：山西大学硕士学位论文

张新天 . 2005. 城市步行街再创造——以大连开发区五彩城改造为例 . 大连：大连理工大学硕士学位论文

张星烺 . 1930a. 中西交通史料汇编 . 第二册 . 北京：中华书局

张星烺 . 1930b. 中西交通史料汇编 . 第五册 . 北京：中华书局

张志亮 . 2011. 江西“洪城商圈”融资案例解读 . http：//book. smeif. cn/a/ disanqi/tebiebaodao/20110525/23. html [2011 - 05 - 25]

赵德馨 . 2011. 中国历史上城与市的关系 . 中国经济史研究，(4)：3 ~ 12

赵煦 . 2008. 英国早期城市化研究——从 18 世纪后期到 19 世纪中叶 . 上海：华东师范大学博士学位论文

中共中央马克思恩格斯列宁斯大林著作编译局 . 1972a. 马克思恩格斯全集 . 第 2 卷 . 北京：人民出版社

中共中央马克思恩格斯列宁斯大林著作编译局 . 1972b. 马克思恩格斯全集 . 第 46 卷 . 北京：人民出版社

中共中央马克思恩格斯列宁斯大林著作编译局 . 1997. 马克思恩格斯全集 . 第 4 卷 . 北京：人民出版社

中华人民共和国建设部 . 2000. 房地产开发项目经济评价方法 . 北京：中国计划出版社

中华人民共和国商务部 . 2009. 商业街管理技术规范 . 北京：中国标准出版社

仲进 . 2002. 麦肯锡再造南京路 . 商务周刊，(3)：52 ~ 54

周璐红，洪增林，余永林 . 2012. 街区经济发展中土地集约利用评价研究——以西安市莲湖区为例 . 中国土地科学，(7)：78 ~ 83

周伟林，严冀 . 2004. 城市经济学 . 上海：复旦大学出版社

周媛媛. 2007. “一品天下”美食商业街发展战略研究. 成都：西南交通大学硕士学位论文

朱慈蕴，毛健铭 . 2003. 商法探源——论中世纪的商人法 . 法制与社会发展，4：129 ~ 133

朱筱新 . 2008. 古代的市与坊（下）. 百科知识，(15)：55 ~ 56

卓越 . 2007. 政府绩效管理导论 . 北京：清华大学出版社

Burtenshaw D, Buteman M, Ashworth G J. 1991. The European City. London: David

Fulton Publishers

Judd D R. 1995. Promoting tourism in US cities. Tourism Management, (3): 175 ~ 187

Getz D. 1993. Planning for tourism business district. Annals of Tourism Research, 20 (3): 583 ~ 600

Pendlebury J. 1996. The conversation of historic areas in the UK. Cites, (6): 423 ~ 433.

Stansfield C A, Rickert J E. 1970. The recreational business district. Journal of Leisure Research, (2): 213 ~ 215

Stephen L J S. 1990. Dictionary of concept in recreation and leisure studies . Westport: Greenwood Press

Tiesdell S. 1995. Tension between revitalization and conservation. Cities, (12): 231 ~ 241

Uzzi B, Lancaster R. 2003. Relational embeddedness and learning: The case of bank loan managers and their clients. Management Science, 49 (4): 383 ~ 399

# 后　　记

本书付梓之际，如释重负。些许欣慰，几多感慨，兹录于此。

随着城市化进程的加速，人类文明在城市建设中日益得以完善。可以说，城市化不仅是传统农业社会向现代工业社会发展的自然历史过程，而且是人类社会现代化历史进程的必然。同时，也是人类有理性、有意志、有目的、有规划的行为结果。当前，城市化正以人类历史上前所未有的速度和规模前进，在各个城市高楼林立、经济崛起之时，许多城市面临着建筑形态单一、个性特色缺乏、传统文化逐渐消失等问题。城市化、城市发展成为当今时代既充满机遇和希望，又让人倍感担忧的话题。我长期从事地方行政管理，以及城市经济、系统科学领域的教研工作，对这类问题感触颇深。因此，认真贯彻落实科学发展观，用科学和创新的精神找准城市经济发展的抓手和支点，促进区域经济健康发展，是我在工作中一直思考的一个重要问题。

街区作为城市系统的重要组成部分，融合了商业与文化、传统与现代，承载着一个城市的内涵与品质。发展街区经济既是传承历史文化、推动区域经济发展的有效路径，也是新一轮城市经济发展的重要支点。2007 年我被调任到西安市莲湖区主持人民政府工作，适逢中央实施西部大开发战略的关键时期，陕西省委提出了建设西部强省的奋斗目标，西安市委确定了建设人文西安、活力西安和魅力西安的目标任务，莲湖区如何率先发展是当时面临的重大问题。在时任区委书记张民生同志的领导和指导下，我带领区政府一班人，认真贯彻落实省委、市委精神，扎扎实实开展调研、摸清底数、吃透区情，结合莲湖中心城区特点及发展潜能，提出了发展“三大经济形态、五大优势产业和七大经济板块”的经济发展战略，把街区经济、总部经济、楼宇经济作为莲湖区经济发展的主要经济形态，明确了优化街区土地利用与布局、大力推进全区特色街区建设的发展思路。我随即撰写了《浅议街区经济》一文，对街区经济的特性及作用等作了初步阐释。之后，我有机会去国外考察学习，深刻感受到了发达国家后工业时代街区经济发展对推动区域经济发展所起的巨大作用。2009 年，我在《宁夏大学学报（自然科学版）》发表了《街区经济的特征、发展模式及发展条件》一文，随后，又相继发表了六篇有关街区经济的论文。文章发表后，得到了一些专家和上级领导的肯定，使我更加坚定了抓好街区经济的信心。

如何从更为系统的角度，赋予街区经济更深、更广的内涵与外延，通过探究其深层次的机理和内在运行规律，形成较为系统的研究成果，推动街区经济科学、快速发展，也是继《城市综合改造区土地集约利用研究》一书后，我对城市经济发展实践的又一探索。算起来，本书从立项研究至今已有六年多时间。从萌生想法开始，我就着手搜集资料、研读相关论著、与专家和管理层人士进行探讨，利用业余时间带领西北工业大学、长安大学的几位老师、博硕士研究生，以及西安市社会科学院莲湖区发展研究中心的同志们开展课题研究和实地调研。在推动全区经济发展的实际工作中，与区里经济部门的领导干部不断交流探索、总结提炼，逐步形成了具有较强实践指导意义的街区经济发展思路。

全书从追溯中外商业街的历史演进入手，对国内外先进的街区经济发展策略和发展路径进行归纳提炼，分析街区经济的系统构成及运行机理，提出了街区经济运行评价体系和土地利用评价模型，建立了一套比较简练而又规范的街区经济研究体系。在撰写过程中，我引用的一些学界前辈和同行们的高见，已列于参考文献中，如有疏漏之处，敬请原谅。

值得欣喜的是，书中的一些研究成果已经用于指导莲湖区的经济发展。经过实践的砥砺，我对街区经济发展规律的认识、发展前景的预测和发展思路的把握越来越清晰。区内西大街规模效应已经显现，大兴东路等一批新建街区正按照街区经济发展思路有序推进，一批特色街区也相继建成和运营，这些都有效推动着区域经济、社会的健康快速发展。

特别需要提及和感谢的是，中国社会科学院经济研究所所长裴长洪先生，在百忙之中拨冗审阅书稿，并欣然作序，给我极大的鞭策和鼓舞。西北大学经济管理学院院长任保平教授、西北工业大学系统工程专家张洪才教授、西安邮电大学张文宇教授审阅了全稿，就一些章节的观点进行认真修改，提出了好的建议。他们一丝不苟的治学态度，令我尤生敬意。我的导师、全国人大环境与资源保护委员会法案室主任薛惠锋教授审改了书稿，并给予了精心指导。西北师范大学王三北教授审阅书稿后，专程来西安就第三章涉及的几个重要问题提出了他的观点，着实起到了画龙点睛的作用。西北师范大学李积顺教授审阅全稿，着重对第二章提出了修改意见。西北工业大学寇晓东老师倾注大量心血，参与课题讨论，修改文稿。西安市社科院莲湖区发展研究中心的团队成员姚文波、邵志健、张晓陶同志和我的几名学生翟国涛、史新峰、薛旭平、李微山、刘苗苗、余永林、冯涛、马卫鹏与我一同整理资料，参加调研和讨论，做了大量工作，我在指导和培养他们的同时，他们也启发着我，使得我们互为师生，教学相长。莲湖区相关部门的同志也给了很大的配合和支持。总之，本书的完成，有赖于诸专家、学者及同人的鼎力相助，在此向他们致以深深的谢意！